高等职业学校"十四五"规划土建类专业立体化新形态教材

U0641662

# 建筑工程质量与安全管理

主　编　李　文

副主编　熊　伟　王　琴

参　编　唐　璠　谢清艳　朱美玲　尹怡维

　　　　刘　洋　沈志刚

主　审　郭　正

华中科技大学出版社
中国·武汉

## 内容简介

本书共分八个项目，包括建筑工程质量管理、建筑工程质量控制、建筑工程施工质量通病分析与预防措施、建筑工程施工质量验收、建筑工程安全管理基本常识、建筑施工现场安全措施、安全文明施工、施工安全事故处理及应急救援。本书可作为高职高专土建类专业及相关专业的教学用书，也可作为建筑施工企业质量员、安全员等技术岗位的培训用书。

**图书在版编目(CIP)数据**

建筑工程质量与安全管理 / 李文主编 . -- 武汉 : 华中科技大学出版社, 2024. 9. -- ISBN 978-7-5772-1271-5

Ⅰ. TU71

中国国家版本馆 CIP 数据核字第 202465H0P9 号

**建筑工程质量与安全管理**                                               李　文　主编

Jianzhu Gongcheng Zhiliang yu Anquan Guanli

策划编辑：胡天金

责任编辑：陈　忠

封面设计：金　刚

责任校对：刘　竣

责任监印：朱　玢

出版发行：华中科技大学出版社(中国·武汉)　　　　电话：(027)81321913

　　　　　武汉市东湖新技术开发区华工科技园　　　邮编：430223

录　　排：华中科技大学惠友文印中心

印　　刷：武汉市洪林印务有限公司

开　　本：787mm×1092mm　　1/16

印　　张：18.25

字　　数：467 千字

版　　次：2024 年 9 月第 1 版第 1 次印刷

定　　价：49.80 元

# 前　言

本书落实《国家职业教育改革实施方案》(国发〔2019〕4号)精神,以住房和城乡建设部发布的《建筑与市政工程施工现场专业人员职业标准》(JGJ/T 250－2011)为指导,按照建筑施工企业质量员和安全员岗位的能力要求,根据教育部发布的《高等职业学校建筑工程技术专业教学标准》中对专业核心课程主要教学内容的相关规定进行编写。本书主动适应专业教学和课程改革的需要,严格遵照国家现行建筑工程标准、规范。

本书具有较强的针对性、实用性和通用性,理论联系实际,注重实践能力的培养,体现"三教"改革精神,产教融合,校企双元开发,把思想政治教育元素融入课程中,潜移默化地对学生的思想意识、行为举止产生影响,实现立德树人的育人目标。本书可作为高职高专土建类专业及相关专业的教学用书,也可作为建筑施工企业质量员、安全员等技术岗位的培训用书。

全书共分八个项目,包括建筑工程质量管理、建筑工程质量控制、建筑工程施工质量通病分析与预防措施、建筑工程施工质量验收、建筑工程安全管理基本常识、建筑施工现场安全措施、安全文明施工、施工安全事故处理及应急救援。

本书由湖南高速铁路职业技术学院李文任主编并统稿,湖南高速铁路职业技术学院熊伟、王琴任副主编,湖南高速铁路职业技术学院唐璠、谢清艳、朱美玲、尹怡维、刘洋,中国铁路广州局集团有限公司沈志刚参与编写。具体编写分工为:刘洋编写项目一和项目三的任务5;熊伟编写项目二;李文编写项目三的任务1~任务4和项目七;王琴编写项目四;唐璠编写项目五的任务1~任务3;谢清艳编写项目五的任务4~任务6;朱美玲编写项目六的任务1~任务3;尹怡维编写项目六的任务4~任务6;沈志刚编写项目八。本书由中铁建工集团第五建设有限公司郭正担任主审。

在本书的编写过程中,编者参考了有关教材、著作、论文资料和企业案例,在此谨向有关作者及单位表示衷心的感谢。

由于编者水平有限,书中难免存在疏漏之处,敬请读者批评指正。

编者

2024年4月

# 目　录

# 项目一　建筑工程质量管理

【素质目标】

(1) 具有良好的沟通交流能力、团队合作精神和创新意识。

(2) 具有爱护环境、尊重自然、保护环境的生态意识。

(3) 具有规范操作意识，精益求精、一丝不苟的工匠精神和爱岗敬业的责任意识。

(4) 具有法律意识。

【知识目标】

(1) 了解质量、质量管理、建设工程质量、全面质量管理的基本概念。

(2) 了解建筑企业质量管理体系标准的建立、运行和认证。

(3) 熟悉建筑工程施工图设计文件审查、质量监督、质量检测、质量保修等方面的管理制度。

(4) 领会建筑工程中建设、勘察、设计、施工、监理、检测等各质量主体的质量责任。

【能力目标】

(1) 能运用建筑企业质量管理体系标准，有效地参加企业的各项质量管理活动。

(2) 能自觉遵守建筑工程质量管理制度，规范自身在建筑工程活动中的行为。

(3) 从事建筑工程质量管理活动时，能自觉承担相应的质量责任。

【案例引入】

1. 背景

某工程，建设单位与甲施工单位按照《建设工程施工合同（示范文本）》签订了施工合同。经建设单位和监理单位同意，施工单位选择了乙施工单位作为分包单位。在合同履行过程中，发生了如下事件：甲施工单位向建设单位提交了工程竣工验收报告后，建设单位于2019年9月20日组织勘察、设计、施工、监理等单位竣工验收，工程竣工验收通过，各单位分别签署了质量合格文件。因使用需要，建设单位于2018年10月初要求乙施工单位按其示意图在已验收合格的承重墙上开车库门洞，并于2018年10月底正式将该工程投入使用。2019年12月该工程的给排水管道大量漏水，经监理单位组织检查，确认是因开车库门洞施工时破坏了承重结构所致。建设单位认为工程还在保修期，要求甲施工单位无偿修理。建设行政主管部门对责任单位进行了处罚。

2. 问题

(1) 指出事件中建设单位做法的不妥之处，说明理由。

(2) 事件中建设行政主管部门是否应对建设单位、监理单位、甲施工单位、乙施工单位进行处罚？说明理由。

随着科学技术的发展和市场竞争的需要，质量管理已越来越为人们所重视，并逐步发展成为一门新兴的学科。最早提出质量管理的国家是美国，日本在第二次世界大战后引进了美国的一整套质量管理技术和方法，并结合本国实际将其推进，使质量管理走上了科学的道路，取得了世界瞩目的成绩。质量是企业的生命线，质量管理已成为现代企业管理的有机组成部分。建筑工程项目质量的优劣，不仅关系到基本建设投资能否发挥效益，而且也直接影响到施工企业的经济利益和房屋在使用过程中的使用条件，甚至安全。企业应牢固树立"百年大计，质量第一"的思想，将质量管理工作放在首位。

# 任务1 质量管理基本概念

## 一、质量与质量管理

### （一）质量

我们时常谈到"质量"，质量究竟是指什么？事实上，质量的内涵十分丰富，它有狭义和广义之分。狭义的质量是一个静止的概念，是相对于产品质量检验阶段形成的，是指产品与特定技术标准符合的程度，据此可将产品划分为合格品与不合格品或者一、二、三等品。而广义的质量则是一个动态的概念，是指产品或服务满足用户需要的程度，也就是说，它不仅包括有形的产品，还包括无形的服务；既包括结果的质量——产品质量，又包括过程质量——工序质量和工作质量。

国际标准 ISO 9000（2015 版）把质量定义为："反映实体满足明确和隐含需要的能力的特性总和。"这显然指的是广义的质量。根据这一定义得到质量有如下特性。

（1）质量不仅包括活动或过程的结果，还包括质量形成和实现的活动及过程本身。

（2）质量不仅包括产品质量，还包括它们形成和实现过程中的工作质量。

（3）质量不仅要满足用户的需要，还要满足社会的需求。

### （二）质量管理

质量管理是指"确定质量方针、目标和职责并在质量体系中通过诸如质量策划、质量控制、质量保证和质量改进使其实施的全部管理职能的所有活动"，包括如下内容。

（1）确定质量方针和目标。

（2）确定岗位职责和权限。

（3）建立质量体系并使其有效运行。

## 二、建设工程质量的概念

### （一）建筑工程质量的特性

建筑工程是一种特殊的产品，除具有一般产品共有的质量特性，如性能、寿命、可靠性、安全性、经济性等满足社会需要的使用价值及属性外，还具有特定的内涵。其特性主要表现在以下六个方面。

（1）适用性。适用性即功能，是指工程满足使用目的的各种性能，可从内在的质量和外观性能两个方面来区分。内在的质量多表现在诸如耐酸、耐碱、防火等材料的化学性能、尺寸、规格、保温、隔热、隔声等物理性能，结构的强度、刚度、稳定性等力学性能方面，指满足生活或生产需要的使用功能；外观性能，指建筑物的造型、布置、室内装饰效果、色彩等。

（2）耐久性。耐久性即寿命，是指工程在规定的条件下，满足规定功能要求使用的年限，也就是工程竣工后的合理使用寿命周期。由于建筑物本身结构类型不同、施工方法不同、使用性质不同，设计的使用年限也有所不同，如民用建筑主体结构耐用年限分为四级（15～30年，30～50年，50～100年，100年以上）。

（3）安全性。安全性是指工程建成后在使用过程中保证结构安全、保证人身和环境免受危害的程度。建筑工程产品的结构安全度，抗震、耐火及防火能力，是否达到特定的要求，都是安全性的重要标志。工程交付使用后，必须保证人身财产、工程整体免遭工程结构破坏及外来危害的伤害。工程组成部件，如阳台栏杆、楼梯扶手、电气产品、电梯及各类设备等，也要保证使用者的安全。

（4）可靠性。可靠性是指工程在规定的时间和规定的条件下完成规定功能的能力。工程不仅要求在交工验收时要达到规定的指标，而且在一定的使用时期内要保持应有的正常功能。如工程上的防洪与抗震能力，防水隔热、恒温恒湿措施，工业生产用的管道防"跑、冒、滴、漏"等，都属于可靠性的质量范畴。

（5）经济性。经济性是指工程从规划、勘察、设计、施工到整个产品使用寿命周期内的成本和消耗的费用。工程经济性具体表现为设计成本、施工成本、使用成本三者之和，包括从征地、拆迁、勘察、设计、采购（材料、设备）、施工、配套设施等建设全过程的总投资和工程使用阶段的能耗、水耗、维护、保养乃至改建更新的使用维修费用。如在项目建造过程中，减少墙体的厚度或取消墙体保温层、将双层中空玻璃窗改为单层玻璃窗等，确实能降低工程造价，但是这样势必增加建筑物的使用成本和能源消耗，从项目全寿命周期方面考虑，这种做法是不经济的。

（6）与环境的协调性。与环境的协调性主要体现在与生产环境相协调、与人居环境相协调、与生态环境相协调及与社会环境相协调等方面，以适应可持续发展的要求。

**（二）建筑工程质量的内涵**

建筑工程质量是指工程满足业主需要的，符合国家法律、法规、技术规范标准、设计文件及合同规定的特性综合。狭义的工程质量指工程项目的施工质量，广义的工程质量除施工质量外，还包括工序质量和工作质量。

（1）施工质量。工程施工质量是指保证承建工程的使用价值，也就是指保证施工工程的适用性。质量应与项目的使用相适应，在确定质量标准时，应在满足使用功能的前提下，考虑技术可能性、经济合理性、安全可靠性和与环境协调性等因素。

（2）工序质量。工序质量也称生产过程质量。工程质量的形成必须经历一个个过程，而过程的每一阶段又可看作该过程的子过程。所以，只要抓好每一过程（每一道工序）的质量，就能保证工程的整体质量。过程质量包括开发设计过程质量、施工过程质量、使用过程质量与服务过程质量。

（3）工作质量。工作质量是指与质量有关的各项工作对产品质量、服务质量、过程质量的保证程度。它也是施工企业生产经营活动各项工作的总质量。工作质量的特点是难以直接、定量地描述和衡量。一般来说，工作质量的好坏可通过工作的成果（或效果）间接反映。如广泛使用的合格率、错漏检率、返修率、投诉率、满意率等就是这一类工作质量的考察指标。

### （三）全面质量管理

全面质量管理以提高工程项目的适应性为目标，以科学的管理技术方法为手段，以科学的管理组织为保证，以使用效果、经济效益为最终评价。它要求企业全体成员牢固树立"质量第一"的思想，坚持"顶防为主"和"为用户服务"，把管理工作从"事后把关"转移到"事前控制"，真正做到防检结合，消灭不合格的工序质量。用户包含两类：第一类是在企业内部，即下道工序就是上道工序的用户，上道工序为下道工序服务；第二类是工程项目产品的使用者或建设单位。

全面质量管理的主要特点在于管理的系统性和全面性，表现在如下几个方面。

（1）全面质量管理强调一个组织必须以质量为中心开展活动，如制定质量目标，开展质量控制、质量检验等活动。

（2）全面质量管理必须以全员参与为基础。这种全员参与绝不只是组织中所有部门和所有层次的人员都投入各项质量活动，同时，还要求组织的最高管理者领导、组织、扶持以及开展有效的质量培训工作，不断提高全员的素质。

（3）全面质量管理强调让用户满意和本组织所有成员及社会受益，而不是牺牲一方利益以换取另一方利益。这就要求组织能够在经济的水平上最大限度地向用户提供满足其需要的产品和服务，使用户受益，组织也能获得好的经济效益。与此同时，社会也受益（如节约资源、保护环境等）。

（4）全面质量管理强调一个组织的长期成功，而不是短期效益。这就要求组织有一个长期的、富有进取精神的质量战略，建立并不断完善其质量体系，提高企业的竞争力；培育并不断提高其企业文化，以提升企业形象，最终使企业获得长期稳定的发展和长远的经济效益。

（5）对于建设项目而言，全面质量管理还应包括建设工程各参与主体的工程质量和工作质量的全面控制，如业主、监理、设计、勘察、施工总包与分包、材料设备供应商等。

## 三、影响工程质量的因素

建筑工程及其生产的特点：一是产品的固定性、生产的流动性；二是产品多样性、生产的单件性；三是产品体形庞大、高投入、生产周期长，具有风险性；四是产品的社会性、生产的外部约束性。正是由于上述这些特点，造成影响建设工程项目质量的因素很多，通常可以归纳为五个方面，即4M1E，具体是指：人（Man）、材料（Material）、机械（Machine）、方法（Method）和环境（Environment）。事前对这五方面的因素严加控制，是保证建筑工程质量的关键。

（1）人。人是生产经营活动的主体，也是直接参与施工的组织者、指挥者及直接参与施工作业活动的具体操作者。人员素质，即人的文化、技术、决策、组织、管理等能力的高低直接或间接影响工程质量。此外，人作为控制的对象，要避免产生失误；作为控制的动力，要充分调动积极性，发挥主导作用。因此，要根据工程特点，从确保质量出发，从人的技术水平、生理缺陷、心理行为、错误行为等方面来控制人的使用。实行经营资质管理和从业人员持证上岗制度是建设行业保证人员素质的重要措施。

（2）材料。材料包括原材料、成品、半成品、构配件等，它是工程建设的物质基础，也是工程质量的基础。要通过严格地检查、验收，正确合理地使用材料，建立材料管理台账，加强收、发、储、运等各环节的技术管理，来避免混料和将不合格的原材料使用到工程上。

（3）机械。机械包括施工机械设备、工具等，是施工生产的手段。要根据不同工艺特点和技术要求，选用合适的机械设备，并正确使用、管理和保养机械设备。工程机械的质量与性能直接影响到工程项目的质量。为此要健全"人机固定"制度、"操作证"制度、岗位责任制度、交接班制度、"技术保养"制度、"安全使用"制度、机械设备检查制度等，确保机械设备处于最佳使用状态。

（4）方法。方法包含施工方案、施工工艺、施工组织设计、施工技术措施等。在工程中，方法是否合理，工艺是否先进，操作是否得当，都会对施工质量产生重大影响。应通过分析、研究、对比，在确认可行的基础上，切合工程实际，选择能解决施工难题、技术可行、经济合理，有利于保证质量、加快进度、降低成本的方法。

（5）环境。影响工程质量的环境因素较多，有技术环境，如工程地质、水文、气象等；工程管理环境，如质量保证体系、质量管理制度等；劳动环境，如劳动组合、作业场所、工作面等；法律环境，如建设法律法规等；社会环境，如建筑市场规范程度、政府工程质量监督和行业监督成熟度等。环境因素对工程质量的影响，具有复杂而多变的特点，如气象条件就变化万千，温度、湿度、大风、暴雨、酷暑、严寒都直接影响工程质量。又如前一工序往往就是后一工序的环境，前一分项、分部工程也就是后一分项、分部工程的环境。因此，加强环境管理，改进作业条件，是控制环境的重要保证。

# 任务2　质量管理体系标准

质量管理的任务是确定质量方针、目标和职责，可通过具体的四项基本活动，即质量策划、质量控制、质量保证和质量改进来实施。要实现质量管理的方针、目标，有效地开展各项质量管理活动，必须建立一个完善、高效的质量管理体系。

## 一、ISO质量管理体系简介

ISO 9000族标准是世界上许多经济发达国家质量管理实践经验的科学总结，该系列标准目前已被90多个国家等同或等效采用，是全世界通用的国际标准。我国于1992年等同采用ISO 9000为国家标准。该标准的基本思想是通过过程控制、预防为主、持续改进，从而达到系统化、科学化、规范化的管理目的。

1.ISO 9000质量管理标准简介

ISO 9000是指质量管理体系标准，不是指一个标准，而是一族标准的统称。ISO 9000族标准是由国际标准化组织（ISO）质量管理和质量保证技术委员会（TC176）编制的一族国际标准，于1987年开始发布。随着国际贸易发展的需要和标准实施中出现的问题，对该系列标准进行不断修订，2008年发布了2008新版ISO 9000族标准。

2008版的ISO 9000族标准的核心标准有4项，其编号和名称如下。

（1）ISO 9000：2005《质量管理体系——基础和术语》，表述质量管理体系基础知识，并规定质量管理体系术语。

（2）ISO 9001：2008《质量管理体系——要求》，规定质量管理体系要求，用于证实组织具有提供满足顾客要求和适用法规要求的产品的能力，目的在于增进顾客满意度。

（3）ISO 9004：2009《质量管理体系——业绩改进指南》，是提供考虑质量管理体系的有效性和效率两方面的指南，目的是促进组织业绩改进和使顾客及其他相关方满意。

（4）ISO 19011：2002《质量和（或）环境管理体系审核指南》，是提供审核质量和环境管理体系的指南。

如前所述，我国按等同采用的原则，引入 ISO 9000 质量管理体系标准，翻译发布后，标准号为 GB/T 19×××，即上述4个核心标准对应我国的标准号分别为 GB/T 19000—2016、GB/T 19001—2016、GB/T 19004—2020、GB/T 19011—2021。

我们通常所说的 ISO 9000 质量管理体系认证，实际上仅指按 ISO 9001 （GB/T 19001—2016）标准进行的质量管理体系的认证，就 ISO 9000 族标准而言，这也仅是以顾客满意为目的的一种合格水平的质量管理，要达到高水平的质量管理，还要按 ISO 9004 （GB/T 19004—2020）的要求，不断进行质量管理体系的改进和优化。

2.质量管理的八项原则

八项质量管理原则是 2008 版 ISO 9000 族标准的编制基础，它是世界各国质量管理成功经验的科学总结，它的贯彻执行能提高企业的管理水平及顾客对其产品或服务的满意程度，帮助企业达到持续成功的目的。

质量管理的八项原则的具体内容如下。

原则一：以顾客为关注焦点。

组织（从事一定范围生产经营活动的企业）依存于其顾客。该组织应理解顾客当前的和未来的需求，满足顾客要求并争取超越顾客的期望。

原则二：领导作用。

领导者确立本组织统一的宗旨和方向，并营造和保持员工充分参与实现组织目标的内部环境。因此领导在企业质量管理中起着决定的作用。只有领导重视，各项质量活动才能有效开展。

原则三：全员参与。

各级人员都是组织之本，只有全员充分参与，才能使他们的能力为组织带来收益。产品质量是产品形成过程中全体人员共同努力的结果，其中也包含着为他们提供支持的管理、检查、行政人员的贡献。企业领导应对员工进行质量意识等各方面的教育，激发他们的积极性和责任感，为其能力、知识、经验的提高提供机会，发挥创造精神，鼓励持续改进，给予必要的物质和精神奖励，使全员积极参与，为达到让顾客满意的目标而奋斗。

原则四：过程方法。

将相关的资源和活动作为过程进行管理，可以更高效地得到期望的结果。任何使用资源的生产活动和将输入转化为输出的一组相关联的活动都可视为过程。一般在过程输入端、过程的不同位置及输出端都存在着可以进行测量、检查的机会和控制点，对这些控制点实行测量、检测和管理，便能控制过程的有效实施。

原则五：管理系统方法。

将相互关联的过程作为系统加以识别、理解和管理，有助于组织提高实现其目标的有效性和效率。不同企业应根据自己的特点，建立资源管理、过程实现、测量分析改进等方面的关系，并加以控制。即采用过程网络的方法建立质量管理体系，实施系统管理。

原则六：持续改进。

持续改进总体业绩是组织的一个永恒目标，其作用在于增强企业满足质量要求的能力，包括产品质量、过程及体系的有效性和效率的提高。持续改进是增强和满足质量要求能力的循环活动，使企业的质量管理走上良性循环的轨道。

原则七：基于事实的决策方法。

有效的决策应建立在数据和信息分析的基础上，数据和信息分析是事实的高度提炼。以事实为依据作出决策，可防止决策失误。为此，企业领导应高度重视数据信息的收集、汇总和分析，以便为决策提供依据。

原则八：与供方互利的关系。

组织与供方是相互依存的，建立双方的互利关系可以增强双方创造价值的能力。供方提供产品是企业提供产品的一个组成部分。处理好与供方的关系，涉及企业持续稳定提供顾客满意产品的重要问题。因此，对供方不能只讲控制，不讲合作互利，特别是关键供方，更要建立互利关系，这对企业与供方双方都有利。

## 二、质量管理体系的建立

按照《质量管理体系 基础和术语》（GB/T 19000—2016），建立一个新的质量管理体系或更新、完善现行的质量管理体系，一般有以下步骤。

1.企业领导决策

建立质量管理体系是涉及企业内部很多部门参与的一项全面性工作。

2.编制工作计划

工作计划包括培训教育、体系分析、职能分配、文件编制、配备仪器仪表设备等内容。

3.分层次培训教育

组织学习GB/T 19000系列标准，结合本企业的特点，了解建立质量管理体系的目的和作用，详细研究与本职工作有直接关系的要素，提出控制要素的办法。

4.分析企业特点，确定体系要素

质量管理体系是由若干个相互关联、相互作用的基本要素组成的，要素是构成质量管理体系的基本单元，对控制工程实体质量起主要作用，能保证工程的适用性、符合性。

如图1-1所示，根据建筑企业的特点，列举了建筑施工企业质量管理体系的17个要素。这17个要素分为五个层次：第一层次阐述了企业领导的职责；第二层次阐述展开质量体系的原理和原则，建立与质量体系相适应的组织机构，明确有关人员质量责任和权限；第三层次阐述质量成本，从经济角度衡量体系的有效性；第四层次阐述质量形成各阶段如何进行质量控制和内部质量保证；第五层次阐述质量形成过程的间接因素。

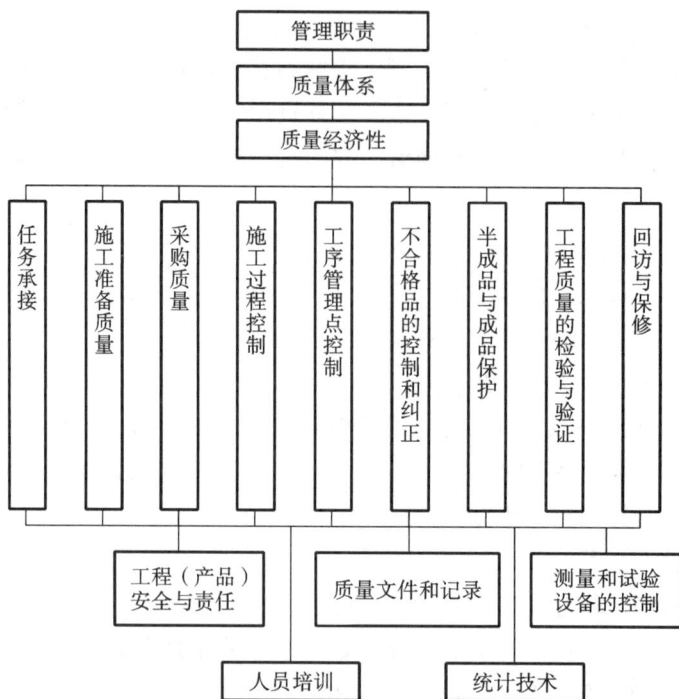

图 1-1　建筑施工企业质量管理体系要素构成

企业要结合自身的特点和具体情况，参照质量管理和质量保证国际标准与国家标准中所列的质量管理体系要素内容，选用和增减要素。

5.落实各项要素

企业在选好合适的质量管理体系要素后，要进行二级要素展开，制定实施二级要素所必需的质量活动计划，并把各项质量活动落实到具体部门或个人。在各级要素和活动分配落实后，为了便于实施、检查和考核，还要把工作程序文件化，即将企业的各项管理标准、工作标准、质量责任制、岗位责任制形成与各级要素和活动相对应的有效运行的文件。

6.编制质量管理体系文件

GB/T 19001质量管理体系标准要求企业重视质量体系文件的编制和使用。编制和使用质量体系文件本身是一项具有动态管理要求的活动。质量管理体系文件一般由以下内容构成。

（1）质量方针和质量目标。

一般都以简明的文字来表述，是企业质量管理的方向目标，应反映用户及社会对工程质量的要求及企业相应的质量水平和服务承诺，也是企业质量经营理念的反映。

（2）质量手册。

质量手册是规定企业组织建立质量管理体系的文件，质量手册对企业质量体系作系统、完整和概要的描述。其内容一般包括：企业的质量方针、质量目标；组织机构及质量职责；体系要素或基本控制程序；质量手册的评审、修改和控制的管理办法。质量手册作为企业管理系统的纲领性文件，应具备指令性、系统性、先进性、可行性和可检查性。

（3）程序文件。

程序文件是质量手册的支持性文件，是企业各职能部门为落实质量手册要求而规定的细则。企业为落实质量管理工作而建立的各项管理标准、规章制度都属于程序文件范畴。各企业程序文件的内容及详略可视企业情况而定，一般有以下六个方面的内容。

① 文件控制程序。

② 质量记录管理程序。

③ 内部审核程序。

④ 不合格品控制程序。

⑤ 纠正措施控制程序。

⑥ 预防措施控制程序。

除以上六个程序外，还有涉及产品质量形成过程各环节控制的程序文件，如生产过程、服务过程、管理过程、监督过程等管理程序，不作统一规定，可视企业质量控制的需要而制定。

为确保过程的有效运行和控制，在程序文件的指导下，尚可按管理需要编制相关文件，如作业指导书、具体工程的质量计划等。

（4）质量记录。

质量记录是产品质量水平和质量体系中各项质量活动进行及结果的客观反映。应对质量体系程序文件所规定的运行过程及控制测量检查的内容如实加以记录，以证明产品质量达到合同要求。

质量记录应完整地反映质量活动实施、验证和评审的情况，并记载关键活动的过程参数，具有可追溯性。质量记录以规定的形式和程序进行，并有实施、验证、审核等签署意见。

以上各类文件的详略程度无统一规定，以适于企业使用、使用过程受控为准则。

## 三、质量管理体系的运行

质量管理体系的有效运行是依靠体系的组织机构进行组织协调、实施质量监督、开展信息反馈、进行质量管理体系审核和评审实现的。

### 1. 组织协调

质量管理体系是借助于质量管理体系组织结构的组织和协调来运行的。组织和协调工作是维护质量管理体系运行的动力。质量管理体系的运行涉及企业众多部门的活动。

### 2. 质量监督

质量监督是符合性监督，其任务是对工程实体进行连续性的监视和验证，发现偏离管理标准和技术标准的情况时及时反馈，要求企业采取纠正措施，严重者责令停工整顿，从而促使企业的质量活动和工程实体质量均符合标准所规定的要求。

实施质量监督是保证质量管理体系正常运行的手段。外部质量监督应与企业本身的质量监督考核工作相结合，杜绝重大质量事故的发生，促进企业各部门认真贯彻各项规定。

### 3. 质量信息管理

企业的组织机构是企业质量管理体系的骨架，而企业的质量信息系统则是质量管理体系的神经系统，是保证质量管理体系正常运行的重要系统。在质量管理体系的运行中，企业通过质量信息反馈系统对异常信息的反馈和处理，使各项质量活动和工程实体质量保持受控状态。

### 4.质量管理体系审核与评审

企业应进行定期的质量管理体系审核与评审：一是对体系要素进行审核、评价，确定其有效性；二是对运行中出现的问题采取纠正措施，对体系的运行进行管理，保持体系的有效性；三是评价质量管理体系对环境的适应性，对体系结构中不适用的内容采取改进措施。开展质量管理体系审核和评审是保持质量管理体系持续有效运行的主要手段。

## 四、质量管理体系的认证

质量认证制度是由公正的第三方认证机构对企业的产品及质量体系作出正确可靠的评价，从而使社会对企业产品建立信心。它对供方、需方、社会和国家的利益都具有重要意义。

### 1.质量管理体系的申报及批准程序

（1）申请和受理：具有法人资格，已按 GB/T 19000－ISO 9000 标准或其他国际公认的质量体系规范建立了文件化的质量管理体系，并在生产经营全过程贯彻执行的企业可提出申请。申请单位须按要求填写申请书，认证机构经审查符合要求后接受申请，如不符合则不接受申请，是否接受申请均须发出书面通知书。

（2）审批与注册发证：认证机构对审核组织提出的审核报告进行全面审查，符合标准者批准并予以注册，发给认证证书（内容包括证书号，注册企业名称、地址，认证和质量体系覆盖产品的范围，评价依据及质量保证模式标准和说明，发证机构，签发人和签发日期）。

### 2.获准认证后的维护与监督管理

企业获准认证的有效期为三年。企业获准认证后，应通过经常性的内部审核，维持质量管理体系的有效性，并接受认证机构对企业质量体系实施监督管理。获准认证后的维护与监督管理内容包括如下方面。

（1）企业通报：认证合格的企业质量体系在运行中出现较大变化时，须向认证机构通报，认证机构接到通报后，视情况采取必要的监督检查措施。

（2）监督检查：认证机构对认证合格单位质量维持情况进行监督性现场检查，包括定期和不定期的监督检查。定期检查通常是每年一次，不定期检查视需要临时安排。

（3）认证注销：注销是企业的自愿行为。在企业体系发生变化或有效期届满时未提出重新申请等情况下，认证持证者提出注销的，认证机构予以注销，收回体系认证证书。

（4）认证暂停：认证机构对获证企业质量体系发生不符合认证要求情况时采取的警告措施。认证暂停期间，企业不得用体系认证证书做宣传。企业在规定期间应采取纠正措施，满足规定条件后，认证机构撤销认证暂停。否则将撤销认证注册，收回合格证书。

（5）认证撤销：当获证企业发生质量体系存在严重不符合规定或在认证暂停的规定期限未予整改的，或发生其他构成撤销体系认证资格情况时，认证机构作出撤销认证的决定。企业不服可提出申诉。撤销认证的企业两年后可重新提出认证申请。

（6）复评：认证合格有效期满前，如企业愿意继续延长，可向认证机构提出复评申请。

（7）重新换证：在认证证书有效期内，出现体系认证标准变更、体系认证范围变更、体系认证证书持有者变更可按规定重新换证。

# 任务3 建筑工程质量管理制度保证

## 一、施工图设计文件审查制度

施工图设计文件（以下简称施工图）审查是政府主管部门对工程勘察设计质量监督管理的重要环节。施工图审查是指国务院建设行政主管部门和省、自治区、直辖市人民政府建设行政主管部门委托依法认定的设计审查机构，根据国家法律、法规、技术标准与规范，对施工图结构安全和强制性标准、规范执行情况等进行的独立审查。

（1）施工图审查的范围。

建筑工程设计等级分级标准中的各类新建、改建、扩建的建筑工程项目均属审查范围。省、自治区、直辖市人民政府建设行政主管部门，可结合本地的实际，确定具体的审查范围。建设单位应当将施工图报送建设行政主管部门，由建设行政主管部门委托有关审查机构进行结构安全和强制性标准、规范执行情况等内容的审查。建设单位将施工图报请审查时，应同时提供下列资料：批准的立项文件或初步设计批准文件；主要的初步设计文件；工程勘察成果报告；结构计算书及计算软件名称等。

（2）施工图审查有关各方的职责。

① 国务院建设行政主管部门负责全国施工图审查管理工作。省、自治区、直辖市人民政府建设行政主管部门负责组织本行政区域内的施工图审查工作的具体实施和监督管理工作。建设行政主管部门在施工图审查工作中主要负责制定审查程序、审查范围、审查内容、审查标准并颁发审查批准书；负责制定审查机构和审查人员条件，批准审查机构，认定审查人员，对审查机构和审查工作进行监督并对违规行为进行查处；对施工图设计审查负依法监督管理的行政责任。

② 勘察、设计单位必须按照工程建设强制性标准进行勘察、设计，并对勘察、设计质量负责。审查机构按照有关规定对勘察成果、施工图进行审查但并不改变勘察、设计单位的质量责任。

③ 审查机构接受建设行政主管部门的委托对施工图涉及安全和强制性标准执行情况进行技术审查。建设工程经施工图审查后因勘察设计原因发生工程质量问题，审查机构承担审查失职的责任。

（3）施工图审查管理。

审查机构应当在收到审查材料后20个工作日内完成审查工作，并提出审查报告；特级和一级项目应当在30个工作日内完成审查工作，并提出审查报告，其中重大及技术复杂项目的审查时间可适当延长。审查合格的项目，审查机构向建设行政主管部门提交项目施工图审查报告，由建设行政主管部门向建设单位通报审查结果，并颁发施工图审查批准书。对审查不合格的项目，提出书面意见后，由审查机构将施工图退回建设单位，并由原设计单位修改，重新送审。

施工图一经审查批准，不得擅自进行修改。如遇特殊情况需要进行涉及审查主要内容的修改，必须重新报请原审批部门，由原审批部门委托审查机构审查后再批准实施。建设单位或者设计单位对审查机构做出的审查报告如有重大分歧，可由建设单位或者设计单位向所在省、自治区、直辖市人民政府建设行政主管部门提出复查申请，由后者组织专家论证并做出复查结果。

建筑工程竣工验收时，有关部门应按照审查批准的施工图进行验收。建设单位要对报送的审查材料的真实性负责；勘察、设计单位对提交的勘察报告、设计文件的真实性负责，并积极配合审查工作。

## 二、工程质量监督制度

国家实行建设工程质量监督制度，其管理体制主要包括设立政府的工程质量监督机构和社会的工程质量监督机构。

### 1.政府的工程质量监督机构

国务院建设行政主管部门对全国的建筑工程质量实施统一的监督管理。国务院铁路、交通、水利等有关部门按国务院规定的职责分工，负责全国有关专业建设工程质量的监督管理。县级以上地方人民政府建设行政主管部门对本行政区域内的建设工程质量实施监督管理。县级以上地方人民政府交通、水利等部门在各自职责范围内，负责本行政区域内的专业建设工程质量的监督管理。

工程质量监督管理的主体是各级政府建设行政主管部门和其他有关部门。工程质量监督机构是经省级以上建设行政主管部门或有关专业部门考核认定，具有独立法人资格的单位。它受县级以上地方人民政府建设行政主管部门或有关专业部门的委托，依法对工程质量进行强制性监督，并对委托部门负责。

政府的工程质量监督管理具有权威性、强制性、综合性特点。

### 2.社会的工程质量监督机构

我国社会上的工程质量监督机构主要是监理单位，它主要受建设单位委托，代表建设单位对工程实施的全过程进行质量监督和控制，包括勘察设计阶段质量控制、施工阶段质量控制，以满足建设单位对工程质量的要求。

社会的工程质量监督具有服务性、独立性、公正性和科学性特点。

## 三、工程质量检测制度

工程质量检测工作是对工程质量进行监督管理的重要手段之一。工程质量检测机构是对建设工程、建筑构件、制品及现场所用的有关建筑材料、设备质量进行检测的法定单位。在建设行政主管部门领导和标准化管理部门指导下开展检测工作，其出具的检测报告具有法定效力。法定的国家级检测机构出具的检测报告，在国内为最终裁定，在国外具有代表国家的性质。

### 1.国家级检测机构的主要任务

（1）受国务院建设行政主管部门和专业部门委托，对指定的国家重点工程进行检测复核，提出检测复核报告和建议。

（2）受国家建设行政主管部门和国家标准部门委托，对建筑构件、制品及有关材料、设备及产品进行抽样检验。

2.各省级、市（地区）级、县级检测机构的主要任务

（1）对本地区正在施工的建设工程所用的材料、混凝土、砂浆和建筑构件等进行随机抽样检测，向本地建设工程质量主管部门和质量监督部门提出抽样报告和建议。

（2）受同级建设行政主管部门委托，对本省、市、县的建筑构件、制品进行抽样检测。对违反技术标准、失去质量控制的产品，检测单位有权提供主管部门停止其生产的证明，不合格产品不准出厂，已出厂的产品不得使用。

## 四、工程质量保修制度

建设工程承包单位在向建设单位提交工程竣工验收报告时，应向建设单位出具工程质量保修书，质量保修书中应明确建设工程保修范围、保修期限和保修责任等。

1.建设工程的最低保修期限

在正常使用条件下，建设工程的最低保修期限如下。

（1）基础设施工程、房屋建筑工程的地基基础和主体结构工程，为设计文件规定的该工程的合理使用年限。

（2）屋面防水工程、有防水要求的卫生间、房间和外墙面的防渗漏，为5年。

（3）供热与供冷系统，为2个采暖期、供冷期。

（4）电气管线、给排水管道、设备安装和装修工程，为2年。

其他项目的保修期由发包方与承包方约定。保修期自竣工验收合格之日起计算。

2.保修义务的承担和经济责任的承担

建设工程在办理交工验收手续后，在规定的保修期限内，因勘察、设计、施工、材料等原因造成的质量问题，均由施工单位负责维修、更换，由责任单位负责赔偿损失。保修义务的承担和经济责任的承担应按下列原则处理。

（1）因施工单位未按国家有关标准、规范和设计要求施工造成的质量问题，由施工单位负责返修并承担经济责任。

（2）因设计方面的原因造成的质量问题，先由施工单位负责维修，其经济责任按有关规定通过建设单位向设计单位索赔。

（3）因建筑材料、构配件和设备质量不合格引起的质量问题，先由施工单位负责维修，其经济责任属于施工单位采购的或验收同意的，由施工单位承担经济责任；属于建设单位采购的，由建设单位承担经济责任。

（4）因建设单位（含监理单位）错误管理造成的质量问题，先由施工单位负责维修，其经济责任由建设单位承担，如属监理单位责任，则由建设单位向监理单位索赔。

（5）因使用单位使用不当造成的损坏问题，先由施工单位负责维修，其经济责任由使用单位自行负责。

（6）因地震、洪水、台风等不可抗拒原因造成的损坏问题，先由施工单位负责维修，建设参与各方根据国家具体政策分担经济责任。

# 任务4  建筑工程质量管理责任体制

一个工程项目的质量需要建设单位、勘察单位、设计单位、施工单位、工程监理单位、材料设备供应单位、工程质量检测单位及质量监督机构共同参与控制。在工程项目建设中，参与工程建设的各方，应根据国家颁布的《建设工程质量管理条例》以及合同、协议和有关文件的规定承担相应的质量责任。任何一方、任何环节的怠慢疏忽或质量责任不到位都会影响建筑工程的质量。

## 一、建设单位的质量责任

（1）建设单位要按有关规定选择相应资质等级的勘察、设计单位和施工单位。在相应的合同中必须有质量条款，明确质量责任，并真实、准确、齐全地提供与建设工程有关的原始资料。凡建设工程项目的勘察、设计、施工、监理以及工程建设有关重要设备材料等的采购，均按规定实行招标，依法确定招标程序和方法，择优选定中标者。不得将应由一个承包单位完成的建设工程项目肢解成若干部分发包给几个承包单位；不得迫使承包方以低于成本的价格竞标；不得任意压缩合理工期；不得明示或暗示设计单位或施工单位违反建设强制性标准，降低建设工程质量。建设单位对其自行选择的设计、施工单位发生的质量问题承担相应责任。

（2）建设单位应根据工程特点，配备相应的质量管理人员。对国家规定强制实行监理的工程项目，必须委托有相应资质等级的工程监理单位进行监理。建设单位应与监理单位签订监理合同，明确双方的责任和义务。

（3）建设单位在工程开工前，负责办理有关施工图审查、工程施工许可证和工程质量监督手续，组织设计和施工单位认真进行设计交底和图纸会审；在工程施工中，应按国家现行有关工程建设法规、技术标准及合同规定，对工程质量进行检查，涉及建筑主体和承重结构变动的装饰工程，建设单位应在施工前委托原设计单位或者相应资质等级的设计单位提出设计方案，方可施工。工程项目竣工后，应及时组织设计、施工、工程监理等有关单位进行施工验收，未经验收备案或验收备案不合格的，不得交付使用。

（4）建设单位按合同的约定负责采购供应的建筑材料、建筑构配件和设备，应符合设计文件和合同要求，对发生的质量问题，应承担相应的责任。

## 二、勘察、设计单位的质量责任

（1）勘察、设计单位必须在其资质等级许可的范围内承揽相应的勘察设计任务，不许承揽超越其资质等级许可范围的任务，不得将承揽工程转包或违法分包，也不得以任何形式用其他单位的名义承揽业务或允许其他单位或个人以本单位的名义承揽业务。

（2）勘察、设计单位必须按照国家现行的有关规定、工程建设强制性技术标准和合同要求进行勘察、设计工作，并对所编制的勘察、设计文件的质量负责。勘察单位提供的地质、测量、水文等勘察成果文件必须真实、准确。设计单位提供的设计文件应当符合国家规定的设计深度要求，注明工程合理使用年限。设计文件中选用的材料、构配件和设备，应当注明规格、型号、性能等技术指标，其质量必须符合国家规定的标准。除有特殊要求的建筑材料、专用设备、工艺生产线外，不得指定生产厂、供应商。设计单位应就审查合格的施工图文件向施工单位作出详细说明，解决施工中对设计提出的问题，负责设计变更。参与工程质量事故分析，并对因设计造成的质量事故，提出相应的技术处理方案。

## 三、施工单位的质量责任

（1）施工单位应当依法取得相应等级的资质证书，并在其资质等级许可的范围内承揽工程。禁止施工单位超越本单位资质等级许可的业务范围或者以其他施工单位的名义承揽工程。禁止施工单位允许其他单位或者个人以本单位的名义承揽工程。施工单位不得转包或者违法分包工程。

（2）施工单位对建设工程的施工质量负责。施工单位应当建立质量责任制，确定工程项目的项目经理、技术负责人和施工管理负责人。建设工程实行总承包的，总承包单位应当对全部建设工程质量负责；建设工程勘察、设计、施工、设备采购的一项或者多项实行总承包的，总承包单位应当对其承包的建设工程或者采购的设备的质量负责。

（3）总承包单位依法将建设工程分包给其他单位的，分包单位应当按照分包合同的约定对其分包工程的质量向总承包单位负责，总承包单位与分包单位对分包工程的质量承担连带责任。

（4）施工单位必须按照工程设计图纸和施工技术标准施工，不得擅自修改工程设计，不得偷工减料。施工单位在施工过程中发现设计文件和图纸有差错的，应当及时提出意见和建议。

（5）施工单位必须按照工程设计要求、施工技术标准和合同约定，对建筑材料、建筑构配件、设备和商品混凝土进行检验，检验应当有书面记录和专人签字；未经检验或者检验不合格的，不得使用。

（6）施工单位必须建立、健全施工质量的检验制度，严格工序管理，做好隐蔽工程的质量检查和记录。隐蔽工程在隐蔽前，施工单位应当通知建设单位和建设工程质量监督机构。

（7）施工人员对涉及结构安全的试块、试件以及有关材料，应当在建设单位或者工程监理单位监督下现场取样，并送具有相应资质等级的质量检测单位进行检测。

（8）施工单位对施工中出现质量问题的建设工程或者竣工验收不合格的建设工程，应当负责返修。

（9）施工单位应当建立、健全教育培训制度，加强对职工的教育培训；未经教育培训或者考核不合格的人员，不得上岗作业。

## 四、工程监理单位的质量责任

（1）工程监理单位应当依法取得相应等级的资质证书，并在其资质等级许可的范围内承担工程监理业务。禁止工程监理单位超越本单位资质等级许可的范围或者以其他工程监理单位的名义承担工程监理业务。禁止工程监理单位允许其他单位或者个人以本单位的名义承担工程监理业务。工程监理单位不得转让工程监理业务。

（2）工程监理单位与被监理工程的施工承包单位以及建筑材料、建筑构配件和设备供应单位有隶属关系或者其他利害关系的，不得承担该项建设工程的监理业务。

（3）工程监理单位应当依照法律、法规以及有关技术标准、设计文件和建设工程承包合同，代表建设单位对施工质量实施监理，并对施工质量承担监理责任。

（4）工程监理单位应当选派具备相应资格的总监理工程师和监理工程师进驻施工现场。未经监理工程师签字，建筑材料、建筑构配件和设备不得在工程上使用或者安装，施工单位不得进行下一道工序的施工。未经总监理工程师签字，建设单位不拨付工程款，不进行竣工验收。

（5）监理工程师应当按照工程监理规范的要求，采取旁站、巡视和平行检验等形式，对建设工程实施监理。

## 五、建筑材料、构配件及设备生产或供应单位的质量责任

建筑材料、构配件及设备生产或供应单位对其生产或供应的产品质量负责。生产厂、供应商必须具备相应的生产条件、技术装备和质量管理体系，所生产或供应的建筑材料、构配件及设备的质量应符合国家和行业现行的技术规定的合格标准和设计要求，并与说明书和包装上的质量标准相符，且应有相应的产品检验合格证，设备应有详细的使用说明等。

## 六、工程质量检测单位的质量责任

建设工程质量检测单位必须经省技术监督部门计量认证和省建设行政管理部门资质审查，方可接受委托，对建设工程所用建筑材料、构配件及设备质量进行检测。

（1）建筑材料、构配件检测所需试样，由建设单位和施工单位共同取样或由建设工程质量检测单位现场抽样。

（2）工程质量检测单位应当对出具的检测数据和鉴定报告负责。

（3）在工程保修期内因建筑材料、构配件不合格出现质量问题，属于工程质量检测单位提供错误检测数据的，由工程质量检测单位承担质量责任。

## 七、工程质量监督单位的质量责任

（1）制定质量监督工作方案。确定负责该项工程的质量监督工程师和助理质量监督师。根据有关法律、法规和工程建设强制性标准，针对工程特点，明确监督的具体内容、监督方式。在方案中对地基基础、主体结构和其他涉及结构安全的重要部位和关键过程，作出实施监督的详细计划安排，并将质量监督工作方案通知建设、勘察、设计、施工、监理单位。

（2）检查施工现场工程建设各方主体的质量行为。检查施工现场工程建设各方主体及有关人员的资质或资格；检查勘察、设计、施工、监理单位的质量管理体系和质量责任制落实情况；检查有关质量文件、技术资料是否齐全并符合规定。

（3）检查建设工程实体质量。按照质量监督工作方案，对建设工程地基基础、主体结

构和其他涉及安全的关键部位进行现场实地抽查，对用于工程的主要建筑材料、构配件的质量进行抽查。对地基基础分部、主体结构分部和其他涉及安全的分部工程的质量验收进行监督。

（4）监督工程质量验收。监督建设单位组织的工程竣工验收的组织形式、验收程序以及在验收过程中提供的有关资料和形成的质量评定文件是否符合有关规定，实体质量是否存在严重缺陷，工程质量验收是否符合国家标准。

（5）向委托部门报送工程质量监督报告。报告的内容应包括对地基基础和主体结构质量检查的结论，工程施工验收的程序、内容和质量检验评定是否符合有关规定，以及历次抽查该工程的质量问题和处理情况等。

（6）对预制建筑构件和商品混凝土的质量进行监督。

## 》→ 课后练习 ......

### 一、判断题（在括号内正确的打"√"，错误的打"×"）

1.广义质量的内涵不仅包括有形的产品，还包括无形的服务。（　　）

2.广义的工程质量除施工质量外，还包括工序质量和工作质量。广泛使用的合格率、满意率等就是工序质量的考察指标。（　　）

3.造成影响建设工程项目质量的因素很多，通常可以归纳为五个方面，即4M1E。环境因素是这五个方面之一。（　　）

4.质量管理体系文件中，明确企业质量目标的文件是质量手册。（　　）

5.质量认证制度是由顾客方对企业的产品及质量体系作出正确可靠的评价，从而使社会对企业的产品建立信心。（　　）

6.企业获准质量管理体系认证的有效期一般为3年。（　　）

7.进行企业经济状况审查不是ISO 9000质量管理体系的建立要素。（　　）

8.为了保证某工程在"国庆节"前竣工，建设单位要求施工单位压缩工期，并主动承担相关费用。施工单位有权拒绝建设单位这样的要求。（　　）

9.某设计单位承接某工程的设计，为保证工程质量，其提交的设计文件中对各类建筑材料、设备特意注明主要生产厂家或供应商是符合质量责任要求的。（　　）

10.某建设单位将办公楼改建为公寓的装修工程，并需要拆除其中一道承重墙，需要有相应资质设计单位的设计方案。（　　）

### 二、选择题（选择一个正确答案）

1.我国按照等同原则，由国际标准转化而成的质量管理系统标准是（　　）。

A.ISO 9000　　　　B.ISO 14000　　　　C.GB/T 19000　　　　D.GB/T 9000

2.质量管理体系认证机构通常需要（　　）对认证合格单位进行定期监督性现场检查。

A.半年一次　　　B.一年一次　　　C.两年一次　　　D.三年一次

3.ISO 9000族标准中核心标准有4个，其中关于"业绩改进指南"的是（　　）。

A.ISO 9000　　　B.ISO 9001　　　C.ISO 9004　　　D.ISO 19011

4.根据我国工程质量保修制度的规定，屋面防水工程、有防水要求的卫生间、房间和外墙面防渗漏的最低保修期为（　　）。

A.1年　　　　　　　B.2年　　　　　　　C.3年　　　　　　　D.5年

5.某成本价为210万的工程，合理工期为180天，由于建设方受到建设经费的限制，根据工程特点，在招标活动中下列做法合理的是（　　　）。

A.自行组织机构实施施工招标

B.规定承包商的报价上限190万

C.允许施工单位低于建设强制性标准建造以节约造价

D.允许施工单位在210天内完成

6.关于勘察设计单位的质量责任，下面说法正确的是（　　　）。

A.设计单位将承揽的工程转包并以另一公司的名义设计必须提供转包合同

B.为确保工程质量，设计文件中可以指定有信誉的钢材生产厂或供应商

C.各方同意的施工单位提出的设计变更方案也应由设计单位出变更文件

D.当合同条款与国家现行的有关规定的设计标准发生冲突时，应以合同为准

7.甲是乙的分包单位，若甲出现了质量事故，则下列说法正确的是（　　　）。

A.业主只可以要求甲公司承担责任

B.业主只可以要求乙公司承担责任

C.业主可以要求甲公司和乙公司承担连带责任

D.业主必须要求甲公司和乙公司同时承担责任

8.关于工程监理单位的质量责任，下列说法中错误的是（　　　）

A.工程监理单位属于质量监控主体

B.工程监理单位是由政府建设行政主管部门指定的对工程全过程实施质量监督和控制

C.因工程监理单位弄虚作假，造成质量事故的，要承担法律责任

D.监理单位不按照监理合同约定履行监理职责而造成损失的，建设单位有权索赔

9.建设工程质量监督机构是由省级以上建设行政主管部门或有关专业部门考核认定的（　　　）监督单位。

A.一种对工程质量进行强制性　　　　　　B.一种社会性监督机构

C.受建设单位委托的　　　　　　　　　　D.不具有独立法人资格的行政

10.某施工单位为了给本单位创造社会效益，未经业主同意，主动自费将设计图纸中采用的施工材料换成了性能更好的材料，对此，正确的说法是（　　　）。

A.该施工单位的做法是值得表扬的

B.该施工单位违反了《建设工程质量管理条例》

C.只要对材料按要求进行检验并证明是合格材料即可

D.业主应该向承包商支付材料的差价

# 项目二　建筑工程质量控制

【素质目标】

(1) 具有良好的沟通交流能力、团队合作精神和创新精神。

(2) 养成认真细致的工作作风。

(3) 具有质量意识、法律法规意识。

【知识目标】

(1) 了解质量控制的基本原理和原则。

(2) 熟悉建筑工程施工各阶段质量控制的内容。

(3) 掌握建筑工程施工质量控制的基本方法和手段。

【能力目标】

(1) 能解释质量控制的基本概念、基本原理和基本原则。

(2) 对于具体的施工项目，具有施工准备质量控制、施工过程质量控制的能力。

(3) 能运用常规的质量检查方法，参与施工现场的质量检查、检验。

【案例引入】

1.背景

某工程由某施工单位中标施工，某监理单位承担其监理任务。工程实施过程中发生以下事件。

事件1：由于工程工期紧，项目中标后承包方便进场开始基础工程施工，项目监理机构以施工单位没有进行图纸会审、未完成施工组织设计的编制为由，不准开工。

事件2：结构设计按最小配筋率配筋，设计中有用HPB300级直径12 mm、间距200 mm的钢筋。施工单位考察当地建筑市场，当时该种钢筋紧缺，很难买到。于是，在征得监理单位和建设单位同意后，按等强度折算后用HRB335级直径12 mm、间距250 mm的钢筋代换，保证整体强度不降低。

事件3：该工程设计中采用了隔震抗震新技术，为此，项目监理机构组织了设计技术交底会。针对该项新技术，施工单位拟在施工中采用相应的新工艺。

2.问题

(1) 事件1中项目监理机构做法是否妥当？施工组织设计文件如何审批？

(2) 指出事件2中的不妥之处，并说明理由。

(3) 指出事件3中项目监理机构组织设计技术交底会是否妥当？针对施工单位拟采用的新工艺，写出项目监理机构应采取的处理程序。

工程施工的质量是可以通过一系列的方法和手段进行控制的，按合同赋予的权力，在施工准备、施工过程、施工验收等全过程中，对围绕影响工程质量的各种因素进行控制，对工程项目的施工进行有效的监督和管理，从而使建筑产品达到预定的质量要求。

# 任务1　质量控制基本概念

## 一、质量控制

2008版GB/T 19000—ISO 9000标准中，质量控制的定义是：质量管理的一部分，致力于满足质量要求。

上述定义可以从以下几个方面理解。

（1）质量控制是质量管理的重要组成部分，其目的是使产品、体系或过程的固有特性达到规定的要求，即满足顾客、法律、法规等方面所提出的质量要求。所以，质量控制是通过采取一系列的作业技术和活动对各个过程实施的。

（2）质量控制的工作内容包括作业技术和活动，也就是包括专业技术和管理技术两个方面。围绕产品形成全过程每一阶段的工作如何能保证做好，应对影响其质量的人、机、料、法、环因素进行控制，并对质量活动的成果进行分阶段验证，以便及时发现问题，查明原因，采取相应的纠正措施，防止不合格事件的发生。因此，质量控制应贯彻预防为主与检验把关相结合的原则。

（3）质量控制应贯穿产品形成和体系运行的全过程。每一过程都有输入、转换和输出三个环节，通过对每一过程的三个环节实施有效控制，使对产品质量有影响的各个过程处于受控状态，才能持续提供符合规定要求的产品。

## 二、建筑工程质量控制的实施主体

工程质量控制按其实施主体不同，分为自控主体和监控主体，主要包括以下四个方面。

（1）政府的工程质量控制。政府属于监控主体，它主要是以法律法规为依据，通过工程报建、施工图审查、施工许可、材料和设备准用、工程质量监督、重大工程竣工验收备案等主要环节进行控制。

（2）工程监理单位的质量控制。工程监理单位属于监控主体，它主要是受建设单位的委托，代表建设单位对工程实施全过程进行质量监督和控制，包括勘察设计阶段质量控制、施工阶段质量控制，以满足建设单位对工程质量的要求。

（3）勘察设计单位的质量控制。勘察设计单位属于自控主体，它是以法律、法规及合同为依据，对勘察设计的整个过程进行控制，包括工作程序、工作进度、费用及成果文件所包含的功能和使用价值，以满足建设单位对勘察设计质量的要求。

（4）施工单位的质量控制。施工单位属于自控主体，它是以工程合同、设计图纸和技术规范为依据，对施工准备阶段、施工阶段、竣工验收交付阶段等施工全过程的工作质量和工程质量进行控制，以达到合同文件规定的质量要求。

## 三、建筑工程质量控制的基本原理

全面质量管理代表了质量管理发展的最新阶段，它起源于美国，后来在其他一些工业发达国家开始推行，我国自1978年推行全面质量管理以来，在理论和实践上都有一定发展，并取得了相应成效。

1.PDCA循环

全面质量管理的PDCA循环（图2-1）是人们在管理实践中形成的基本理论方法，反映了质量管理活动的规律。通俗来讲，该原理认为管理就是确定任务目标，并按照PDCA循环，不停地周而复始地运转，来实现预期目标，提高质量水平。

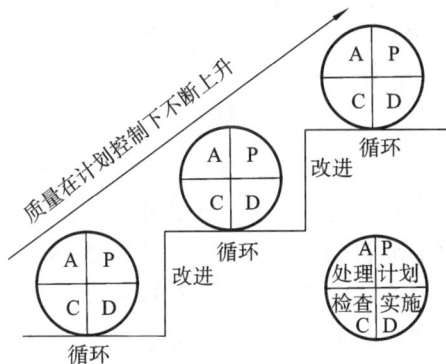

**图2-1　PDCA循环示意图**

PDCA循环主要包括4个阶段：计划P（Plan）、实施D（Do）、检查C（Check）、处理A（Action）。

（1）计划P（Plan）。

此阶段为质量计划阶段，其作用是明确目标并制订实现目标的行动方案，具体内容包括确定质量控制的组织制度、工程程序、技术方法、业务流程、资源配置、检验试验要求、质量记录方式、不合格处理、管理措施等。计划阶段还须对其实现预期目标的可行性、有效性、经济合理循环性进行分析论证，按照规定的程序与权限审批执行。

（2）实施D（Do）。

此阶段包含两个环节，即计划行动方案的交底和按计划规定的方法与要求展开工程作业技术活动，使具体的作业者和管理者明确计划的意图和要求，掌握标准，从而规范行为，全面地执行计划的行动方案，步调一致地去努力实现预期的目标。

（3）检查C（Check）。

此阶段主要对计划实施过程进行各种检查，包括作业者的自检、互检和专职管理者专检。各类检查都包含两大方面：一是检查是否严格执行了计划的行动方案，实际条件是否发生了变化，不执行计划的原因；二是检查计划执行的结果，即产出的质量是否达到标准的要求，对此进行确认和评价。

（4）处理A（Action）。

此阶段对于质量检查所发现的质量问题或不合格产品，及时进行原因分析，采取必要的措施，予以纠正，保证质量形成过程处于受控状态。处理分纠偏和预防两个步骤。前者是采取应急措施，解决当前的质量问题；后者是信息反馈管理部门反思问题症结或计划时的不足，为今后类似的质量问题预防提供借鉴。

2.三阶段质量控制系统过程

全面质量管理的三阶段质量控制就是通常所说的事前控制、事中控制和事后控制。这三阶段控制构成了质量控制的系统过程。

（1）事前控制。

事前控制，要求预先进行周密的质量控制。尤其是工程项目施工阶段，制订质量计划或编制施工组织设计或施工项目管理实施规划，都必须建立在切实可行、有效实现预期质量目标的基础上，作为一种行动方案进行施工部署。

事前控制，其内涵包括两层意思，一是强调质量目标的计划预控，二是按质量计划进行质量活动前的准备工作状态的控制。

（2）事中控制。

事中控制包含自控和监控两大环节。自控是指对质量产生过程各项技术作业活动操作者在相关制度的管理下的自我行为约束，完成预定质量目标的作业任务；监控是指来自他人的对质量活动过程与结果的监督控制，包括来自企业内部管理者（如质量员）的检查检验和来自企业外部的工程监理及政府质量监督部门的监控等。

但事中控制的关键还是要增强质量意识，发挥作业者的自我约束、自我控制作用，即坚持质量标准是根本、他人监控或控制是必要补充的原则。

（3）事后控制。

事后控制包括对质量活动结果的评价认定和对质量偏差的纠正。我们希望各项作业活动能达到"一次成功""一次交验合格率100％"的理想状况，但实际上相当部分的工程是不可能达到的。因为在实施过程中不可避免地会存在一些计划时难以预料的影响因素，包括系统因素和偶然因素，造成质量实际值与目标值之间超出预期偏差，这时就必须分析原因，采取措施纠正偏差，以保证质量处于受控状态。

3.三全控制管理思想

三全控制管理是来自全面质量管理TQC的思想，其基本原理是指生产企业的质量管理应该是全面、全过程和全员参与的。

（1）全面质量控制。

全面质量控制是指对工程（产品）质量和工作质量的全面控制。对于建筑工程项目而言，全面质量控制应该包括建设工程各参与主体的工程质量与工作质量的全面控制。如业主、监理、勘察、设计、施工总包、施工分包、材料设备供应商等，任何一方、任何环节的怠慢疏忽或质量责任不到位都会造成对建设工程质量的影响。

（2）全过程质量控制。

全过程质量控制是指根据工程质量的形成规律，从源头抓起，全过程推进。通常情况下，建筑工程质量控制主要的过程包括：项目策划与决策过程；勘察设计过程；施工采购过程；施工组织与准备过程；检测设备控制与计量过程；施工生产的检验试验过程；工程质量的评定过程；工程竣工验收与交付过程；工程回访维修服务过程。以上每个环节又由诸多相互关联的活动构成相应的具体过程。因此必须识别过程和应用"过程方法"进行全过程质量控制。

（3）全员参与质量控制。

从全面质量管理的观点看，无论是组织内部的管理者还是作业者，每个岗位都承担着相应的质量职能，就企业而言，如果存在哪个岗位没有自己的工作目标和质量目标，说明这个岗位就是多余的，应予以调整。故全员参与质量控制所不可或缺的重要手段就是目标管理，即总目标必须逐级分解，直到最基层岗位，从而形成自下而上、自岗位个体到部门团队的层层控制和保证关系，使质量总目标分解落实到每个部门和岗位。

## 四、建筑工程质量控制的基本原则

### 1.坚持质量第一

建筑产品作为一种特殊的商品，其质量不仅关系到工程的适用性和建设项目投资效果，而且关系到人民群众生命财产的安全。所以，进行进度、成本、质量等目标控制及处理这些目标关系时，应自始至终把"质量第一，用户至上"作为质量控制的基本原则。

### 2.坚持以人为核心

人是工程建设的决策者、组织者、管理者和操作者。工程建设中各单位、各部门、各岗位人员的工作质量水平和完美程度，都直接或间接地影响工程质量。所以说，人是质量的创造者。在工程质量控制中，要以人为核心，提高人的素质，避免人的失误，充分发挥人的积极性和创造性，以人的工作质量保工序质量、促工程质量。

### 3.坚持预防为主

工程质量控制应该是积极主动的，应事先对影响质量的各种因素加以控制。如果总是消极被动地等出现质量问题再进行处理，就会造成质量问题频发，带来不必要的损失。所以，要重点做好质量的事前控制和事中控制，以预防为主，加强过程和中间产品的质量检查与控制。

### 4.坚持质量标准

质量标准是评价产品质量的尺度，工程质量是否符合合同规定的质量标准要求，应通过质量检验并和质量标准对照，符合质量标准要求的才是合格的，不符合质量标准要求的就是不合格的，必须返工处理。工程上的许多质量问题就是盲目降低标准或不按标准执行造成的。

### 5.坚守职业道德规范

在工程质量控制中，质量员必须坚守科学、公正、守法的职业道德规范，要尊重科学、尊重事实，以数据资料为依据，客观、公正地处理质量问题，要坚持原则，遵纪守法，秉公办事。

# 任务2　建筑工程施工质量控制内容

## 一、施工质量控制的过程

施工阶段是使工程设计意图最终实现并形成工程实体的阶段，是最终形成工程实体质量的过程，所以施工阶段的质量控制是一个由对投入的资源和条件的质量控制，到对生产过程及各环节的质量控制，再到对所完成的工程产出品的质量进行检验与控制为止的全过程的系统控制过程。

为了方便实施施工质量控制，可以根据工程项目的实际情况，从下列不同的角度来划分施工质量控制的过程。

### （一）按工程实体质量形成过程的时间阶段划分

按工程实体质量形成过程的时间阶段，施工阶段的质量控制可以分为以下三个环节。

#### 1.施工准备控制

施工准备控制是指在各工程对象正式施工活动开始前，对各项准备工作及影响质量的各因素进行控制，这是确保施工质量的先决条件。

#### 2.施工过程控制

施工过程控制是指在施工过程中对实际投入的生产要素质量及作业技术活动的实施状态和结果所进行的控制，包括作业者发挥技术能力过程的自控行为和来自有关管理者的监控行为。

#### 3.竣工验收控制

竣工验收控制是指对于通过施工过程所完成的具有独立的功能和使用价值的最终产品（单位工程或整个工程项目）及有关方面（例如质量文档）的质量进行控制。

### （二）按工程实体形成过程中物质形态转化的阶段划分

由于工程对象的施工是一项物质生产活动，所以施工阶段的质量控制系统过程也是一个经由以下三个阶段的系统控制过程。

（1）对投入的物质资源质量的控制。

（2）施工过程质量控制。即在使投入的物质资源转化为工程产品的过程中，对影响产品质量的各因素、各环节及中间产品的质量进行控制。

（3）对完成的工程产品质量的控制与验收。

在上述三个阶段的系统过程中，前两阶段对于最终产品质量的形成具有决定性的作用，而所投入的物质资源的质量控制对最终产品质量又具有举足轻重的影响。所以，质量控制的系统过程中，无论是对投入物质资源的控制，还是对施工及安装生产过程中的控制，都应当对影响工作实体质量的五个重要因素，即施工有关人员、材料（包括半成品、构配件）、机械设备（生产设备及施工设备）、施工方法（施工方案、方法及工艺）以及环境进行全面的控制。

### （三）按工程项目施工层次划分的系统控制过程

通常任何一个大中型工程建设项目可以划分为若干层次。例如，对于建筑工程项目按照国家标准可以划分为单位工程、分部工程、分项工程、检验批等层次，各组成部分之间具有一定的施工先后顺序的逻辑关系。显然，施工作业过程的质量控制是最基本的质量控制，它决定了有关检验批的质量，而检验批的质量又决定了分项工程质量。

## 二、施工质量控制的依据

施工阶段进行质量控制的依据，大体上有以下四类。

### （一）工程合同文件

工程施工承包合同文件和委托建立合同文件中分别规定了参与建设各方在质量控制方面的权利和义务，有关各方必须履行在合同中的承诺。对于监理单位，既要履行委托监理合同的条款，又要督促建设单位、监督承包单位、设计单位履行有关的质量控制条款。

### （二）设计文件

"按图施工"是施工阶段质量控制的一项重要原则。因此，经过批准的设计图纸和技术说明书等设计文件，无疑是质量控制的重要依据。但是从严格质量管理和质量控制的角度出发，在施工前应由建设单位组织设计单位、承包单位、监理单位等参加设计交底及图纸会审工作，以达到了解设计意图和质量要求，发现图纸差错和减少质量隐患的目的。

### （三）国家及政府有关部门颁布的有关质量管理方面的法律、法规性文件

国家及建设主管部门所颁发的有关质量管理方面的法规性文件，例如《中华人民共和国建筑法》（主席令第91号）、《建设工程质量管理条例》（国务院令第279号）、《建筑业企业资质管理规定》（中华人民共和国住房和城乡建设部令第22号）等都是建设行业质量管理方面所应遵循的基本法规文件。此外，其他各行业，如交通、能源、水利、冶金、化工等的政府主管部门和省、自治区、直辖市的有关主管部门，也均根据本行业及地方的特点，制定和颁发了有关的法规性文件。

### （四）有关质量检验与控制的专门技术法规性文件

这类文件一般是针对不同行业、不同的质量控制对象而制定的技术法规性的文件，包括各种有关的标准、规范、规程或规定。

技术标准有国际标准、国家标准、行业标准、地方标准和企业标准。它们是建立和维护正常的生产和工作秩序应遵守的准则，也是衡量工程、设备和材料质量的尺度。例如：工程质量检验及验收标准；材料、半成品或构配件的技术检验和验收标准等。技术规程或规范一般是执行技术标准，用于保证施工有序地进行，而为有关人员制定的行动的准则，通常也与质量的形成有密切关系，应严格遵守。各种有关质量方面的规定，一般是由有关主管部门根据需要而发布的带有方针目标性的文件，它对于保证标准和规程、规范的实施和解决实际存在的问题，具有指令性和及时性的特点。此外，对于大型工程，特别是对外承包工程和外资、外贷工程的质量监理与控制，可能还会涉及国际标准和国外标准或规范，当需要采用这些标准或规范进行质量控制时，还需要熟悉它们。

概括说来，这类专门的技术法规性的依据主要有以下几类。

#### 1.工程项目施工质量验收标准

这类标准主要是由国家或部门统一制定的，用以作为检验和验收工程项目质量水平所依据的技术法规性文件。例如，评定建筑工程质量验收的《建筑工程施工质量验收统一标准》（GB 50300）、《混凝土结构工程施工质量验收规范》（GB 50204）、《建筑装饰装修工程质量验收标准》（GB 50210）等。

#### 2.有关工程材料、半成品和构配件质量控制方面的专门技术法规性依据

（1）有关材料及其制品质量的技术标准。诸如水泥、木材及其制品、钢材、砖瓦、砌块、石材、石灰、砂、玻璃、陶瓷及其制品，涂料、保温及吸声材料、防水材料、塑料制品、建筑五金、电缆电线、绝缘材料以及其他材料或制品的质量标准。

（2）有关材料或半成品等的取样、试验等方面的技术标准或规程。例如：木材的物理力学试验方法总则，钢材的机械及工艺试验取样法，水泥安定性检验方法等。

（3）有关材料验收、包装、标志方面的技术标准和规定。例如，型钢的验收、包装、标志及质量证明书的一般规定；钢管验收、包装、标志及质量证明书的一般规定等。

### 3.控制施工作业活动质量的技术规程

例如电焊操作规程、砌砖操作规程、混凝土施工操作规程等。它们是为了保证施工作业活动质量而应在作业过程中应遵照执行的技术规程。

### 4.在新工艺、新技术、新材料基础上制定的有关质量标准和施工工艺规程

凡采用新工艺、新技术、新材料的工程,事先应进行试验,并应有权威性技术部门的技术鉴定书及有关的质量数据、指标,在此基础上制定有关的质量标准和施工工艺规程,以此作为判断与控制质量的依据。

## 三、施工准备的质量控制

### (一)施工承包单位资质的核查

#### 1.施工承包单位资质的分类

国务院建设行政主管部门为了维护建筑市场的正常秩序,加强管理,保障承包单位的合法权益和保证工程质量,制订了建筑业企业资质等级标准。承包单位必须在规定的范围内进行经营活动,且不得超范围经营。建设行政主管部门对承包单位的资质实行动态管理,建立相应的考核、资质升降及审查规定。

施工承包企业按照其承包工程能力,划分为施工总承包、专业承包和劳务分包三个序列。这三个序列按照工程性质和技术特点分别划分为若干资质类别,各资质类别按照规定的条件划分为若干等级。

(1)施工总承包企业。

获得施工总承包资质的企业,可以对工程实行施工总承包或者对主体工程实行施工承包,施工总承包企业可以将承包的工程全部自行施工,也可以将非主体工程或者劳务作业分包给具有相应专业承包资质或者劳务分包资质的其他建筑业企业。施工总承包企业按专业类别共分为12个资质类别,每一个资质类别又分成特级、一、二、三级。

(2)专业承包企业。

获得专业承包资质的企业,可以承接施工总承包企业分包的专业工程或者建设单位按照规定发包的专业工程。专业承包企业可以对所承接的工程全部自行施工,也可以将劳务作业分包给具有相应劳务分包资质的劳务分包企业。专业承包企业按专业类别共分为60个资质类别,每一个资质类别又分为一、二、三级。

(3)劳务分包企业。

获得劳务分包资质的企业,可以承接施工总承包企业或者专业承包企业分包的劳务作业。劳务承包企业有十三个资质类别,如木工作业、砌筑作业、钢筋作业、架线作业等。有的资质类别分为若干级,有的则不分级,如木工、砌筑、钢筋作业劳务分包企业资质分为一级、二级。油漆、架线等作业劳务分包企业则不分级。

#### 2.对施工承包单位资质的审核

1)招投标阶段对承包单位资质的审查

(1)核查参与投标企业的资质等级。

根据工程的类型、规模和特点,核对营业执照及建筑业企业资质证书等(图2-2),核实参与投标企业的资质等级,并取得招投标管理部门的认可。

**图2-2 营业执照及建筑业企业资质证书样本**

（2）对符合条件的参与投标的承包企业进行考核。

① 了解其实际的建设业绩、人员素质、管理水平、资金情况、技术装备等。

② 考核承包企业近期的表现，查对年检情况、资质升降级情况，了解其是否有工程质量、施工安全、现场管理等方面的问题，要选择向上发展的企业。

③ 查对近期承建工程，实地参观考核工程质量情况及现场管理水平。在全面了解的基础上，重点考核与拟建工程类型、规模和特点相似或接近的工程，优先选取创出名牌优质工程的企业。

2）对中标进场从事项目施工的承包企业质量管理体系的核查

（1）了解企业的质量意识、质量管理情况，重点了解企业质量管理的基础工作、工程项目管理和质量控制的情况。

（2）贯彻ISO 9000标准、体系建立和通过认证的情况。

（3）企业领导班子的质量意识及质量管理机构落实、质量管理权限实施的情况。

（4）审查承包单位现场项目经理部的质量管理体系。

重点审查包括项目组织机构、各项制度、管理人员、专职质检员、特种作业人员的资格证、上岗证、试验室。或对报送的相关资料进行审核，并进行实地检查。

**（二）施工组织设计（质量计划）的审查**

1.质量计划与施工组织设计

质量计划是质量策划结果的一项管理文件。对工程建设而言，质量计划主要是针对特定的工程项目为完成预定的质量控制目标而专门编制的质量措施、资源和活动顺序的文件。其作用是，对外作为针对特定工程项目的质量保证，对内作为针对特定工程项目质量管理的依据。

在我国现行的施工管理中，施工承包单位要针对每一特定工程项目进行施工组织设计，以此作为施工准备和施工全过程的指导性文件。为确保工程质量，承包单位在施工组织设计中加入了质量目标、质量管理及质量保证措施等质量计划的内容。

质量计划与现行施工管理中的施工组织设计存在相同的地方，但又有差别。

（1）对象相同。质量计划和施工组织设计都是针对某一特定工程项目而提出的。

（2）形式相同。二者均为文件形式。

（3）作用既相同又存在区别。投标时，投标单位向建设单位提供的施工组织设计或质量计划的作用是相同的，都是对建设单位作出工程项目质量管理的承诺；施工期间承包单位编制的详细的施工组织设计仅供内部使用，用于具体指导工程项目的施工，而质量计划的主要作用是向建设单位作出保证。

（4）编制的原理不同。质量计划的编制是以质量管理标准为基础的，从质量职能上对影响工程质量的各环节进行控制；而施工组织设计则是从施工部署的角度出发，侧重技术质量形成规律，以编制全面施工管理的计划文件。

（5）在内容上各有侧重点。质量计划的内容按其功能包括质量目标、组织结构和人员培训、采购、过程质量控制的手段和方法；而施工组织设计是建立这些手段和方法结合工程特点的灵活运用的基础上而形成的。

2. 施工组织设计的审查程序

施工组织设计已包含了质量计划的主要内容，因此，监理工程师对施工组织设计的审查也同时包括了对质量计划的审查。

（1）在工程项目开工前约定的时间内，承包单位必须完成施工组织设计的编制及内部自审批准工作，填写施工组织设计（方案）报审表报送项目监理机构。

（2）总监理工程师在约定的时间内，组织专业监理工程师审查，提出意见后，由总监理工程师审核签认。需要承包单位修改时，由总监理工程师签发书面意见，退回承包单位修改后再报审，总监理工程师重新审查。

（3）已审定的施工组织设计由项目监理机构报送建设单位。

（4）承包单位应按审定的施工组织设计文件组织施工。如需对其内容做较大的变更，应在实施前将变更内容书面报送项目监理机构审核。

（5）规模、工艺复杂的工程，群体工程或分期出图的工程，经建设单位批准可分阶段报审施工组织设计；技术复杂或采用新技术的分项、分部工程，承包单位还应编制该分项、分部工程的施工方案，报项目监理机构组织专题论证，经审定后予以签认。

3. 审查施工组织设计时应掌握的原则

（1）施工组织设计的编制、审查和批准应符合规定的程序。

（2）施工组织设计应符合国家的技术政策，充分考虑承包合同规定的条件、施工现场条件及法规条件的要求，突出"质量第一、安全第一"的原则。

（3）施工组织设计的针对性。承包单位是否了解并掌握了本工程的特点及难点，施工条件是否分析充分。

（4）施工组织设计的可操作性。承包单位是否有能力执行并保证工期和质量目标；该施工组织设计是否切实可行。

（5）技术方案的先进性。施工组织设计采用的技术方案和措施是否先进适用，技术是否成熟。

（6）质量管理和技术管理体系，质量保证措施是否健全且切实可行。

（7）安全、环保、消防和文明施工措施是否切实可行并符合有关规定。

（8）在满足合同和法规要求的前提下，对施工组织设计的审查，应尊重承包单位的自主技术决策和管理决策。

4. 施工组织设计审查的注意事项

（1）重要的分部、分项工程的施工方案，承包单位在开工前，向监理工程师提交详细说明为完成该项工程的施工方法、施工机械设备及人员配备与组织、质量管理措施以及进度安排等，报请监理工程师审查认可后方能实施。

（2）在施工顺序上应符合先地下、后地上，先土建、后设备，先主体、后围护的基本规律。所谓先地下、后地上是指地上工程开工前，应尽量把管道、线路等地下设施和土方与基础工程完成，以免干扰施工，造成浪费，影响工程质量。此外，施工流向要合理，即平面和立面上都要考虑施工的质量保证与安全保证；考虑使用的先后和区段的划分，与材料、构配件的运输不发生冲突。

（3）施工方案与施工进度计划的一致性。施工进度计划的编制应以确定的施工方案为依据，正确体现施工的总体部署、流向顺序及工艺关系等。

（4）施工方案与施工平面图的布置应协调一致。施工平面图的静态布置内容，如临时施工供水供电供热、供气管道、施工道路、临时办公房屋、物资仓库等，以及动态布置内容，如施工材料模板、工具器具等，应做到布置有序，有利于各阶段施工方案的实施。

**（三）现场施工准备的质量控制**

**1. 工程定位及标高基准控制**

工程施工测量及放线是建设工程产品由设计转化为实物的第一步。施工测量的质量好坏，直接影响工程产品的综合质量，并且制约着施工过程中有关工序的质量。例如，测量控制基准点或标高有误，会导致建筑物或结构的位置或高程出现误差，从而影响整体质量。因此，工程测量控制可以说是施工中事前质量控制的一项基础工作，应将其作为保证工程质量的一项重要的内容。

（1）复核测量控制点。施工承包单位应对建设单位（或其委托的单位）给定的原始基准点、基准线和标高等测量控制点进行复核，并将复测结果报监理工程师审核，经批准后施工承包单位才能进行准确的测量放线，建立施工测量控制网，并应对其正确性负责，同时做好基桩的保护。

（2）复测施工测量控制网。在工程总平面图上，各种建筑物或构筑物的平面位置是用施工坐标系统的坐标来表示的。施工测量控制网的初始坐标和方向，一般是根据测量控制点测定的，测定好建筑物的长向主轴线即可作为施工平面控制网的初始方向，以后在控制网加密或建筑物定位时，不再用控制点定向，以免使建筑物发生不同的位移及偏转。复测施工测量控制网时，应抽检建筑方格网、控制高程的水准网点以及标桩埋设位置等。

**2. 施工平面布置的控制**

要检查施工现场总体布置是否合理，是否有利于施工的正常进行，是否有利于保证质量，特别是要对场区的道路、防洪排水、器材存放、给水及供电、混凝土供应及主要垂直运输机械设备布置等方面予以重视。

**3. 材料构配件采购订货的控制**

工程所需的原材料、半成品、构配件等都将构成为永久性工程的组成部分。所以，它们的质量好坏直接影响到未来工程产品的质量，因此需要事先对其质量进行严格控制。

（1）凡由承包单位负责采购的原材料、半成品或构配件，在采购订货前应向监理工程师申报；对于重要的材料，还应提交样品供试验或鉴定，有些材料则要求供货单位提交理化试验单（如预应力筋的硫、磷含量等），经监理工程师审查认可后，方可进行订货采购。

（2）对于半成品或构配件，应按经过审批认可的设计文件和图纸要求采购订货，质量应满足有关标准和设计的要求，交货期应满足施工及安装进度安排的需要。

（3）供货厂家是制造材料、半成品、构配件主体，所以通过考查优选合格的供货厂家，是保证采购、订货质量的前提。为此，大宗的器材或材料的采购应当实行招标采购的方式。

（4）对于半成品和构配件的采购、订货，监理工程师应提出明确的质量要求，质量检测项目及标准，出厂合格证或产品说明书等质量文件的要求，以及是否需要权威性的质量认证等。

（5）某些材料，诸如瓷砖等装饰材料，订货时最好一次订齐和备足货源，以免由于分批而出现色泽不一的质量问题。

（6）供货厂方应向需方（订货方）提供质量文件，用以表明其提供的货物能够完全达到需方提出的质量要求。此外，质量文件也是承包单位（当承包单位负责采购时）将来在工程竣工时应提供的竣工文件的组成部分，用以证明工程项目所用的材料或构配件等的质量符合要求。

质量文件主要包括：产品合格证及技术说明书；质量检验证明；检测与试验者的资格证明；关键工序操作人员资格证明及操作记录（例如大型预应力构件的张拉应力工艺操作记录）；不合格品或质量问题处理的说明及证明；有关图纸及技术资料；必要时，还应附有权威性认证资料。

4.施工机械配置的控制

（1）施工机械设备的选择，除应考虑施工机械的技术性能、工作效率，工作质量，可靠性及维修难易、能源消耗，以及安全、灵活等方面对施工质量的影响与保证外，还应考虑其数量配置对施工质量的影响与保证条件。

（2）审查施工机械设备的数量是否足够。

（3）审查所需的施工机械设备是否按已批准的计划备妥；所准备的机械设备是否与监理工程师审查认可的施工组织设计或施工计划中所列者相一致；是否都处于完好的可用状态等。

5.分包单位资质的审核确认

保证分包单位的质量，是保证工程施工质量的一个重要环节和前提。因此，监理工程师应对分包单位资质进行严格控制。

（1）分包单位提交分包单位资质报审表。总承包单位选定分包单位后，应向监理工程师提交分包单位资质报审表。

（2）监理工程师审查总承包单位提交的分包单位资质报审表。审查时，主要是审查施工承包合同是否允许分包，分包的范围和工程部位是否可进行分包，分包单位是否具有按工程承包合同规定的条件完成分包工程任务的能力。如果认为该分包单位不具备分包条件，则不予以批准。若监理工程师认为该分包单位基本具备分包条件，则应在进一步调查后由总监理工程师予以书面确认。

（3）对分包单位进行调查。调查的目的是核实总承包单位报审的分包单位情况是否属实。总承包单位收到监理工程师的批准通知后，应尽快与分包单位签订分包协议，并将协议副本报送监理工程师备案。

6.设计交底与施工图纸的现场核对

施工图是工程施工的直接依据，为了使施工承包单位充分了解工程特点、设计要求，减少图纸的差错，确保工程质量，减少工程变更，监理工程师应要求施工承包单位做好施工图的现场核对工作。

施工图纸现场核对主要包括以下几个方面。

（1）施工图纸合法性的认定：施工图纸是否经设计单位正式签署，是否按规定经有关部门审核批准，是否得到建设单位的同意。

（2）图纸与说明书是否齐全，如分期出图，图纸供应是否满足需要。

（3）地下构筑物、障碍物、管线是否探明并标注清楚。

（4）图纸中有无遗漏、差错或相互矛盾之处（例如：漏画螺栓孔、尺寸标注有错误；工艺管道、电气线路、设备装置等是否相互干扰、矛盾）。图纸的表示方法是否清楚和符合标准（例如：对预埋件、预留孔的表示以及钢筋构造要求是否清楚）等。

（5）地质及水文地质等基础资料是否充分、可靠，地形、地貌与现场实际情况是否相符。

（6）所需材料的来源有无保证，能否替代；新材料、新技术的采用有无问题。

（7）所提出的施工工艺、方法是否合理，是否切合实际，是否存在不便于施工之处，能否保证质量要求。

（8）施工图或说明书中所涉及的各种标准、图册、规范、规程等，承包单位是否具备。

对于存在的问题，要求承包单位以书面形式提出，在设计单位以书面形式进行解释或确认后，才能进行施工。

**7. 严把开工关**

总监理工程师对于与拟开工工程有关的现场各项施工准备工作进行检查并认为合格后，方可发布书面的开工指令。对于已停工程，则须有总监理工程师的复工指令才能复工。对于合同中所列工程及工程变更的项目，开工前承包单位必须提交工程开工报审表，经监理工程师审查并由总监理工程师予以批准后，承包单位才能正式开始进行施工。

## 四、施工过程质量控制

施工过程体现在一系列的作业活动中，作业活动的效果将直接影响到施工过程的施工质量。因此，质量控制工作应体现在对作业活动的控制上。

为确保施工质量，监理工程师要对施工过程进行全过程、全方位的质量监督、控制与检查。就整个施工过程而言，可按事前、事中、事后进行控制。

**1. 作业技术准备状态的控制**

所谓作业技术准备状态，是指各项施工准备工作在正式开展作业技术活动前，是否按预先计划的安排落实到位的状况，包括配置的人员、材料、机具、场所环境、通风、照明、安全设施等。做好作业技术准备状况的检查，有利于实际施工条件的落实，避免计划与实际脱节。

**2. 作业技术交底的控制**

承包单位做好技术交底，是取得好的施工质量的条件之一。为此，每一分项工程开始实施前均要进行交底。作业技术交底是对施工组织设计或施工方案的具体化，是更细致、明确、更加具体的技术实施方案，是工序施工或分项工程施工的具体指导文件。为做好技术交底，项目经理部必须由主管技术人员编制技术交底书，并经项目总工程师批准。技术交底的内容包括施工方法、质量要求和验收标准，施工过程中需注意的问题，可能出现意外的措施及应急方案。技术交底要紧紧围绕和具体施工有关的操作者、机械设备、使用的材料、构配件、工艺、工法、施工环境、具体管理措施等方面进行，交底中要明确做什么、谁来做、如何做、作业标准和要求、什么时间完成等。

关键部位或技术难度大、施工复杂的检验批、分项工程施工前，承包单位的技术交底书（作业指导书）要报监理工程师审查。经监理工程师审查后，如技术交底书不能保证作业活动的质量要求，承包单位要进行修改补充。没有做好技术交底的工序或分项工程，不得进入正式实施阶段。

**3. 进场材料构配件的质量控制**

对进场的原材料、半成品或构配件的质量控制，不仅包括检查产品出厂合格证及技术说明书，由施工承包单位按规定要求进行检验的检验或试验报告，对承包单位在材料、半成品、构配件的存放、保管条件及时间等方面也应实行监控。常用建筑材料、构配件的质量检验将在项目四任务2中进行专门介绍。

**4. 环境状态的控制**

（1）施工作业环境的控制。

所谓作业环境条件主要是指水、电或动力供应、施工照明、安全防护设备、施工场地空间条件和通道，以及交通运输和道路条件等。这些条件是否良好，直接影响到施工能否顺利进行，以及施工质量。例如，施工照明不良会给要求精密度高的施工操作造成困难，施工质量不易保证；交通运输道路不畅，干扰、延误多，可能造成运输时间加长，运送混凝土的过程中拌和料质量发生变化（如水灰比、坍落度变化）；路面条件差，可能加重所运混凝土拌和料的离析程度，导致水泥浆流失等。此外，当同一个施工现场有多个承包单位或多个工种同时施工或平行立体交叉作业时，更应注意避免它们在空间上的相互干扰，影响效率及质量、安全。

（2）施工质量管理环境的控制。

施工质量管理环境主要是指施工承包单位的质量管理体系和质量控制自检系统是否处于良好的状态；系统的组织结构、管理制度、检测制度、检测标准、人员配备等方面是否完善和明确；质量责任制是否落实。这是保证作业效果的重要前提。

**5. 现场自然环境条件的控制**

监理工程师应检查施工承包单位对于未来的施工期间，自然环境条件可能出现对施工作业质量的不利影响时，是否事先已有充分的认识并已做好充足的准备和采取了有效措施与对策以保证工程质量。例如，对严寒季节的防冻；夏季的防高温；高地下水位情况下基坑施工的排水或细砂地基防止流砂；施工场地的防洪与排水等。又如，现场因素对工程施工质量与安全的影响（例如，邻近有易爆、有毒气体等危险源；或邻近高层、超高层建筑，深基础施工质量及安全保证难度大等），有无应对方案及有针对性的保证质量和安全的措施等。

**6. 进场施工机械设备性能及工作状态的控制**

保证施工现场作业机械设备的技术性能及工作状态，对施工质量有重要的影响。因此，监理工程师要做好现场控制工作，不断检查并督促承包单位，只有状态良好、性能满足施工需要的机械设备才允许进入现场作业。

（1）施工机械设备的进场检查。

机械设备进场前，承包单位应向项目监理机构报送进场设备清单，列出进场机械设备的型号、规格、数量、技术性能（技术参数）、设备状况、进场时间。

机械设备进场后，监理工程师应根据承包单位报送的清单进行现场核对，核查其是否和施工组织设计中所列的内容相符。

（2）机械设备工作状态的检查。

监理工程师应审查作业机械的使用、保养记录，检查其工作状况，重要的工程机械，如大马力推土机、大型凿岩设备、路基碾压设备等，应在现场进行复验（如开动、行走等），以保证投入作业的机械设备状态良好。

监理工程师还应经常了解施工作业中机械设备的工作状况，防止其带"病"运行。发现问题，要求承包单位及时修理，以保证机械设备处于良好的作业状态。

（3）特殊设备安全运行的审核。

塔吊及有特殊安全要求的设备进入现场后，在使用前必须经当地劳动安全部门鉴定，符合要求并办好相关手续后方允许承包单位投入使用。

（4）大型临时设备的检查。

在跨越大江大河的桥梁施工中，经常会涉及承包单位在现场组装的大型临时设备，如轨道式龙门吊机、悬挂施工中的挂篮、架梁吊机、吊索塔架、缆索吊机等。这些设备在使用前承包单位必须取得本单位上级安全主管部门的审查批准，办好相关手续后，监理工程师方可批准投入使用。

7.施工测量及计量器具性能、精度的控制

（1）试验室。

工程项目中，承包单位应建立试验室。如确因条件限制，不能建立试验室，则应委托具有相应资质的专门试验室作为试验室。如是新建的试验室，应按国家有关规定，经计量主管部门进行认证，取得相应资质；如是本单位中心试验室的派出部分，则应有中心试验室的正式委托书。

（2）监理工程师对试验室的检查。

① 工程作业开始前，承包单位应向项目监理机构报送试验室（或外委试验室）的资质证明文件，列出本试验室所开展的试验、检测项目、主要仪器、设备；法定计量部门对计量器具的标定证明文件；试验检测人员上岗资质证明；试验室管理制度等。

② 监理工程师的实地检查。监理工程师应检查试验室资质证明文件、试验设备、检测仪器能否满足工程质量检查要求，是否处于良好的可用状态；精度是否符合需要；法定计量部门标定的资料、合格证、率定表是否在标定的有效期内；试验室管理制度是否齐全、符合实际；试验、检测人员的上岗资质等。经检查，确认能满足工程质量检验要求，则予以批准，同意使用，否则，承包单位应进一步完善、补充，在没得到监理工程师同意之前，试验室不得使用。

（3）工地测量仪器的检查。

施工测量开始前，承包单位应向项目监理机构提交测量仪器的型号、技术指标、精度等级、法定计量部门的标定证明，测量工的上岗证，监理工程师审核确认后，方可进行正式测量作业。在作业过程中监理工程师也应经常检查了解计量仪器、测量设备的性能、精度状况，使其处于良好的状态之中。

8.施工现场劳动组织及作业人员上岗资格的控制

（1）现场劳动组织的控制。

劳动组织涉及从事作业活动的操作者及管理者，以及相应的各种制度。

① 操作人员配置合理。从事作业活动的操作者数量必须满足作业活动的需要，相应工种配置能保证作业有序、持续进行，不能因人员数量及工种配置不合理而造成停顿。

② 管理人员到位。作业活动的直接负责人（包括技术负责人），如专职质检人员、安全员、与作业活动有关的测量人员、材料员、试验员必须在岗。

③ 相关制度要健全。如管理层及作业层各类人员的岗位职责；作业活动现场的安全、消防规定；作业活动中的环保规定；试验室及现场试验检测的有关规定；紧急情况的应急处理规定等。同时要有相应措施及手段以保证制度、规定的落实和执行。

（2）作业人员上岗资格。

从事特殊作业的人员（如电焊工、电工、起重工、架子工、爆破工），必须持证上岗。对此监理工程师要进行检查与核实。

## 五、施工验收的质量控制

工程施工质量是在施工过程中形成的，而不是最后检验出来的；施工过程是由一系列相互联系与制约的作业活动所构成的，因此，保证作业活动的效果与质量是施工过程质量控制的基础。

### （一）承包单位自检与专检工作的监控

1.承包单位的自检系统

承包单位是施工质量的直接实施者和责任者。监理工程师的质量监督与控制就是使承包单位建立起完善的质量自检体系并有效运转。

承包单位的自检体系表现在以下几点：

（1）作业活动的作业者在作业结束后必须自检；

（2）不同工序交接、转换必须由相关人员交接检查；

（3）承包单位专职质检员的专检。

为实现上述三点，承包单位必须有整套的制度及工作程序，具有相应的试验设备及检测仪器，配备数量满足需要的专职质检人员及试验检测人员。

2.监理工程师的检查

监理工程师对施工质量的检查与验收，是对承包单位作业活动质量的复核与确认；其检查绝不能代替承包单位的自检，而且，监理工程师的检查必须是在承包单位自检并确认合格的基础上进行的。专职质检员未检查或检查不合格不能报监理工程师，若不符合上述规定，监理工程师一律拒绝进行检查。

### （二）技术复核工作监控

凡涉及施工作业技术活动基准和依据的技术工作，都应该有专人负责复核性检查，以避免基准失误给整个工程质量带来难以补救的或全局性的危害。例如：工程的定位、轴线、标高，预留孔洞的位置和尺寸，预埋件位置，管线的坡度，混凝土配合比，变电、配电位置，高低压进出口方向、送电方向等。技术复核是承包单位应履行的技术工作责任，其复核结果应报送监理工程师复验确认后，才能进行后续相关的施工。监理工程师应把技术复验工作列入监理规划及质量控制计划中，并看作一项经常性工作任务，贯穿整个施工过程。

# 任务3　建筑工程施工质量控制方法

## 一、审核有关技术文件、报告或报表

审核有关技术文件、报告或报表，是对工程质量进行全面监督、检查与控制的重要手段。其具体内容如下。

（1）审查进入施工现场的分包单位的资质证明文件，控制分包单位的质量。

（2）审批施工承包单位的开工申请书，检查、核实与控制其施工准备工作质量。

（3）审批承包单位提交的施工方案、质量计划、施工组织设计或施工计划，确保工程质量有可靠的技术保障措施。

（4）审批施工承包单位提交的有关材料、半成品和构配件质量证明文件（出厂合格证、质量检验或试验报告等），确保工程质量有可靠的物质基础。

（5）审核承包单位提交的反映工序施工质量的动态统计资料或管理图表。

（6）审核承包单位提交的有关工序产品质量的证明文件（检验记录及试验报告）、工序交接检查（自检）、隐蔽工程检查、分部分项工程质量检查报告等文件、资料，以确保和控制施工过程的质量。

（7）审批有关工程变更、修改设计图纸等，确保设计及施工图纸的质量。

（8）审核有关应用新技术、新工艺、新材料、新结构等的技术鉴定书，审批其应用申请报告，确保新技术应用的质量。

（9）审批有关工程质量事故或质量问题的处理报告，确保质量事故或质量问题处理的质量。

（10）审核与签署现场有关质量技术签证、文件等。

## 二、现场质量检验

### 1.现场质量检验程度的种类

按质量检验的程度，即按检验对象被检验的数量划分，现场质量检验包括以下三类。

（1）全数检验，也叫普遍检验，主要用于关键工序部位或隐蔽工程，以及那些在技术规程、质量检验验收标准或设计文件中有明确规定应进行全数检验的对象。例如：规格、性能指标对工程的安全性、可靠性起决定作用的施工对象；质量不稳定的工序；质量水平要求高，对后续工序有较大影响的施工对象。不采取全数检验不能保证工程质量时，均需采取全数检验。

（2）抽样检验，用于主要的建筑材料、半成品或工程产品等。即从一批材料或产品中，随机抽取少量样品进行检验，并根据其数据统计分析的结果，判断该批产品的质量状况。

（3）免检，指某种情况下，可以免去质量检验过程。对于已有足够证据证明质量有保证的一般材料或产品；或实践证明其产品质量长期稳定、质量保证资料齐全者；或是某些施工质量只有通过施工过程中的严格质量监控，而质量检验人员很难对产品内在质量再做检验的，均可考虑采取免检。

### 2.现场质量检验方法

对于现场所用原材料、半成品、工序过程或工程产品质量进行检验的方法，一般可分为如下三类。

（1）目测法。

目测法，即凭借感官进行检查，也可以叫做观感检验。这种方法可归纳为看、摸、敲、照四个字。

"看"，就是根据质量标准要求进行外观检查，例如清水墙表面是否洁净，喷涂的密实度和颜色是否良好、均匀等。

"摸"，就是通过触摸手感进行检查、鉴别，例如油漆的光滑度，浆活是否牢固、不掉粉等。

"敲"，就是运用敲击方法进行音感检查，例如拼镶木地板、墙面瓷砖、大理石镶贴、地砖铺砌等的质量均可通过敲击检查，根据声音虚实、脆闷判断有无空鼓等质量问题。

"照"，就是通过人工光源或反射光照射，仔细检查难以看清的部位。

（2）量测法。

量测法就是利用量测工具或计量仪表，通过实际量测结果与规定的质量标准或规范的要求相对照，从而判断质量是否符合要求。量测法可归纳为靠、吊、量、套四个字。

"靠"，是用直尺检查地面、墙面的平整度等。

"吊"，是指用托线板线锤检查垂直度。

"量"，是指用量测工具或计量仪表等检查断面尺寸、轴线、标高、温度、湿度等数值并确定其偏差。

"套"，是指以方尺套方，辅以塞尺，检查踏脚线的垂直度、预制构件的方正，门窗口及构件的对角线等。

（3）试验法。

试验法指通过进行现场试验或试验室试验等理化试验手段，取得数据，分析判断质量情况，包括如下各项。

① 理化试验。工程中常用的理化试验包括各种物理力学性能方面的检验和化学成分及含量的测定等两个方面。此外，必要时还可在现场通过对桩或地基的现场静载试验或打试桩，确定其承载力等。

② 无损测试或检验。即利用专门的仪器、仪表等手段探测结构物或材料、设备内部组织结构或损伤状态。这类检测仪器包括超声波探伤仪、X射线探伤等。它们一般可以在不损伤被探测物的情况下了解被探测物的质量情况。

## 三、质量控制统计方法

### 1.分层法

分层法又叫分类法，是将调查收集的原始数据，根据不同的目的和要求，按某一性质进行分组、整理的分析方法。分层的结果使数据各层间的差异突出地显示出来，层内的数据差异减少了。在此基础上再进行层间、层内的比较分析，可以更深入地发现和认识质量问题的原因。由于工程质量是多方面因素共同作用的结果，因而对同一批数据，可以按不同性质分层，使我们能从不同角度来考虑、分析工程项目存在的质量问题和影响因素。

常用的分层标准如下。

（1）按操作班组或操作者分层。

（2）按使用机械设备型号分层。

（3）按操作方法分层。

（4）按原材料供应单位、供应时间或等级分层。

（5）按施工时间分层。

分层法是质量控制统计分析方法中最基本的一种方法，其他统计方法都要与之配合使用。

2.统计调查表法

统计调查表法又称统计调查分析法，它是利用专门设计的统计表对质量数据进行收集、整理和粗略分析质量状态的一种方法。

在质量控制活动中，利用统计调查表收集数据，简便灵活，便于整理，实用有效。它没有固定格式，可根据需要和具体情况，设计出不同统计调查表。常用的调查表如下。

（1）分项工程作业质量分布调查表。

（2）不合格项目调查表。

（3）不合格原因调查表。

（4）施工质量检查评定用调查表等。

应当指出，统计调查表往往同分层法结合起来应用，可以更好、更快地找出问题的原因，以便采取改进的措施。

3.排列图

排列图是寻找主要质量问题或影响质量的主要因素的一种方法。排列图是将一定期间所汇集的不良数、缺点数或故障数等数据依项目、原因加以分类，并按其影响程度的大小加以排列的图形。一般排列图由一个横坐标、两个纵坐标、若干个矩形和一条曲线组成，如图2-3所示。左侧的纵坐标表示频数，右侧纵坐标表示累计频率，横坐标表示影响质量的各个因素或项目，按影响程度大小从左至右排列，矩形的高度示意某个因素的影响大小。在实际应用中，通常按累计频率划分为（0%～80%）、（80%～90%）、（90%～100%）三部分，与其对应的影响因素分别为A、B、C三类。A类为主要因素，B类为次要因素，C类为一般因素。

4.因果分析图法

因果分析图法是利用因果分析图来系统整理分析某个质量问题与其产生原因之间关系的有效工具。因果分析图也称特性要因图，又因其形状常被称为树枝图或鱼刺图。因果分析图基本形式如图2-4所示。

因果分析图是由质量特性（即质量结果指某个质量问题）、要因（产生质量问题的主要原因）、枝干（指一系列箭线表示的不同层次的原因）、主干（指较粗的直接指向质量结果的水平箭线）等组成的。

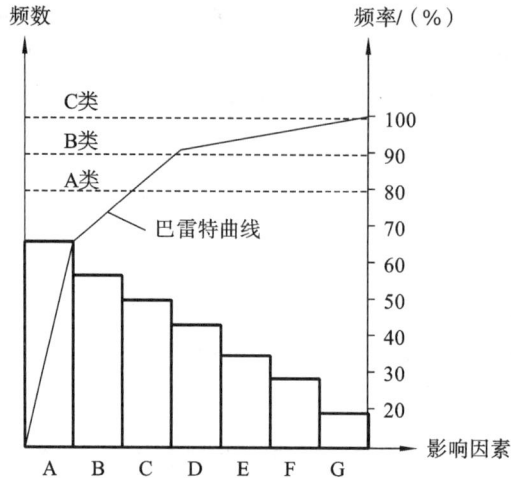

图 2-3  排列图

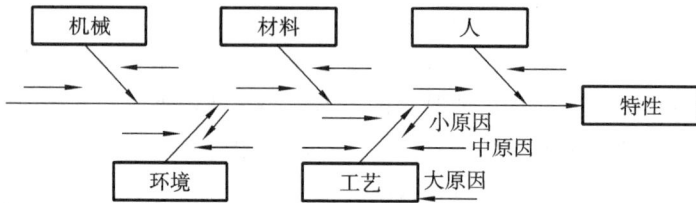

图 2-4  因果分析图基本形式

**5.直方图法**

直方图法即频数分布直方图法，它是将收集到的质量数据进行分组整理，绘制成频数分布直方图，用以描述质量分布状态的一种分析方法，所以又称质量分布图法。通过对直方图的观察与分析，可了解产品质量的波动情况，掌握质量特性的分布规律，以便对质量状况进行分析判断。同时可通过质量数据特征值的计算，估算施工生产过程总体的不合格品率，评价过程能力等。

如图 2-5 (a) 所示，正常型的直方图接近正态分布图，即中间高，两边低，左右对称，属于正常情况。如果出现其他形状的直方图，说明分布异常，应及时查明原因，采取相应措施加以纠正。

常见异常直方图：折齿型——是分组组数不当或者组距确定不当造成的，如图 2-5 (b) 所示；左缓坡型——是操作中对上限控制太严造成的，如图 2-5 (c) 所示；孤岛型——是原材料发生变化，或者他人临时顶班作业造成的，如图 2-5 (d) 所示；双峰型——是采用两种不同方法或两台设备或两组工人进行生产，然后把两方面的数据混在一起整理产生的，如图 2-5 (e) 所示；绝壁型——是数据收集不正常，可能有意识地去掉下限以下的数据或是在检测过程中存在某种人为因素所造成的，如图 2-5 (f) 所示。

**6.控制图法**

控制图是用来分析和判断工序是否处于稳定状态，并带有控制界限的一种有效的图形工具。它通过监视生产过程中质量波动情况，判断并发现工艺过程中的异常因素，具有稳

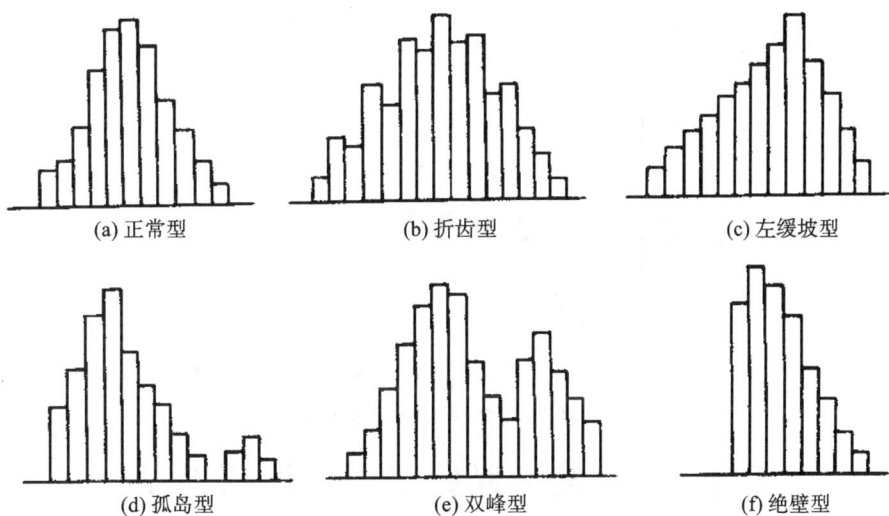

图 2-5 常见的直方图形

定生产、保证质量、积极预防的作用。控制图是在20世纪20年代由美国质量专家休哈特首创的。经过半个多世纪的发展和完善，控制图已经成为大批量生产中工序控制的主要方法。

控制图是在平面直角坐标系中作出三条平行于横轴的直线而形成的。其中，纵坐标表示需要控制的质量特性值及其统计量；横坐标表示按时间顺序取样的样本编号。这三条横线的中心线记为CL，上面一条虚线称为上控制界限，记为UCL，下面一条虚线称为下控制界限，记为LCL，如图2-6所示。

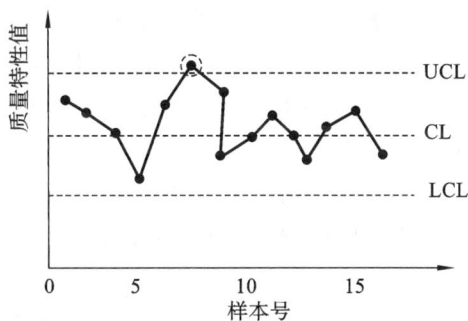

图 2-6 控制图

控制图控制界限是用来判断工序是否发生异常变化的尺度。在控制时，通过抽样检验，测量质量特性数据，用点描在图上相应的位置，便得到一系列坐标点。将这些点连起来，就得到一条反映质量特性值波动状况的曲线。若点全部落在上、下控制界限之内，而且点的排列又没有什么异常情况（如链、倾向、周期等），则可判断生产过程处于控制状态，否则就认为生产过程中存在着异常波动，处于失控状态，应立即查明原因并予以消除。

7.散布图法

散布图是分析研究两个变量之间相关关系的图形。图中以纵轴表示结果，横轴表示原因，用点表示分布形态，根据分布形态判断两者之间的相互关系。因此，散布图也称为相关图，一般有六种形态：强正相关，强负相关，弱正相关，弱负相关，不相关，曲线相关。图 2-7 为淬火温度和钢的硬度关系散布图，从该图中可以看出，二者存在着强正相关关系，即随着淬火温度的升高，钢的硬度也提高。

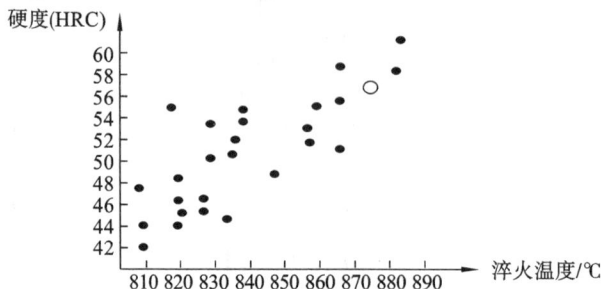

图 2-7　淬火温度和钢的硬度关系散布图

# 任务4　建筑工程施工质量控制手段

## 一、工序质量控制

### 1.工序质量控制的概念

工序质量控制是指为把工序质量的波动限制在规定的界限内所进行的活动。工序质量控制是利用各种方法和统计工具判断和消除系统因素所造成的质量波动，以保证工序质量的波动在要求的界限内。

### 2.工序质量控制的方法

由于工序种类繁多，工序因素复杂，工序质量控制所需要的工具和方法也多种多样，现场工作人员应根据各工序的特点，选定既经济又有效的控制方法，避免生搬硬套。企业在生产中常采用以下三种方法进行工序质量的控制：一是自控；二是设立工序质量控制点；三是采用工序诊断调节法。

（1）自控是操作者通过自检得到数据后，将数据与产品图纸和技术要求相对比，根据数据来判定合格程度，作出是否调整的判断。操作者的自控是提高工人积极性，确保产品质量的一种有效方法。

（2）设立工序质量控制点的日常控制，是通过监视工序能力波动得到主导工序因素变化的信息，然后检测各主导工序因素，对异常变化的主导因素及时进行调整，使工序处于持续稳定的加工状态。

（3）工序诊断调节法是按一定的间隔取样，通过样本观测值的分析和判断，尽快发现异常，找出原因，采取措施，使工序恢复正常的一种质量控制方法，即工序调节。工序诊断调节法适用于机械化和自动化水平高的生产过程。

### 3.主要工序质量控制要点

主要工序因素的质量控制，即关键工序、重要工序的质量控制。企业在生产制造过程中要进行严格的生产管理和周密的工序质量控制，尤其是关键工序、重要工序的质量控制。其控制方法如下。

（1）工艺规程的编制。根据企业工艺管理特点，采用细化工艺堆积编制方法，把关键或重要图纸尺寸、技术要求写入工序名称栏内，工序图纸中的关键尺寸、重要尺寸或其他技术要求（如形状、位置公差标量），在该尺寸旁加盖"关键"或"重要"印记。同时要明确工、夹、量、模具的使用及产品检测要求，必要时增订"内控标准"，纳入工艺规程。

（2）关键工序、重要工序工艺资料的更改与试机。要求更改时慎重对待，其审批比一般工序规定提高一级；采用新工艺、新技术时必须经过技术鉴定，其鉴定结论认为可行时方可纳入工艺规程。

（3）关键工序、重要工序必须实行"三定"，即定人员、定设备、定工序。实行"三定"前要对操作者进行应知应会上岗考核，只有取得上岗合格证时方可上岗。

（4）工、夹、量、模具处于良好工作状态，工位器具配套齐全适用，温度、湿度和环境符合生产规定。

（5）严格批次管理。批次管理是指产品从原材料投入到交付出厂的整个生产制造过程中，实行严格按批次进行的科学管理，它贯穿产品生产制造的全过程。搞好批次管理，能确保产品从原材料进厂到出厂交付的每个环节，做到返修报废的数量和用户使用的影响限制在最低程度。

（6）检验人员必须执行"企业质量手册"的有关规定，严格首件检验，巡回检查和总检，并监督操作者严格按工艺文件规定进行操作，测量和填写图表，对不执行者，有权拒绝检查和验收。

## 二、质量控制点的设置

### 1.质量控制点的概念

质量控制点是指为了保证作业过程质量而确定的重点控制对象、关键部位或薄弱环节。设置质量控制点是保证施工质量要求的必要前提，监理工程师在拟定质量控制工作计划时，应予以详细的考虑，并以制度来保证落实。对于质量控制点，一般要事先分析可能造成质量问题的原因，再针对原因制定对策和措施进行预控。

承包单位在工程施工前应根据施工过程质量控制的要求，列出质量控制点明细表，表中详细地列出各质量控制点的名称或控制内容、检验标准及方法等，提交监理工程师审查批准后，在此基础上实施质量预控。

### 2.选择质量控制点的一般原则

概括地说，应当选择那些保证质量难度大的、对质量影响大的或者发生质量问题时危害大的对象作为质量控制点。

（1）施工过程中的关键工序或环节以及隐蔽工程，例如预应力结构的张拉工序，钢筋混凝土结构中的钢筋架立。

（2）施工中的薄弱环节，或质量不稳定的工序、部位或对象，例如地下防水层施工。

（3）对后续工程施工或对后续工序质量或安全有重大影响的工序、部位或对象，例如预应力结构中的预应力筋质量、模板的支撑与固定等。

（4）采用新技术、新工艺、新材料的部位或环节。

（5）施工上无足够把握的、施工条件困难的或技术难度大的工序或环节，例如复杂曲线模板的放样等。

显然，是否设置为质量控制点，主要根据其对质量特性影响的大小、危害程度以及其质量保证的难度大小而定。表2-1为建筑工程质量控制点设置的一般位置示例。

**表 2-1　质量控制点的设置位置表**

| 分项工程 | 质量控制点 |
|---|---|
| 工程测量定位 | 标准轴线桩、水平桩、龙门板、定位轴线、标高 |
| 地基、基础（含设备基础） | 基坑（槽）尺寸、标高、土质，地基承载力，基础垫层标高，基础位置、尺寸、标高，预留洞孔、预埋件的位置、规格、数量，基础标高、杯底弹线 |
| 砌体 | 砌体轴线，皮数杆，砂浆配合比，预留洞孔、预埋件的位置、数量，砌块排列 |
| 模板 | 位置、尺寸、标高，预埋件位置，预留洞孔尺寸、位置，模板强度及稳定性，模板内部清理及润湿情况 |
| 钢筋混凝土 | 水泥品种、强度等级，砂石质量，混凝土配合比，外加剂比例，混凝土振捣，钢筋品种、规格、尺寸、搭接长度，钢筋焊接，预留洞、孔及预埋件规格、数量、尺寸、位置，预制构件吊装或出场（脱模）强度，吊装位置、标高、支承长度、焊缝长度 |
| 吊装 | 吊装设备起重能力、吊具、索具、地锚 |
| 钢结构 | 翻样图、放大样 |
| 焊接 | 焊接条件、焊接工艺 |
| 装修 | 视具体情况而定 |

**3.质量控制点重点控制的对象**

（1）人的行为。对某些作业或操作，应以人为重点进行控制，例如高空、高温、水下、危险作业等，对人的身体素质或心理应有相应的要求；技术难度大或精度要求高的作业，如复杂模板放样，精密、复杂的设备安装，以及重型构件吊装等对人的技术水平均有相应的较高要求。

（2）物的质量与性能。施工设备和材料是直接影响工程质量和安全的主要因素，对某些工程尤为重要，常作为控制的重点。例如基础防渗灌浆时，灌浆材料细度及可灌性、作业设备的质量、计量仪器的质量都是直接影响灌浆质量和效果的主要因素。

（3）关键的操作。如预应力钢筋的张拉工艺操作过程及张拉力的控制，是建立预应力值和保证预应力构件质量的关键过程。

（4）施工技术参数。例如对填方路堤进行压实时，对填土含水量等参数的控制是保证填方质量的关键；对于岩基水泥灌浆，灌浆压力和吃浆率、冬季施工混凝土受冻临界强度等技术参数是质量控制的重要指标。

（5）施工顺序。对于某些工作必须严格作业之间的顺序，例如，对于冷拉钢筋应当先对焊、后冷拉，否则会失去冷拉强度；对于屋架固定一般应采取对角同时施焊，以免焊接应力使已校正的屋架发生变位等。

（6）技术间歇。有些作业之间需要有必要的技术间歇时间，例如砖墙砌筑后与抹灰工序之间，以及抹灰与粉刷或喷涂之间，均应保证有足够的间歇时间；混凝土浇筑后至拆模之间也应保持一定的间歇时间；混凝土大坝坝体分块浇筑时，相邻浇筑块之间也必须保持足够的间歇时间等。

（7）新工艺、新技术、新材料的应用。由于缺乏经验，施工时可作为重点进行严格控制。

（8）产品质量不稳定、不合格率较高及易发生质量通病的工序应列为重点，仔细分析、严格控制。例如防水层的铺设，供水管道接头的渗漏等。

（9）易对工程质量产生重大影响的施工方法。例如，液压滑模施工中的支承杆失稳问题、升板法施工中模板提升误差的控制问题等，都是一旦施工不当或控制不严，即可能引起重大质量事故的问题，也应作为质量控制的重点。

（10）特殊地基或特种结构。如大孔湿陷性黄土、膨胀土等特殊土地基的处理，大跨度和超高结构等难度大的施工环节和重要部位等都应予以特别重视。

总之，质量控制点的选择要准确、有效。为此，一方面需要有经验的工程技术人员来进行选择，另一方面也要集思广益，集中群体智慧由有关人员充分讨论，在此基础上进行选择。

## 三、检查检测的手段

### （一）现场日常性监督和检查

现场日常性监督和检查，即在现场施工过程中，由质量控制人员（专业工长、质检员、技术人员）对操作人员的操作情况及结果进行的检查和抽查，及时发现质量缺陷及质量事故苗头，以便及时进行控制。

1.现场监督检查的内容

（1）开工前的检查。主要是检查开工前准备工作的质量，以保证工程施工正常进度及质量。

（2）工序施工中的跟踪监督、检查与控制。主要是监督、检查在工序施工过程中，人员、施工机械设备、材料、施工方法及工艺或操作以及施工环境条件等是否均处于良好的状态，是否符合保证工程质量的要求，若发现有问题及时纠偏和加以控制。

（3）对于重要的和对工程质量有重大影响的工序和工程部位，还应在现场进行施工过程的旁站监督与控制，确保使用材料及工艺过程质量。

2.现场监督检验的方式

（1）旁站与巡视。

旁站是指在关键部位或关键工序过程中由监理人员在现场进行的监督活动。

在施工阶段，很多工程的质量问题是现场施工或操作不当或不符合规程、标准所致，有些操作不符合要求的施工工序，虽然在表面上似乎影响不大，或从外表上看不出来，但却隐藏着潜在的质量隐患与危险。例如浇筑混凝土时振捣时间不够或漏振，都会影响混凝土的密实度和强度，而仅凭抽样检验并不一定能完全反映出实际情况。此外，抽样方法和取样操作如果不符合规程及标准的要求，其检验结果也同样不能反映实际情况。上述这类不符合规程或标准要求的违章施工或违章操作，只有通过监理人员的现场旁站监督与检查，才能发现问题并得到控制。旁站的部位或工序要根据工程特点、承包单位内部质量管理水平及技术操作水平决定。一般而言，混凝土灌注、预应力张拉过程及压浆、基础工程中的软基处理、复合地基施工（如搅拌桩、悬喷桩、粉喷桩）、路面工程的沥青拌和料摊铺、沉井过程、桩基的打桩过程、防水施工、隧道衬砌施工中超挖部分的回填、边坡喷锚打锚杆等要实施旁站。

巡视是指监理人员对正在施工的部位或工序现场进行的定期或不定期的监督活动，巡视是一种"面"上的活动，它不限于某一部位或过程，而旁站则是"点"的活动，它是针对某一部位或工序。因此，在施工过程中，监理人员必须加强对现场的巡视、旁站监督与检查，及时发现违章操作和不按设计要求、不按施工图纸或施工规范、规程或质量标准施工的现象，对不符合质量要求的要及时进行纠正和严格控制。

（2）平行检验。

平行检验是利用一定的检查手段，在承包单位自检的基础上按照一定的比例独立进行检查或检测的活动。它是质量控制的一种重要手段，在技术复核及复验工作中采用，是监理工程师对施工质量进行验收，做出独立判断的重要依据之一。

### （二）试验与见证取样

各种材料及施工试验应符合相应规范和标准的要求，诸如原材料的性能，混凝土搅拌的配合比和计量，坍落度的检查和成品强度等物理力学性能等均需通过试验的手段进行控制。试验所需的试件样本，应按规定见证取样（即在监理单位或建设单位监督下，由施工单位有关人员现场取样，取样人员应在试样或其包装上做出标识、封志，并由见证人员和取样人员共同签字，送至具备相应资质的检测单位进行的检测），确保试样的真实性和代表性。

### （三）规定质量监控工作程序

规定双方必须遵守的质量监控工作程序，按规定的程序进行工作，这也是进行质量监控的必要手段。例如，未提交开工申请单并得到监理工程师的审查、批准不得开工；未经监理工程师签署质量验收单并予以质量确认，不得进行下道工序；工程材料未经监理工程师批准不得在工程上使用等。

此外，还应具体规定交桩复验工作程序，设备、半成品、构配件材料进场检验工作程序，隐蔽工程验收、工序交接验收工作程序，检验批、分项、分部工程质量验收工作程序等。通过程序化管理，监理工程师的质量控制工作得以进一步落实，做到科学、规范地管理和控制。

## 四、成品保护措施

#### 1.成品保护的要求

所谓成品保护一般是指在施工过程中，有些分项工程已经完成，而其他一些分项工程尚在施工；或者是在其分项工程施工过程中，某些部位已完成，而其他部位正在施工。在这种情况下，承包单位必须负责对已完成部分采取妥善措施予以保护，以免因成品缺乏保护或保护不到位的状况而造成操作损坏或污染，影响工程整体质量。

#### 2.成品保护的一般措施

根据需要保护的建筑产品的特点不同，可以分别对成品采取"防护""覆盖""封闭"等保护措施，以及合理安排施工顺序来达到保护成品目的。具体如下所述。

（1）防护。即针对被保护对象的特点采取各种防护的措施。例如，对清水楼梯踏步，可以采取护棱角铁上下连接固定；对于进出口台阶，可垫砖或方木搭脚手板供人通过的方法来保护；对于门口易碰部位，可以钉上防护条或槽形盖铁保护等。

（2）包裹。即将被保护物包裹起来，以防损伤或污染。例如，对镶面大理石柱可用立板包裹捆扎保护；铝合金门窗可用塑料布包扎保护等。

（3）覆盖。即用表面覆盖的办法防止堵塞或损伤。例如，对地漏、落水口排水管等安装后可以覆盖，以防止异物落入而被堵塞；预制水磨石或大理石楼梯可用木板覆盖加以保护；地面可用锯末、苫布等覆盖以防止喷浆等污染；其他需要防晒、防冻、保温养护等项目也应采取适当的防护措施。

（4）封闭。即采取局部封闭的办法进行保护。例如，垃圾道完成后，可将其进口封闭起来，以防止建筑垃圾堵塞通道；房间水泥地面或地面砖完成后，可将该房间局部封闭，防止人们随意进入而损害地面；室内装修完成后，应加锁封闭，防止人们随意进入而受到损伤等。

（5）合理安排施工顺序。主要是通过合理安排不同工作间的施工顺序，以防止后道工序损坏或污染已完施工的成品或生产设备。例如，采取房间内先喷浆或喷涂而后装灯具的施工顺序可防止喷浆污染、损害灯具；先做顶棚、装修而后做地坪，也可避免顶棚及装修施工污染、损害地坪。

## 》》 课后练习 ......

**一、判断题**（在括号内正确的打"√"，错误的打"×"）

1.事中控制的关键是他人监控或控制，其次还要发挥作业者的自我约束、自我控制作用，所以工程质量监理非常重要。（　　）

2.施工总承包企业按专业类别共分为12个资质类别，每一个资质类别又分成特级和一、二、三、四级。（　　）

3.对施工质量控制，最终还是要看其产品质量的结果，故对工程质量验收的结果控制比对施工过程质量控制更重要。（　　）

4.设计交底由设计单位负责组织，建设单位、监理单位、施工单位等参加。（　　）

5.作业技术交底是监理单位负责制定的对施工组织设计或施工方案的具体化，是更细致、明确、更加具体的技术实施方案。（　　）

6.凡由承包单位负责采购的原材料、半成品或构配件，在采购订货前应向监理工程师申报。（　　）

7.质量目标是质量计划中必须包括的内容。（　　）

8.见证取样的送检试验室，一般应是监理单位指定的试验室。（　　）

9.监理工程师利用一定的检查或检测手段在承包单位自检的基础上，按照一定比例独立进行检查或检测的活动是旁站。（　　）

10.质量控制点重点控制的对象中包括施工技术参数。（　　）

**二、选择题**（选择一个正确答案）

1.政府、勘察设计单位、建设单位都要对工程质量进行控制，按控制的主体划分，监理单位属于工程质量控制的（　　），设计单位在设计阶段属于工程质量控制的（　　）。

A.自控主体　监控主体　　　　　　　B.外控主体　自控主体

C.间控主体　监控主体　　　　　　　D.监控主体　自控主体

2.某工程施工过程中，监理工程师要求承包单位在工程施工之前根据施工过程质量控制的要求提交质量控制点明细表并实施质量控制，这是（　　）的原则要求。

A.坚持质量第一　　　　　　　　　　B.坚持质量标准

C.坚持预防为主　　　　　　　　　　D.坚持科学的职业道德规范

3.工程质量控制是指致力于满足工程质量要求，也就是为了保证工程质量满足（　　）和规范标准所采取的一系列措施、方法和手段。

A.政府规定　　　　　　　　　　　　B.工程合同

C.监理工程师要求　　　　　　　　　D.业主规定

4.主要是针对特定的工程项目，为完成预定的质量控制目标，编制专门规定的质量措施、资源和活动顺序的文件是（　　）。

A.质量标准　　　　B.质量计划　　　　C.质量目标　　　　D.质量要求

5.在施工阶段图纸会审由（　　）组织进行。

A.建设单位　　　　B.设计单位　　　　C.监理单位　　　　D.施工单位

6.下列各项中不属于现场质量检验方法的是（　　）。

A.目测法　　　　　B.检测工具量测法　　C.试验法　　　　　D.比较法

7.对总包单位选定的分包单位资质进行审查时，监理工程师审查、控制的重点是（　　）。

A.拟分包合同额　　　　　　　　　　B.分包协议草案

C.分包单位资质与管理水平　　　　　D.分包单位的管理责任

8.工程开工前，应该对建设单位给定的原始基准点、基准线和标高等测量控制点进行复核，该复核工作应由（　　）完成。

A.勘察单位　　　　B.设计单位　　　　C.监理单位　　　　D.施工单位

9.监理工程师对施工质量检查与验收，必须在承包单位（　　）的基础上进行。

A.班组自检和互检　　　　　　　　　B.班组自检和专检

C.自检并确认合格　　　　　　　　　D.班组自检合格

10.对施工现场的取样和送检，取样人员应在试样或其包装上做出标识、封志，并由（　　）签字。

A.见证人员

B.取样人员

C.见证人员和取样人员共同

D.负责该项工程的质量监督机构派出人员

# 项目三 建筑工程施工质量 通病分析与预防措施

【素质目标】

(1) 具有高度的责任意识和质量意识。

(2) 具有良好的分析问题和处理问题的能力。

(3) 具有良好的沟通能力。

【知识目标】

(1) 了解地基基础工程、砌筑工程、混凝土结构工程、钢结构工程、防水工程、装饰工程等分部工程施工质量通病。

(2) 领会上述分部工程施工质量通病产生的原因。

(3) 熟悉上述分部工程施工质量通病的预防措施。

【能力目标】

(1) 能运用各专业质量验收规范标准,合理判别各分部工程施工时的质量缺陷。

(2) 能总结各分部工程施工质量通病,事先采取相应的预防措施。

【案例引入】

1.背景

某教学楼为框架结构,地上7层,填充墙采用加气混凝土砌筑,工程在竣工验收前,监理组织预验收,在现场验收过程中验收人员发现5层某教室内墙体抹灰层出现大面积的空鼓和开裂,并且局部有脱落现象。

2.问题

(1) 在内墙抹灰工程中,墙面抹灰层出现空鼓、开裂现象的原因是什么?

(2) 防止墙面抹灰层出现空鼓、开裂的有效措施有哪些?

建筑工程施工中,有的质量问题是经常发生的,称之为质量通病。若能事先对这些通病引起重视,对这些质量问题进行分析,并采取对策和措施加以预防,就可以大幅度减少质量问题的产生。本项目主要对基础工程、砌筑工程、混凝土结构工程、防水工程、装饰工程等分部工程施工中的质量通病进行分析,并提出相应的预防措施。

# 任务1　基础工程施工质量通病分析与预防措施

## 一、浅基础工程

1. 质量通病1——基坑开挖时基土扰动或变形

（1）现象。

① 基坑开挖时，基土被扰动破坏，导致局部地基不均匀沉降，降低地基承载力，严重时造成基础开裂。

② 基坑产生"弹性效应"，土体回弹、变形疏松，影响支护结构安全。

（2）原因分析。

① 机械开挖未预留人工清土层，机械在坑底反复行驶，使坑底土层松动。

② 做好基坑降（排）水措施，基坑被地下水长时间浸泡。

③ 未合理安排与控制开挖的顺序、范围与标高，水平基准桩被碰动破坏。

④ 坑底暴露时间长，未及时浇筑垫层和底板。

（3）预防措施。

① 基坑采用机械开挖时，应在基底预留一层 200～300 mm 土层用人工开挖、清底、找平，避免超挖或基土被扰动。

② 基坑开挖完成后，应尽快进入下道工序，如不能及时施工，应预留一层 100～150 mm 厚土层，在进行下道工序前挖除。

③ 好基坑降（排）水，基坑四周设置排水沟或挡水堤，以拦阻地表滞水流入基坑内。

④ 应采用井点降水等措施，降低地下水位至开挖基坑底以下 0.5～1.0 m，以防止基坑被地下水浸泡，出现流砂或管涌破坏坑底基土。

⑤ 基坑开挖应设水平桩，控制基坑标高，标桩的距离不大于 3 m，并加强保护和检查；基坑开挖应按标桩、放线定出的开挖宽度、标高，分块（段）分层挖土，以防超挖。

⑥ 雨季、冬季施工应连续作业，基坑挖完后应尽快进行下道工序施工，以减少对基土的扰动和破坏。

⑦ 坑底弹性效应是地基土卸载从而改变坑底原始应力状态的反应。施工中减少坑底出现弹性隆起的有效措施是设法减少土体中有效应力的变化，提高土的抗剪强度和刚度。当基坑开挖到设计基底标高，经验收后，应随即浇筑垫层和底板，减少坑底暴露时间，防止地基土被破坏。

2. 质量通病2——基础混凝土表面缺陷

（1）现象。

① 基础混凝土表面凹陷不平或有印痕，标高、板厚不一致，影响基础外观质量，严重时降低基础承载力。

② 基础表面出现大量浮浆，影响钢筋与混凝土之间的黏结性能，造成混凝土强度不均，并极易出现沉降裂缝和表面塑性裂缝。

（2）原因分析。

① 混凝土浇筑摊铺未控制标高，或未按标高施工；浇筑后仅用铁锹拍平，未用刮杠、抹子等按标高找平压光，导致表面粗糙不平。

② 基础混凝土在未达到一定强度时，即上人操作或运料，表面出现凹陷不平或印痕。

③ 基础混凝土入模分层浇筑与振捣后，由于水泥析水和骨料沉降，其表面常聚积一层游离水，施工时未进行泌水处理，使基础表面产生大量浮浆。

（3）预防措施。

① 浇筑混凝土后，应根据水平控制标志或弹线用抹子找平、压光，终凝后覆盖浇水养护。混凝土强度达到1.2 MPa以上时，方可在基础上走动。

② 基础底板浇筑混凝土过程中要妥善处理混凝土泌水问题，以提高混凝土质量。

a.在施工垫层时预留排水坑，泌水随着施工方向推进被赶至排水坑，集中排走。

b.支模时在纵向及横向最后端头一侧后部设排水孔口，使泌水顺利地排至模板外，汇集到集水井中，用泵排出基坑。

c.将上层泌水汇集于基坑预留集水坑内，用软轴水泵及时排出，或及时排入已施工附近较深的池、坑中，表面压实拉平，但要注意不要将混凝土浆同时排出。

d.当混凝土坡角接近顶端时，改变混凝土浇筑方式，改由端头侧模边开始往回浇筑，与混凝土原斜面形成一个集水坑，并加强两个方向的混凝土浇筑强度，以逐步缩小成浆潭，再用软轴水泵排出。

e.对大型基础顶面的泌水坑，可刮去浮浆，用麻布袋或海绵吸出泌水后，用相同强度等级的干硬性混凝土拍平，最上层混凝土表面在初凝前用长刮尺刮平，用木抹子压实，在混凝土初凝后终凝前进行二次抹面，以避免混凝土收水，产生塑性裂缝。

3.质量通病3——基础混凝土有夹层、缝隙或施工冷缝

（1）现象。

基础混凝土局部混凝土出现离析、不密实，有松散夹层或施工冷缝现象，施工缝、后浇带等接缝处不严实，严重时有渗漏现象，从而影响建筑物使用功能以及建筑结构基础的承载力与耐久性。

（2）原因分析。

① 筏形基础或箱形基础一般平面面积与厚度尺寸较大，混凝土浇筑未采取合理的分段、分层方式，浇灌作业混乱无序，浇灌层、段之间未在先浇混凝土初凝前及时搭接，出现施工冷缝。

② 混凝土一次浇筑过厚处往往振捣不到位或产生漏振现象，而有些层厚过薄处又过振，混凝土浇筑高度过大时未采取串筒、溜槽下料，混凝土出现离析，不密实。

③ 施工缝、后浇带等接缝处清理不干净，未将软弱混凝土表层凿除，接缝处未处理，混凝土浇筑前未充分湿润；后浇带混凝土浇筑后养护时间不够。

④ 施工缝交接处未浇灌接缝砂浆层，接缝处混凝土未振捣密实。

（3）预防措施。

①底板应根据设计的后浇带分区施工，每区混凝土应分段浇筑，由一端向另一端分层推进，均匀下料，振捣密实，不得漏振、欠振和超振。

②当底板厚度不大于50 cm时可不分层，采用斜面赶浆法浇筑，表面及时整平；当底板厚度大于50 cm时，应采取水平分层或斜面分层方式，注意各层、各段之间应在先期浇

筑的混凝土初凝前衔接上，并加强连接处的振捣，以保证混凝土的整体性，提高基础的抗渗能力，如图3-1所示。

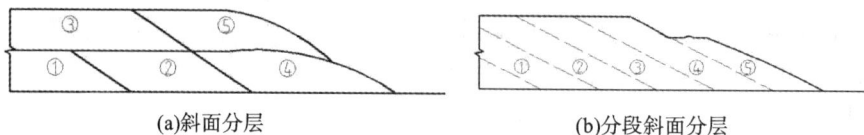

(a)斜面分层                    (b)分段斜面分层

**图3-1　混凝土斜面分层浇筑流程**
①②③④⑤—混凝土浇筑顺序

③水平施工缝浇筑混凝土前，为使新老混凝土能很好地黏结，应将接缝表面浮浆和杂物清除，然后铺设净浆、涂刷混凝土界面处理剂或水泥基渗透结晶型防水涂料，再铺30～50 mm厚的1∶1水泥砂浆，并及时浇筑混凝土。

④垂直施工缝浇筑混凝土前，应将其表面清理干净，再涂刷混凝土界面处理剂或水泥基渗透结晶型防水涂料，并及时浇筑混凝土。

⑤施工缝、后浇带处混凝土开始浇筑时，机械振捣宜向施工缝处逐渐推进，并距80～100 mm处停止振捣，但应加强对施工缝接缝的捣实，使其紧密结合。

⑥后浇带混凝土应一次浇筑，不得留设施工缝；混凝土浇筑后应及时养护，养护时间不得少于28 d。

⑦混凝土浇筑高度大于2 m时，应设串筒或溜槽下料。如混凝土在运输后出现离析，必须进行二次搅拌。当坍落度损失后不能满足施工要求时，应加入原水胶比的水泥浆或掺加同品种的减水剂进行搅拌，严禁直接加水。

4.质量通病4——基础表面出现干缩裂缝

（1）现象。

基础表面（特别是养护不良的部位）出现龟裂，裂缝无规则，走向纵横交错，分布不均。

（2）原因分析。

①混凝土中水泥用量高，水胶比过大，骨料级配不良，砂率过高，采用过量细砂，外加剂保水性差。

②粗骨料用量少，造成混凝土拌和物总用水量及水泥浆量大，容易引起混凝土的收缩；粗骨料为砂岩、板岩等，含泥量较大，对水泥浆的约束作用小。

③混凝土表面过度振捣，表面形成水泥含量较大的砂浆层，收缩量加大等。

④施工现场混凝土重新加水改变稠度，引起收缩值增大。

⑤混凝土浇筑后养护不当（尤其是环境气温高时），表面水分散发快，体积收缩大，而内部温度变化很小，收缩小，表面收缩剧变受到内部混凝土的约束，出现拉应力而引起开裂。

⑥混凝土基础长期露天暴露，未及时进行回填，时干时湿，表面湿度发生剧烈变化。

（3）预防措施。

①控制混凝土水泥用量，水胶比和砂率不要过大。

②严格控制砂石含泥量，应注意粗骨料粒径、粒形与矿物成分，选用坚石、坚硬的骨料，如门云石、长石、花岗石和石英等；应使用含泥量低的中粗砂，避免使用过量

细砂。

③ 宜掺加适量的粉煤灰与外加剂，以改善混凝土的施工性能，减少混凝土的用水量，减少泌水和离析现象。

④ 宜对水泥、掺合料和外加剂等材料进行适应性检验，以保证其相容性。

⑤ 混凝土应振捣密实，并注意对表面进行二次抹压，以提高抗拉强度，减少收缩量。

⑥ 施工现场严禁在混凝土中直接加水，如确属因各种原因造成混凝土工作性能不能满足施工要求的，应加入原水胶比的水泥浆或掺加同品种的减水剂，搅拌运输车应进行快速搅拌，搅拌时间应不少于120 s；如坍落度损失或离析严重，经补充外加剂或快速搅拌等已无法恢复混凝土拌和物的工艺性能时，不得浇筑入模。

⑦ 加强混凝土的早期养护，并适当延长养护时间；长期暴露应覆盖草帘（袋）、薄膜，并定期适当洒水，保持湿润，防止暴晒。

5.质量通病5——大体积筏形基础混凝土温度收缩裂缝

（1）现象。

基础出现温度收缩裂缝，裂缝深度可分为表面、深层或贯穿，开裂方向纵横、斜向均存在，多发生在浇筑完后2～3个月或更长时间，部分缝宽受温度变化影响较明显（如冬季宽度扩张，夏季缩小，早晚扩张，中午缩小），从而降低基础的承载力与耐久性。

（2）原因分析。

① 大体积混凝土未采取内部降温措施。混凝土浇筑后水泥水化热量大，混凝土内部温度高，在降温阶段块体收缩，由于地基或结构其他部分的约束（如在坚硬的岩石地基、桩基或厚大混凝土垫层上），会产生很大的温度应力。这些应力一旦超过混凝土当时龄期的抗拉强度，就会产生裂缝，严重时裂缝会贯穿整个截面，降低基础的整体承载能力和结构耐久性。

② 贯穿裂缝的形成也是其主要原因。对于厚度较大的混凝土，由于表面散热快，温度较低，内外温差产生表面拉应力，从而形成表面裂缝。对于深层裂缝（部分切断结构断面）及表面裂缝，当内部混凝土降温时受到外约束作用，也可能发展为贯穿裂缝。

③ 大体积筏形基础未进行合理的保湿与保温养护。

（3）预防措施。

① 基础混凝土的设计强度等级不宜过高（宜在C25～C40的范围内），并可利用混凝土60 d或90 d的强度作为混凝土配合比设计、混凝土强度评定及工程验收的依据。

② 选用中、低热硅酸盐水泥或低热矿渣硅酸盐水泥。大体积混凝土施工所用水泥，其3 d的水化热不宜大于240 kJ/kg，7 d的水化热不宜大于270 kJ/kg。

③ 选用级配良好的粗、细骨料，应符合国家现行标准的有关规定，不得使用碱活性骨料；细骨料宜采用洁净中砂，其细度模数宜大于2.3，含泥量不大于3%；粗骨料应坚固耐久、粒形良好，粒径为5～31.5 mm，并且为连续级配，含泥量不大于1%。

④ 在混凝土中掺适量粉煤灰、减水剂等，以节省水泥用量，降低水胶比。

⑤ 筏形或箱形基础置于岩石类地基上时，宜在混凝土垫层设置卷材滑动层，以减少约束作用，削减温度收缩应力。

⑥ 大体积混凝土工程施工前，宜对施工阶段大体积混凝土浇筑体的温度、温度应力及收缩应力进行试算，并确定施工阶段大体积混凝土浇筑体的升温峰值、里表温差及降温

速率等控制指标，提出必要的粗细骨料和拌和用水的降温、入模温度控制要求（如可采取加冰等措施），制定相应的温控技术方案并严格实施与监控监测。

⑦ 超长底板混凝土除留设变形缝、后浇带以释放混凝土温差收缩应力外，也可采用跳仓施工法，跳仓的最大分块尺寸不宜大于 40 m，跳仓间隔施工的时间不宜小于 7 d，跳仓接缝处按施工缝的要求设置和处理。大体积混凝土也可采取设循环冷凝水管等降低混凝土内部水化热温升以减少里表温差等技术措施。

⑧ 底板混凝土宜采取分层连续推移式整体连续浇筑施工，充分利用混凝土层面散热，但必须在前层混凝土初凝前，将下一层混凝土浇筑完毕，不留设施工缝；宜采用二次振捣工艺，加强层间混凝土的振捣质量，并及时清除表面泌水。

⑨ 基础混凝土浇筑完毕后应进行蓄水养护，保证混凝土中水泥水化充分，提高早期相应龄期的混凝土抗压强度和弹性模量，防止混凝土早期出现裂缝。

⑩ 混凝土应按技术方案要求采取保温材料覆盖等保温技术措施，防止混凝土表面散热与降温过快，必要时可搭设挡风保温棚或遮阳降温棚。在保温养护过程中，应对预先布控的测温点进行现场监测（包括混凝土浇筑体的里表温差和降温速率），控制基础内外温差在 25 ℃以内，降温速度在 1.5 ℃/d 以内，以充分发挥徐变特性、应力松弛效应，提高混凝土的早期极限抗拉强度，削减温度收缩应力；当实测结果不满足温控指标的要求时，应及时调整保温养护措施。保温覆盖层的拆除应分层逐步进行，当混凝土的表面温度与环境最大温差小于 20 ℃时，才可全部拆除。

## 二、桩基础工程

### （一）预制混凝土桩

预制混凝土桩包括普通钢筋混凝土预制方桩和预应力管桩，预制方桩截面为 ZH250×250～ZH500×500 等，长度为 4～50 m；预应力管桩一般分 PC 桩（一般预应力管桩）和 PHC 桩（高强预应力管桩），直径有 300 mm、400 mm、500 mm、550 mm、600 mm 等规格，成桩方式主要有柴油锤击打桩或静力压桩两种。锤击成桩的质量通病如下。

1. 质量通病 1——沉桩时桩顶碎裂

（1）现象。

在沉桩过程中，桩顶混凝土承受不住桩锤的冲击力而碎裂，较严重的碎裂现象是桩顶钢筋暴露或钢筋脱落，如图 3-2（a）所示。

（2）原因分析。

① 预制桩的混凝土强度低于设计要求或混凝土养护时间不够、龄期未到。

② 预制桩的钢筋制作不规范，桩帽钢筋保护层太厚。

③ 沉桩桩锤选择不当，"轻锤高击"、锤击次数多或未放桩垫。

（3）预防措施。

① 混凝土预制桩混凝土强度等级不宜低于 C30，混凝土达到设计强度的 70% 方可起吊，达到 100% 方可运输。

② 根据工程地质条件、现有施工机械能力及桩身混凝土耐冲击的能力，合理确定单桩承载力及施工控制标准。

③ 打桩应遵循"重锤低击，低提重打"原则，如桩锤选择不当，应更换重量大一些

的桩锤，再重新沉桩，开始打击时锤的落距较小，一般为 0.5～0.8 m，待桩入土一定深度（1～2 m）再适当增大落距，当桩沉至硬土层时，落锤高度一般不宜大于 1 m。

④ 发现桩顶有打碎现象，应及时停止沉桩，更换更厚的桩垫。如有较严重的桩顶破裂，可把桩顶剔平补强，再重新沉桩。

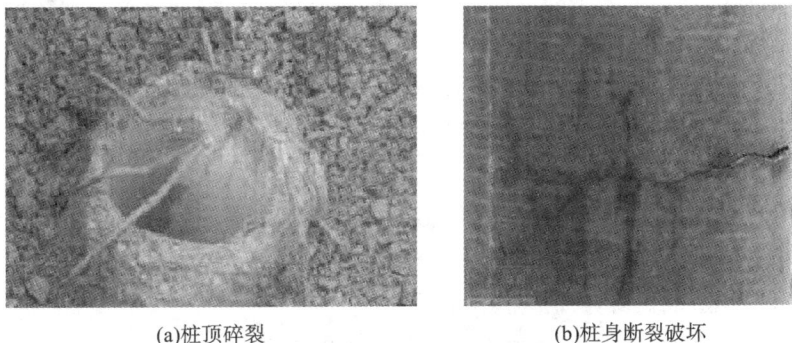

(a)桩顶碎裂　　　　　　　　　　(b)桩身断裂破坏

**图 3-2　预应力混凝土管桩质量缺陷**

**2.质量通病 2——桩身断裂**

（1）现象。

桩在沉入过程中，桩身突然倾斜错位；桩尖处土质条件没有特殊变化，贯入度却逐渐增加或突然增大，当桩锤跳起后，桩身随之出现回弹现象，施打被迫停止，如图 3-2（b）所示。

（2）原因分析。

① 桩身在施工中出现较大弯曲，原因是桩在反复长时间打击中，桩身受到拉、压应力，当拉应力值大于混凝土抗拉强度时，桩身某处即产生横向裂缝，表面混凝土剥落，如拉应力过大，混凝土发生破碎，桩身即断裂。

② 制作桩的水泥强度等级不符合要求，砂、石中含泥量大或石子中有大量碎屑，使桩身局部强度不够，在该处发生断裂。桩在堆放、起吊、运输过程中产生裂纹或断裂。

③ 桩身混凝土强度等级未达到设计强度即进行运输与施工。

④ 在沉桩过程中，某部位桩尖土软硬不均匀，造成突然倾斜。

⑤ 在沉桩过程中，在桩穿过较硬土层进入软弱下卧层时，在锤击过程中桩身会出现较大拉应力，当拉应力大到超出桩身抗拉极限时，会发生桩身断裂。

（3）预防措施。

① 施工前，应将旧墙基、条石、大块混凝土等清理干净，尤其是桩位下的障碍物，必要时可对每个桩位进行试探。对桩身质量要进行检查，桩身弯曲度超过规定，或桩尖不在桩纵轴线上时，不宜使用。一节桩的细长比不宜过大，一般不超过 30。

② 在初沉桩过程中，如发现桩身不垂直应及时纠正，如有可能，应把桩拔出，清理完障碍物并回填素土后重新沉桩。桩打入一定深度发生严重倾斜时，不宜采用移动桩架来校正。接桩时要保证上下两节桩在同一轴线上，接头处必须严格按照设计及操作要求执行。

③ 采用"植桩法"施工时，钻孔的垂直度偏差要严格控制在 1% 以内。植桩时，桩应顺孔植入，出现偏斜量小宜用移动桩架来校正，以免造成桩身弯曲。

④ 桩在堆放、起吊、运输过程中，应严格按照有关规定或操作规程执行，发现桩开裂超过有关规定时，不得使用。普通预制桩经蒸压达到要求强度后，宜在自然条件下养护一个半月，以提高桩的后期强度。施打前，桩身强度必须达到设计强度的100%（指多为穿过硬夹层的端承桩）方可施打。而对纯摩擦桩，强度达到70%便可施打。

⑤ 遇有地质比较复杂的工程（如有老的洞穴、占河道等），应适当加密地质探孔，以便采取相应措施。

⑥ 熟悉工程地质情况，当桩穿过较硬土层进入软弱下卧层时，适当控制锤击力。

3．质量通病3——桩顶位移、桩身倾斜

（1）现象。

在沉桩过程中，相邻的桩产生横向位移或桩身上下位移现象；桩身垂直偏差过大。

（2）原因分析。

①桩身弯曲。造成桩身弯曲的原因如下。

a．一节桩的细长比过大，沉入时，又遇到较硬的土层。

b．桩制作时，桩身弯曲度超过规定，桩尖偏离桩的纵轴线较大，沉入时桩身发生倾斜或弯曲。

c．桩入土后，遇到大块坚硬障碍物，把桩尖挤向一侧。

d．稳桩时不垂直，打入地下一定深度后，再用走桩架的方法校正，使桩身产生弯曲。

e．采用"植桩法"时，钻孔垂直偏差过大。桩虽然是垂直立稳放入桩孔中，但在沉桩过程中，桩又慢慢顺钻孔倾斜沉下而产生弯曲。

f．两节桩或多节桩施工时，相接的两节桩不在同一轴线上，产生了曲折，或接桩方法不当（一般多为焊接，个别地区使用硫黄胶泥法接桩）。

②桩数较多，土层饱和密实，桩间距较小，在沉桩时土被挤到极限密实度而向上隆起，相邻的桩一起被涌起。

③在软土地基施工较密集的群桩时，由于沉桩引起的空隙压力把相邻的桩推向一侧或涌起，当土体大规模发生位移时，甚至会在桩身产生拉裂缝。

④桩位放得不准，偏差过大。施工中桩位标志丢失或挤压偏离，随意定位；桩位标志与墙、柱轴线标志混淆等，造成桩位错位较大。

⑤摩擦桩，桩尖落在软弱土层中，布桩过密，或遇到不密实的回填土（枯井、洞穴等），在锤击振动的影响下使桩顶下沉。

⑥打桩机架挺杆导向固定垂直于底部，不能作前后左右微调，或虽能微调，但使用不便。在沉桩过程中，如果场地不平，有较大坡度，挺杆导向也随着倾斜，则桩在沉入过程中随着挺杆导向产生倾斜。

（3）预防措施。

① 采用井点降水、砂井或盲沟等降水或排水措施。

② 沉桩期间不得同时开挖基坑，需待沉桩完毕后相隔适当时间方可开挖，相隔时间应视具体地质条件、基坑开挖深度、面积、桩的密集程度及孔隙压力消散情况确定，一般宜2周左右。

③ 采用"植桩法"可减少土的挤密及孔隙水压力的上升。

④ 认真按设计图纸放好桩位，做好明显标志，并做好复查工作。施工时要按图核对

桩位，发现丢失桩位或桩位标志，以及轴线桩标志不清时，应由有关人员查清补上。轴线桩标志应按规范要求设置。

⑤ 场地要平整。如场地不平，施工时应在打桩机行走轮下加垫板等，使打桩机底盘保持水平。

**4.质量通病4——接桩处松脱开裂，桩体连接受影响**

（1）现象。

接桩处经过锤击后，出现松脱开裂等现象。

（2）原因分析。

① 连接处的表面没有清理干净，留有杂质、雨水和油污等。

② 采用焊接或法兰连接时，连接铁件不平及法兰平面不平，有较大间隙，造成焊接不牢或螺栓拧不紧。

③ 焊接质量不好，焊缝不连续、不饱满，焊肉中央有焊渣等杂物。接桩方法有误，时间效应与冷却时间等因素影响。

④ 采用硫黄胶泥锚接桩时，硫黄胶泥配合比不合适，以及温度控制不当等，造成硫黄胶泥达不到设计强度，在锤击作用下产生开裂。

⑤ 两节桩不在同一直线上，在接桩处产生曲折，锤击时接桩处局部产生集中应力而破坏连接。上下桩对接时，未做严格的双向校正，两桩顶接头处存在缝隙。

（3）预防措施。

① 接桩前，对连接部位上的杂质、油污等必须清理干净，保证连接部件清洁。检查校正垂直度后，两桩间的缝隙应用薄铁片垫实，必要时要焊牢，焊接应双机对称焊，一气呵成，经焊接检查，稍停片刻，冷却后再行施打，以免焊接处变形过多。

② 检查连接部件是否牢固平整和符合设计要求，如有问题，须修正后才能使用。

③ 硫黄胶泥接桩只适用于软弱土层，采用硫黄胶泥接桩法时，应严格按照操作规程操作，特别是配合比应经过试验确定，熬制及施工时的温度应控制好，保证硫黄胶泥达到设计强度。

④ 接桩时，两节桩应在同一轴线上，法兰或焊接预埋件应平整，焊接或螺栓拧紧后，锤击几下再检查一遍，看有无开焊、螺栓松脱、硫黄胶泥开裂等现象，如有应立即采取补救措施，如补焊、重新拧紧螺栓，并把丝扣凿毛或用电焊焊牢。

**（二）沉管灌注桩**

沉管灌注桩，又称套管成孔灌注桩、打拔管灌注桩，如图3-3所示。施工时是使用振动式桩锤或锤击式桩锤将一定直径的钢管沉入土中形成桩孔，然后在钢管内吊放钢筋笼，边灌注混凝土边拔管而形成灌注桩桩体的一种成桩工艺。它包括锤击沉管灌注桩、振动沉管灌注桩、夯压成型沉管灌注桩等。

**1.质量通病1——桩身缩颈、夹泥**

（1）现象。

成形后的桩身局部直径小于设计要求。桩身夹泥指泥浆把灌注的混凝土局部隔开，使得桩身不完整、不连续。

（2）原因分析。

① 套管在强迫振动下迅速把基土挤开而沉入地下，局部套管周围土颗粒之间的水及

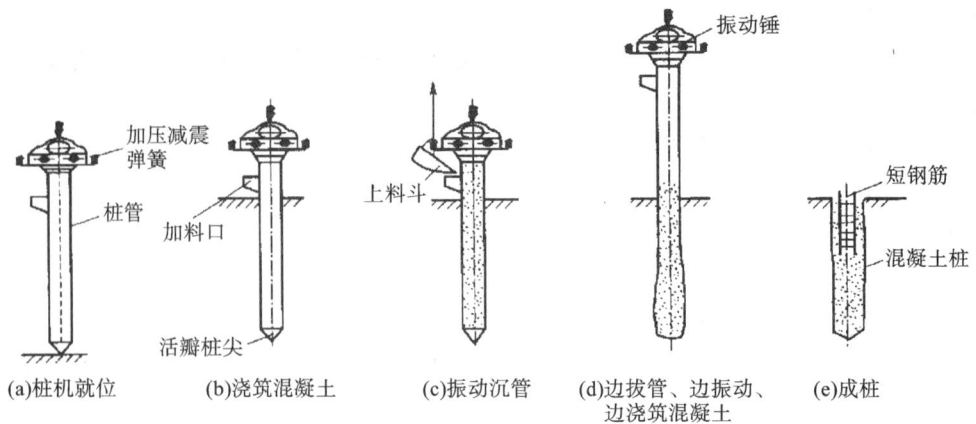

**图3-3  振动沉管灌注桩施工工艺**

空气不能很快向外扩散而形成孔隙压力，当套管拔出后，因为混凝土没有柱体强度，在周围孔隙压力的作用下，把局部桩体挤成缩颈、夹泥。

②在流塑状态的淤泥质土中，沉管到位后由于套管先拔后振使混凝土不能顺利地流出，淤泥质土迅速填充进来造成缩颈、夹泥。

③在上下段不同土层处，桩身混凝土的凝固速度及挤压力不同，在土层临界处引起缩颈。

④拔管速度过快，桩管内形成的真空吸力对混凝土产生拉力作用，造成桩身缩颈。

⑤拔管时，管内混凝土过少，自重压力不足或混凝土坍落度偏小，和易性差，管壁对混凝土产生摩擦力，混凝土扩散慢，造成缩颈。

⑥群桩布桩过密，桩身混凝土终凝前被挤压产生缩颈。

⑦采用反插法施工时，反插深度太大，活瓣式桩靴向外张开，将孔壁周围的泥土挤进桩身；采用复打法施工时，套管上的泥土未清理干净，造成桩身夹泥。

（3）预防措施。

①施工中控制拔管速度：锤击沉管桩施工，对一般土层拔管速度宜为1 m/min，在软弱土层和软硬土层交界处拔管速度宜为0.3～0.8 m/min；振动沉管桩施工，在一般土层内拔管速度宜为1.2～1.5 m/min，在软弱土层中宜为0.5～0.8 m/min。

②桩管灌满混凝土后，先振动10 s再拔管，应边拔边振，每次拔管高度0.5～1.0 m，反插深度0.3～0.5 m；在拔管过程中，应分段添加混凝土，保持管内混凝土面始终不低于地面或高于地下水位1.0 m以上，使混凝土出管时有较大的自重压力形成扩张力。

③混凝土的充盈系数不得小于1.0，对充盈系数小于1.0的桩，应全长复打。在淤泥等高流塑状土层中易产生缩颈的部位，宜采取复打或反插工艺解决缩颈问题。复打前应把桩管上的泥土清理干净，局部复打应超过断桩或缩颈区1 m深。成桩混凝土顶面应超灌500 mm以上。

④反插法施工时应控制反插深度不超过活瓣式桩靴长度的2/3。

⑤在群桩基础中，若桩中心距小于4倍桩径，应采用跳打法施工。

⑥施工时用浮标检测法经常检测混凝土下落情况，发现问题及时处理。

2.质量通病2——吊脚桩

（1）现象。

桩端混凝土脱空，或桩的底部混入泥水杂质形成较弱的桩尖，俗称吊脚桩，从而削弱了桩的承载力，如图3-4所示。

（2）原因分析。

① 桩入土较深，并且进入低压缩性的粉质黏土层，拔管时，活瓣桩尖被周围的土包住而打不开，混凝土无法流出套管。

② 在有地下水的情况下，封底混凝土浇灌过早，套管下沉时间又较长，封底混凝土经长时间振动已被振实，在管底部形成"塞子"，堵住了套管下口，使混凝土无法流出。

③ 预制桩头的混凝土质量较差，强度不够。沉管时预制桩头被挤入套管内，拔管时堵住管口，使混凝土不能流出管外。

④ 活瓣式桩尖合龙不严密，沉管下沉时，泥水挤入桩管内。

图3-4 吊脚桩

（3）预防措施。

① 根据工程地质条件、建筑物荷重及结构情况，合理选择桩长，尽可能使桩端不过多地进入低压缩性的土层中，以防止出现混凝土坍落现象，进而影响单桩承载力。

② 严格检查预制桩尖的强度和规格，预制混凝土锥形桩尖的环形肩部表面应有预埋铁件。

③ 沉管时用吊砣检查桩靴是否进入管内和管内有无泥浆，若有应拔出纠正或填砂重打。

④ 在地下水位较高、含水量大的淤泥和粉砂土层，当桩管沉到地下水位时，在管内灌入0.5 m左右水泥砂浆作封底，并再灌入高混凝土封闭桩端以平衡水压力，然后继续沉管。

⑤ 拔管时应用浮标测量，检查混凝土是否确已流出管外。也可用铁锤敲击桩管壁的方法，确定混凝土是否下落。

⑥ 采用护壁短桩管法。在桩管端部增设扩壁短桩管，沉桩管时，短桩管随之下沉；拔桩管时，短桩管下落，起到护孔和减振的作用，从而防止桩的吊脚缩颈。

3.质量通病3——断桩

（1）现象。

桩身局部分离，甚至有一段没有混凝土；桩身的某一部位混凝土断裂或坍塌，在坍塌处上部没有混凝土，如图3-5所示。

（2）原因分析。

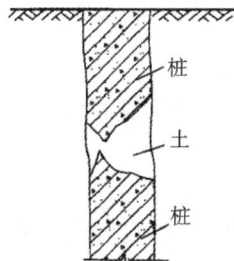

图3-5 断桩

① 在软硬不同的两层土中，由于振动对于两层土的影响不一样，桩成型后，还未达到初凝强度时，产生了剪切力把桩剪断；或已成型但未达到一定强度的桩，被邻近桩位沉管剪断。

② 拔管时速度太快，或混凝土坍落度过小，混凝土还未流到套管外，周围的土迅速挤压回缩，形成断桩。

③ 在流态的淤泥质土中孔壁不能直立，浇筑混凝土时，混凝土重度大于流态淤泥质土，造成混凝土在该层中坍塌。

④ 冬季施工，冻层与非冻层混凝土沉降不一样，被压断；或混凝土不符合季节施工的要求，由于振动而产生离析。

（3）预防措施。

① 采用跳打法施工，跳打时必须在相邻成形的桩达到设计强度的60%以上时方可进行。

② 冬季施工混凝土要适合冬季施工要求，加入混凝土外加剂，并保证混凝土浇筑入管的温度。冻层与非冻层交接处要采取局部反插（应超过1m）措施。

**4.质量通病4——沉管达不到设计标高**

（1）现象。

沉管灌注桩一般采用标高控制，沉桩达不到设计的最终控制标高，影响单桩承载力。

（2）原因分析。

① 沉管中遇到硬夹层，又无适当处理措施。

② 沉管灌注桩是挤土桩，群桩数量大，布桩平面系数大，土层被挤密后，后续施工的桩管下沉困难，未达到设计标高。

③ 振动沉管桩施工中，桩机设备功率偏小，即振动锤激振力偏低或正压力不足，或桩管太细长，刚度差，使振动冲击能量减小，不能传至桩尖，造成沉桩达不到设计标高。

（3）预防措施。

①详细分析工程地质资料，了解硬夹层情况，对可能穿不透的硬夹层，需预先采取措施，例如对地下障碍物必须预先清除干净以及采取预钻孔后沉管等措施。

②沉管灌注桩的最小中心距和最大布桩平面系数详见表3-1。

**表 3-1 沉管灌注桩的最小中心距和最大布桩平面系数**

| 土的类别 | 一般情况 | | 排数超过2排，桩数超过9根的摩擦型桩基础 | |
| --- | --- | --- | --- | --- |
| | 最小中心距 | 最大布桩平面系数/（%） | 最小中心距 | 最大布桩平面系数/（%） |
| 穿越深厚软土 | $4.0D$ | 4.5 | $4.5D$ | 4 |
| 其他土层 | $3.5D$ | 6.5 | $4.0D$ | 0 |

注：$D$—沉管灌注桩的桩管外径。

③合理规划沉桩顺序，当桩中心距小于4倍桩径或布桩平面系数较大时，可采用由中间向两侧对称施打或自中央向四周施打的顺序。

④根据工程地质资料，选择合适的沉桩机械；套管的长细比不宜大于40。

**5.质量通病5——钢筋笼上浮、偏位、下沉**

（1）现象。

套管沉入到位钢筋笼放入后，在灌注混凝土时，钢筋笼随着混凝土的灌注产生上浮、偏位现象；或混凝土初凝前，钢筋笼产生下沉现象。

（2）原因分析。

① 混凝土灌注过程过快，当钢筋笼在混凝土中产生的浮力和混凝土上升产生的顶托力大于钢筋笼自重时，会使钢筋笼上浮。

② 套管上提时钩挂钢筋笼，导致将钢筋笼带上来。

③ 钢筋笼在下沉时保护层定位不可靠，导致钢筋笼偏位。

④ 沉管桩灌注混凝土时，因振动导致钢筋笼偏位。

⑤ 钢筋笼下沉后，顶端固定不牢，导致钢筋笼上浮或下沉。

（3）预防措施。

① 预防上浮措施：当套管底口低于钢筋笼底部 3 m 至高于钢筋笼底 1 m 之间，以及混凝土表面在钢筋笼底部上下 1 m 之间，应放慢混凝土灌注速度，一般最大的灌注速度宜为 0.5 m/min。在套管中放入钢筋笼后，用型钢或压重物连接钢筋笼，以防止上浮或下沉，型钢或压重物应置于套管边缘，使混凝土能顺利灌注。在灌注混凝土时，注意观察悬吊钢筋笼的吊筋变化情况。

② 预防偏位措施：钢筋笼下放完后应在钢筋笼上拉十字线，找出钢筋笼中心，同时找出套管桩位中心，使钢筋笼中心与套管中心重合并固定在桩位中心。钢筋笼保护层一般采用在主筋上焊接"⌣"形短钢筋；为达到更好的效果，保护层可设置成混凝土转轮式垫块，其半径为桩的保护层厚度＋10 mm，每隔 2 m 均匀配置 4 个，焊在主筋上。

③ 预防下沉措施：对于非全长配筋的桩，下放好钢筋笼后，务必用型钢拴住钢筋笼顶吊圈，如图 3-6 所示。

**（三）长螺旋钻孔灌注桩**

长螺旋钻孔灌注桩是利用螺旋钻机的动力螺旋钻杆，带动钻头上的螺旋旋转切削土层，土渣沿螺旋叶片上升排出孔外。螺旋钻机成孔直径一般为 300～600 mm，钻孔深度为 8～12 m。其工艺如图 3-7 所示。

1.质量通病 1——塌孔

（1）现象。

钻孔成形后，孔壁局部塌落。

（2）原因分析。

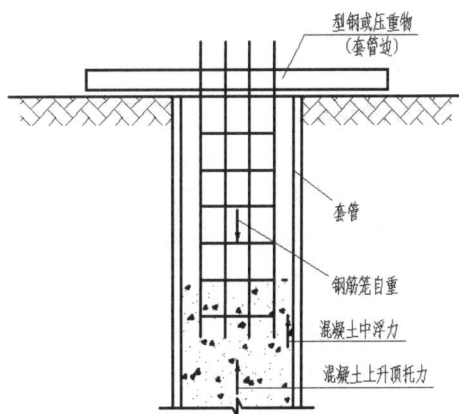

图 3-6　钢筋笼防止上浮示意图

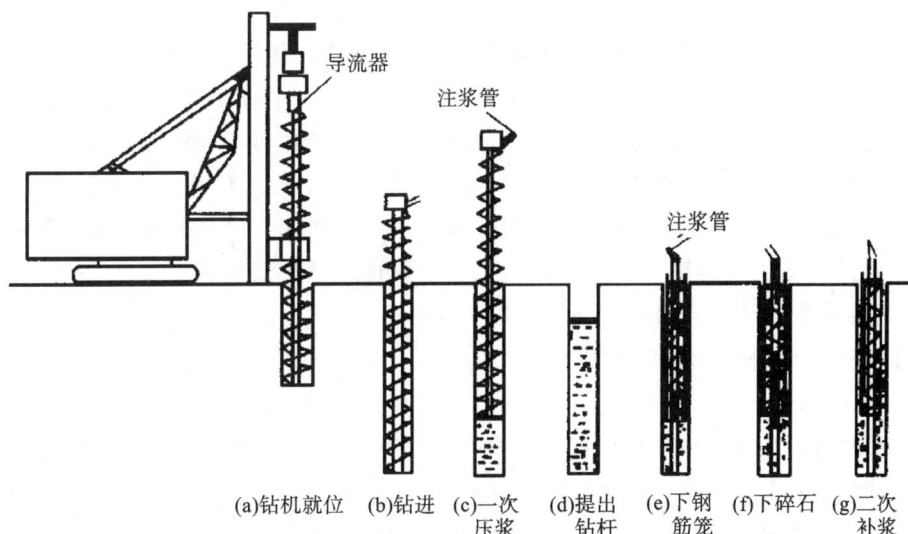

(a)钻机就位　(b)钻进　(c)一次压浆　(d)提出钻杆　(e)下钢筋笼　(f)下碎石　(g)二次补浆

图 3-7　长螺旋钻孔压浆成桩施工工艺

① 在有砂卵石、卵石或流塑淤泥质土夹层中成孔，这些土层不能直立而塌落，出现饱和砂或中砂的情况下也易塌孔。

② 局部有上层滞水渗漏作用，使该层土坍塌。

③ 成孔后没有及时灌注混凝土。

（3）预防措施。

①在砂卵石、卵石或流塑淤泥质土夹层等地基土处进行桩基施工，应尽可能不采用干作业长螺旋钻孔灌注桩方案，而应采用人工挖孔并加强护壁的施工方法或湿作业施工法。

②在遇有上层滞水可能造成的塌孔时，可采用以下两种办法处理。

a.在有上层滞水的区域内采用点渗井降水。

b.正式钻孔前 7 d 左右，在有上层滞水区域内，先钻若干个孔，钻孔深度透过隔水层到砂层，在孔内填充级配卵石，让上层滞水渗漏到下面的砂卵石层，然后进行施工。

③核对地质资料，检验设备、施工工艺以及设计要求是否适宜，在正式施工前，宜进行试成孔，以便提前做出相应的保证正常施工的措施。

2.质量通病2——桩孔倾斜

（1）现象。

桩身垂直度偏差过大，超过现行国家标准 1% 的规定值。

（2）原因分析。

① 桩机底盘不水平引起钻杆倾斜，或桩机前面的导向龙门不垂直。

② 成孔长度过长，产生纵向弯曲。

③ 钻杆本身不直，两节钻孔不在同一轴线上，钻头的定位尖与钻杆中心线不在同一轴线上。

④ 土层软硬不均，桩机钻进速度未按实际土层的不同予以调整。

⑤ 地下遇有坚硬的大块障碍物，把钻杆挤向一边。

（3）预防措施。

① 调整桩机底盘至水平，使钻杆和桩机导向龙门垂直。

② 设置侧向稳定装置，即增加钻杆的侧向支点，防止钻杆纵向弯曲。

③ 设备进场前应调直钻杆，如有备用钻杆，可将弯曲的钻杆更换。

④ 钻头与桩位点偏差不得大于 20 mm，钻进过程中，不宜反转或提升钻杆。

⑤ 施工中严格控制钻进速度，刚接触地面时，下钻速度要慢。钻进速度应根据土层情况来确定：杂填土、黏性土、砂卵石层为 0.2～0.5 m/min；素填土、黏土、粉土、砂层为 1.0～1.5 m/min。遇到上层软硬不均处，应放慢钻进速度，轻轻加压，慢速钻进。

⑥ 选择合适类型的钻头，尖底钻头适用于黏性土，平底钻头适用于松散土，耙式钻头适用于含有大量砖块、碎混凝土块、瓦块的回填土。

3.质量通病3——桩体密实性差

（1）现象。

长螺旋钻孔灌注桩的桩体内存在许多孔隙和气泡，或桩端处存在虚土及混合料离析，桩体混凝土不密实，影响其强度及承载力。

（2）原因分析。

① 长螺旋钻孔灌注桩在浇灌过程中不振捣，靠压力泵送混凝土，当泵压不足时就难

以达到密实程度。

② 泵送混凝土前提拔钻杆，造成桩端处存在虚土及混合料离析；或泵送混凝土时停顿，桩孔受土水挤压缩颈断桩，或造成混凝土离析。

③ 混凝土在自重作用下，只能在桩上部达到一定程度的密实，一定深度以下虽然有压力，但是气泡和水却不能排出，不能形成密实结构。

④ 插钢筋笼中专用的振动钢管和振动锤提升时速度过快。

（3）预防措施。

① 应通过试验确定混凝土配合比，坍落度宜为160～220 mm，保证其和易性和流动性。

② 振动用钢管和振动锤提升时，应尽量缓慢，每提升3 m，开启振动锤一次，边拔边振。

③ 压灌桩的充盈系数宜为1.0～1.2。桩顶混凝土超灌高度不宜小于0.5 m。

④ 在钻杆提升之前，应按确定的泵送压力（宜为6～8 MPa）压灌混凝土，压灌30～60 s后提升钻杆，并确认钻头阀门打开后，方可缓慢提钻。混凝土泵送应连续进行，边泵送混凝土边提钻，提钻速率按试桩工艺参数控制，保证钻头始终埋在混凝土面以下不小于1000 mm。

#### （四）泥浆护壁钻孔灌注桩

泥浆护壁成孔是利用泥浆保护孔壁，通过循环泥浆裹挟悬浮孔内钻挖出的土渣并排出孔外，从而形成桩孔的一种成孔方法，如图3-8、图3-9所示。泥浆在成孔过程中的作用是护壁、携渣、冷却和润滑，其中最重要的作用还是护壁，主要有下列质量通病。

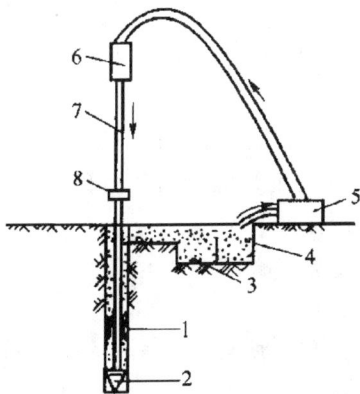

**图3-8 正循环回转钻机成孔工艺原理**
1—泥浆循环方向；2—钻头；3—沉淀池；
4—泥浆池；5—泥浆泵；6—水龙头；
7—钻杆；8—钻机回转装置

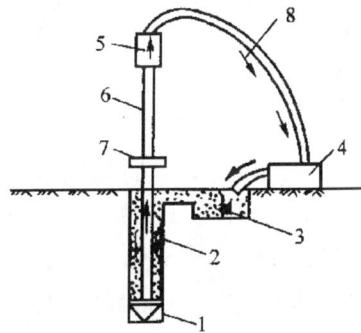

**图3-9 反循环回转钻机成孔工艺原理**
1—钻头；2—新泥浆流向；3—沉淀池；
4—砂石泵；5—水龙头；6—钻杆；
7—钻机回转装置；8—混合液流向

1．质量通病1——坍孔

（1）现象。

在成孔过程中或成孔后，孔壁坍落，造成钢筋笼放不到底，桩底部有很厚的泥夹层。

（2）原因分析。

①泥浆密度不够及其他泥浆性能指标不符合要求，使孔壁未形成坚实泥皮，如图3-10所示。

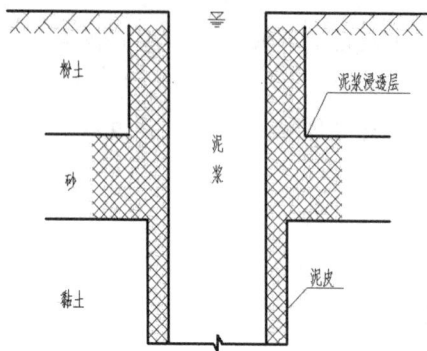

图3-10　泥皮示意图

②由于护筒埋置太浅，下端孔口漏水、坍塌或孔口附近地面受水浸湿泡软，或钻机装置在护筒上，由于振动使孔口坍塌，扩展成较大坍孔。

③在松软砂层中钻进，进尺太快。

④提住钻锥钻进，凹钻速度太快，空钻时间太长。

⑤水头太大，使孔壁渗浆或护筒底形成反穿孔。

⑥清孔后泥浆密度、黏度等指标降低；用空气吸泥机清孔，泥浆吸走后未及时补水，使孔内水位低于地下水位；清孔操作不当，供水管嘴直接冲刷孔壁；清孔时间过久或清孔后停顿过久。

⑦吊入钢筋笼时碰撞孔壁。

（3）预防措施。

①在松散粉砂土或流砂中钻进时，应控制进尺速度，选用较大密度、黏度及胶体率的泥浆。

②清孔时应指定专人补水，保证钻孔内必要的水头高度。供水管最好不直接插入钻孔中，应通过水槽或水池使水减速后流入钻孔中，可免冲刷孔壁。应扶正吸泥机，防止触动孔壁。不宜使用过大的风压，不宜超过钻孔中水柱压力的1.5～1.6倍。如坍孔严重须按前述方法处理。

③汛期地区水位变化过大时应采取升高护筒，增加水头，或采用虹吸管、连通管等措施保证水头相对稳定。

④发生孔口坍塌时，可立即拆除护筒、回填钻孔并重新埋设护筒后再钻。如发生孔内坍塌，应判明坍塌位置，回填砂和黏土（或砂砾和黄土）混合物到坍孔处以上1～2 m；如坍孔严重，应全部回填，待回填物沉积密实后再行钻进。

2.质量通病2——桩身混凝土离析、松散、夹泥或断桩

（1）现象。

成桩后，桩身中部没有混凝土或混凝土质量差，夹有泥土，严重时形成断桩。

（2）原因分析。

①混凝土较硬，骨料太大或未及时提升导管以及导管位置倾斜等，使导管堵塞，形成桩身混凝土中断。

②混凝土未能连续浇筑，中断时间过长。

③导管挂住钢筋笼，提升导管时没有扶正，以及钢丝绳受力不均匀等。

④未控制好导管提升量，导致导管口埋入混凝土过深或脱离混凝土面。

（3）预防措施。

①混凝土坍落度应严格按设计或规范要求控制。水下混凝土的配合比应具备良好的和易性，配合比应通过试验确定，坍落度宜为180～220 mm，水泥用量应不少于360 kg/m³。为了改善和易性和缓凝时间，水下混凝土宜掺加外加剂。

② 浇筑混凝土前应检查混凝土搅拌机，保证混凝土搅拌时能正常运转，必要时应装备一台备用的搅拌机，以防止搅拌机发生故障。

③ 边灌混凝土边拔套管，做到连续作业一气呵成。浇筑时监测混凝土顶面上升高度，随时掌握导管埋入深度，避免导管入过深或脱离混凝土面。

④ 钢筋笼主筋接头要焊平，导管法兰连接处罩以圆锥形白铁罩，底部与法兰大小一致，并在套管头上卡住，避免提拔导管时法兰挂住钢筋笼。

⑤ 开始浇筑混凝土时，为使隔水栓顺利排水，导管底部至孔底距离宜为300～500 mm，孔径较小时可适当加大距离，以免影响桩身混凝土质量。

**（五）人工挖孔灌注桩**

人工挖孔灌注桩简称人工挖孔桩，是指采用人工挖掘方法进行成孔，然后安装钢筋笼，浇筑混凝土而形成的桩。人工挖孔桩的直径除了满足设计承载力的要求，还应考虑施工操作的要求，一般桩径都较大，最小不宜小于800 mm，桩底一般都要进行扩底。

1.质量通病1——护壁混凝土开裂或坍塌

（1）现象。

人工挖孔过程中，出现塌孔，成孔困难。

（2）原因分析。

① 遇到了复杂地层，出现上层滞水，造成塌孔。

② 遇到了干砂或含水的流砂。

③ 地质报告粗糙，勘探孔较少，施工方案未能考虑周全，施工准备不足，特别是在直径大、孔深又有扩底的情况下。

④ 地下水丰富，措施不当，造成护壁困难，使成孔更加困难。

⑤ 雨季施工，成孔困难。

（3）预防措施。

①人工挖孔要有详细的地质与水文地质报告，必要时每孔都要进行探孔，以便事先采取防治措施。

②正式开挖前要做试验挖桩，以校核地质、设计、工艺是否满足要求。

③人工挖孔桩应采取跳挖法，特别是有扩底的挖孔桩，应考虑扩孔直径，并采取相应措施，以免塌孔贯穿。若扩大头部位的砂层较厚，地下水或承压水丰富难以成孔，可采用高压旋喷技术人工固结，再进行挖孔。

④ 人工挖孔桩必须有防止土体坍滑的护壁，如图3-11所示。护壁混凝土随挖随输随浇筑，不得过夜。必要时采取降水措施。

⑤遇到上层滞水、地下水，出现流砂现象时，应采取混凝土护壁的办法，例如使用短模板减小高度，模板高度一般为30～50 cm，加配筋，上下两节护壁搭接长度不得小于5 cm，混凝土强度等级同桩身，并使用速凝剂，随挖随验随浇筑混凝土。

⑥遇到塌孔，还可采用预制水泥管、钢套管、沉管护壁的办法。

⑦水量大、易塌孔的上层，除横向护壁，还要防止竖向护壁滑脱，护壁间用纵向钢筋连接，打设护壁土锚筋。必要时也可用孔口吊梁的办法（桩身混凝土浇灌时拆除）。

⑧混凝土护壁的拆模应在24 h之后进行。塌孔严重部位也可采取不拆模永久留入孔中的措施。

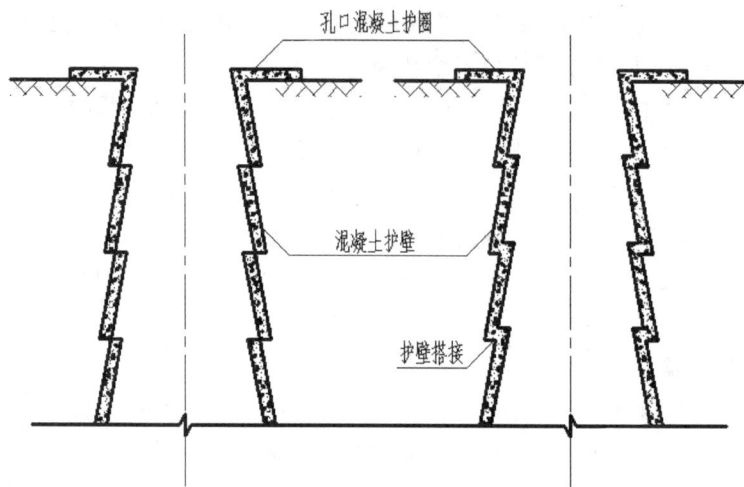

图 3-11　人工挖孔桩混凝土护壁示意

⑨雨季施工，孔口做混凝土护圈，或设排水沟抽排水。

2.质量通病2——护壁孔壁、连接处渗水严重

（1）现象。

桩孔侧壁渗水。

（2）原因分析。

① 地下水丰富，水头压力大。

② 地表回填土松散，对地表水有富集作用。

③ 护壁施工质量差，混凝土强度低，搭接长度不足。

（3）预防措施。

① 在施工前组织有关工程技术人员深入现场，结合施工季节等因素对工程的地理位置、自然环境进行详细的调查了解。

② 对施工期地表水采取截流控制措施，如在轴线外侧砌筑环形截水沟，桩基施工区域内砌筑井字排水沟等，以减小桩孔涌水量。

③ 利用井点法降低地下水位。

④ 对深流沙层和渗水量特别大的地段，采用钢护筒护壁。

⑤ 可在桩身混凝土浇筑前采用防水材料封闭渗漏部位；对于出水量较大的孔可以木楔子打入，周围再用防水材料封闭，或在积水漏水部分嵌入泄水管，装上阀门，在桩孔施工时打开阀门让水流出，浇筑桩身混凝土时再关闭。

3.质量通病3——桩位偏差过大

（1）现象。

桩孔倾斜超过垂直偏差及桩顶位移偏差过大。

（2）原因分析。

① 桩位放得不准，偏差过大，施工中桩位标志丢失或挤压偏离，施工人员随意定位，造成桩位错位较大。

② 开始挖孔时定位圈摆放不准确或测得不准。

③挖孔过程中,施工人员未认真吊线进行挖孔,挖孔直径控制不严;扩底未按要求找中,造成偏差过大。

(3)预防措施。

①应严格按照图纸进行放桩,并进行复检。桩位丢失应放线补桩。轴线桩与桩位桩应用不同颜色区分,不得混淆,以免挖错位置。

②开始挖孔前,要用定位圈(钢筋制作的圆环有刻度十字架)放出挖孔线,或在桩位外设置定位龙门桩,安装护壁模板必须用桩心点校正模板位置,并由专人负责。井圈中心线与设计轴线偏差不得大于20 mm。

③挖孔过程中,应随时用线坠吊放中心线,特别是发现偏差过大时,应立即纠偏。要求每次支护壁模板都要吊线一次(以顶部中心的十字圆环为准)。扩底时,应从孔中心点吊线放扩底中心桩。应均匀环状开挖进尺,每次以向四周进尺100 mm为宜,以防局部开挖过多造成塌壁。

④成孔完毕后,应立即检查验收,并随即吊放钢筋笼,浇筑混凝土,避免晾孔时间过长,造成不必要的塌孔,特别是雨季或有渗水的情况下成孔不宜过夜。

4.质量通病4——桩身混凝土松散、离析

(1)现象。

桩身混凝土出现松散、离析。

(2)原因分析。

①桩底的积水在浇筑桩身混凝土之前没被抽净。

②护壁渗水。

(3)预防措施。

①浇筑桩身混凝土前要确保将孔底水清理彻底,提泵时不要关闭水泵电源,保证提出水泵时,不致使抽水管中残留水又流入桩孔内,防止孔内积水影响混凝土的配合比和密实性。

②如果孔底水量大,确实无法采取抽水的方法解决,桩身混凝土的施工就应当采取水下浇筑施工工艺。

③采取相应措施,控制护壁、孔壁、连接处渗水。

---

【案例3-1】

1.背景

某沿海地区办公楼,建筑层数15层,总高度56 m,采用钢筋混凝土框架结构,软弱土层覆盖较深,基础为端承桩,采用普通钢筋混凝土预制方桩,桩截面ZH250×250,上设承台支承。预制方桩采用柴油锤击打桩工艺。在打桩过程中,发生了下列事件。

事件1:为加快施工进度,桩的混凝土强度达到设计强度的85%时运到场地开始打桩。

事件2:打桩时,为防止锤击过重破坏桩顶,采用较轻的锤,增大落锤高度来沉桩。当桩沉至硬土层时,落锤高度约1.5 m。

事件3:当桩下沉至离地面0.8~1.5 m时,吊上节桩进行硫黄胶泥锚接桩。

事件4：当打桩至第3天时，在打桩过程中发现有一根桩的桩身出现开裂现象。

2.问题

（1）事件1的做法是否妥当，请说明原因。

（2）事件2的做法是否妥当，请说明原因。

（3）混凝土预制桩接桩方法除事件3中所述的采用硫黄胶泥锚接桩外还有哪些方法？硫黄胶泥锚接桩适用于什么条件？

（4）预防打桩过程桩身开裂的措施包括哪些方面？

3.分析

（1）事件1的做法不妥当。桩的混凝土强度达到设计强度的100%时方可运输。

（2）事件2的做法不妥当。打桩的原则是"重锤低击，低提重打"，锤击动能被桩身吸收得少，桩易打入，且桩头不易打碎。当桩沉至硬土层时，落锤高度不宜超过1.0 m。

（3）预制桩接桩方法有焊接法、法兰连接法和硫黄胶泥锚接法。其中硫黄胶泥锚接法只适用于软弱土层。

（4）预防打桩过程桩身开裂的措施。

①施工前，应将旧墙基、条石、大块混凝土等清理干净。必要时可对每个桩位进行试探。对桩身质量要进行检查，发现桩身弯曲超过规定，或桩尖不在桩纵轴线上时，不宜使用。一节桩的长细比不宜过大，一般不超过30。

②在初沉桩过程中，如发现桩不垂直应及时纠正。接桩时要保证上下两节桩在同一轴线上，接头处必须严格按照设计及操作要求执行。

③采用"植桩法"施工时，钻孔的垂直度偏差要严格控制在1%以内。植桩时，桩应顺孔植入，偏斜量较小时宜用移动桩架来校正，以免造成桩身弯曲。

④桩在堆放、起吊、运输过程中，应严格按照有关规定或操作规程执行。施打前，桩（多为穿过硬夹层的端承桩）的强度必须达到设计强度的100%方可施打。

# 任务2　砌筑工程施工质量通病分析与预防措施

## 一、砌筑砂浆

1.质量通病1——砂浆强度不稳定

（1）现象。

砂浆强度的波动性较大，均质性差，其中低强度等级的砂浆特别严重，强度低于设计要求的情况较多。

（2）原因分析。

① 影响砂浆强度的主要因素是计量不准确。对砂浆的配合比，多数工地使用体积比，以铁锹凭经验计量。由于砂子含水率的变化，可能导致砂子体积变化幅度达10%～20%。

② 水泥混合砂浆中无机掺合料（如建筑生白灰、建筑生石灰粉、石灰膏及粉煤灰等）的掺量对砂浆强度影响很大，随着掺量的增加，砂浆和易性越好，但强度会降低，如超过规定用量的1倍，砂浆强度约降低40%。但施工时往往片面追求良好的和易性，无机掺合

料的掺量常常超过规定用量，因而降低了砂浆的强度。

③ 无机掺合料材质不佳，生石灰、生石灰粉熟化时间不够，石灰膏中含有较多的灰渣，或运至现场保管不当，发生结硬、干燥等情况，使砂浆中含有较多的软弱颗粒，降低了强度。

④ 水泥的质量不稳定、安定性不好或强度较低，砂浆搅拌不匀，采用人工拌和或机械搅拌，加料顺序颠倒，无机掺合料未散开，砂浆中含有少量的疙瘩，水泥分布不均匀，影响砂浆的均质性及和易性。

⑤ 在水泥砂浆中掺加砌筑砂浆增塑剂、早强剂、缓凝剂、防冻剂或防水剂等外加剂，外加剂超过规定掺用量，或外加剂质量不好，甚至变质，严重地降低了砂浆的强度。

⑥ 砂浆试块的制作、养护方法和强度取值等不标准，致使测定的砂浆强度缺乏代表性。

（3）预防措施。

① 建立施工计量器具校验、维修、保管制度，以保证计量的准确性。

② 砂浆配合比的确定，应结合现场材质情况进行试配。试配时应准确计量，水泥及外加剂的计量偏差为±2%，砂及粉煤灰、石灰膏等配料的允许误差为±5%。

③ 无机掺合料一般为湿料，计量称重比较困难，而其计量误差对砂浆强度影响很大，故应严格控制。计量时，应以标准稠度（12±5）mm为准，如供应的无机掺合料的稠度小于120 mm，应调成标准稠度，或者进行折算后称重计量，建筑生石灰、建筑生石灰粉熟化为石灰膏的熟化时间不得少于7 d和2 d。

④ 施工中，不得随意增加石灰膏或外加剂的掺量来改善砂浆的和易性。

⑤ 粉煤灰、建筑生石灰、建筑生石灰粉的品质指标应符合现行标准的相关规定。

⑥ 水泥进场后必须按规定对水泥的安定性和强度进行复检，砌筑砂浆应采用机械搅拌，砂浆如掺入有机塑化剂、早强剂、缓凝剂、防冻剂等，应经检验和试配，符合要求后方可使用。有机塑化剂应有砌体强度的型式检验报告。

⑦ 试块的制作、养护和抗压强度取值，应按规定执行。

2．质量通病2——砂浆和易性差，沉底结硬

（1）现象。

① 砂浆和易性不好，砌筑时铺浆和挤浆都较困难，影响灰缝砂浆的饱满度，同时使砂浆与砖的黏结力减弱。

② 砂浆保水性差，容易产生分层、泌水现象。

③ 灰槽中砂浆存放时间过长，最后砂浆沉底结硬，即使加水重新拌和，砂浆强度也会严重降低。

（2）原因分析。

① 强度等级低的水泥砂浆由于采用高强度等级水泥和过细的砂子，砂子颗粒间起润滑作用的胶结材料水泥减少，因而砂子间的摩擦力较大，砂浆和易性较差，砌筑时，压薄灰缝很费劲。而且，由于砂粒之间缺乏足够的胶结材料起悬浮支托作用，砂浆容易产生沉淀和表面泛水现象。

② 水泥混合砂浆中掺入的石灰膏等塑化材料质量差，含有较多灰渣、杂物，或因保存不好产生干燥和污染，不能起到提高砂浆和易性的作用。

③ 砂浆搅拌时间短，拌和不均匀。

④ 拌好的砂浆存放时间过久，或灰槽中的砂浆长时间不清理，使砂浆沉底结硬。

⑤ 拌制的砂浆未在规定时间内用完，而将剩余砂浆捣碎加水拌和后继续使用。

（3）预防措施。

① 低强度等级砂浆应采用水泥混合砂浆，如确有困难，可掺增塑剂或掺水泥用量 5%～10% 的粉煤灰，以达到改善砂浆和易性的目的。

② 现场的石灰膏、黏土膏等，应在池中妥善保管，防止暴晒、风干结硬，并经常浇水保持湿润。

③ 宜采用强度等级较低的水泥和中砂拌制砂浆。应严格执行施工配合比，并保证搅拌时间充足。

④ 灰槽中的砂浆，使用中应经常用铲翻拌、清底，并将灰槽内角边处的砂浆刮净，堆于一侧继续使用，或与新拌砂浆混在一起使用。

⑤ 现场拌制的砂浆应随伴随用，拌制的砂浆应在拌后 3 h 内用完；当施工期间最高气温超过 30°时，应在 2 h 内用完。预拌砂浆及蒸压加气混凝土砌块专用砂浆的使用时间按照厂方提供的说明书中的规定。

## 二、砖砌体工程

### 1. 质量通病 1——砖砌体组砌混乱

（1）现象。

混水墙面组砌方法混乱，出现直缝和"二层皮"，砖柱采用先砌四周后填心的包心砌法，里外皮砖层互不相咬，形成周圈通天缝，降低了砌体强度和整体性；砖规格尺寸误差对清水墙面影响较大，如组砌形式不当，导致竖缝宽窄不均，影响美观。

（2）原因分析。

① 因混水墙面要抹灰，操作人员容易忽视组砌形式，或者操作人员缺乏砌筑基本技能，因此，出现了多层砖的直缝和"二层皮"现象。

② 砌筑砖柱需要大量的七分砖来满足内外砖层错缝的要求，如图 3-12 所示，因打制七分砖会增加工作量，影响砌筑效率，而且砖损耗很大，故在操作人员思想不够重视，又缺乏严格检查的情况下，砖柱习惯采用如图 3-13 所示的包心砌法。

（3）预防措施。

① 砖墙组砌总的质量要求是：横平竖直、上下错缝、砂浆饱满、内外搭砌、接槎正确。应使操作者了解砖墙组砌形式不单是为了清水墙美观，同时也是为了使墙体具有较好的受力性能。因此，墙体中砖缝搭接不得少于 1/4 砖长；内外皮砖层最多隔 200 mm 就应有一层丁砖拉结。烧结普通砖采用一顺一丁、梅花丁或三顺一丁砌法，多孔砖采用一顺一丁或梅花丁砌法均可满足这一要求。

② 加强对操作人员的技能培训和考核，达不到技能要求者，不能上岗操作。

③ 砖柱的组砌方法，应根据砖柱断面尺寸和实际使用情况统一考虑，但不允许采用包心砌法。

④ 砌筑砖柱所需的异形尺寸砖，宜采用无齿锯切割，或在砖厂生产。

⑤ 砖柱横竖向灰缝的砂浆都必须饱满，砖柱水平和竖向灰缝饱满度均不得低于 90%。每砌完一皮砖，都要进行一次竖缝刮浆塞缝工作，以提高砌体强度。

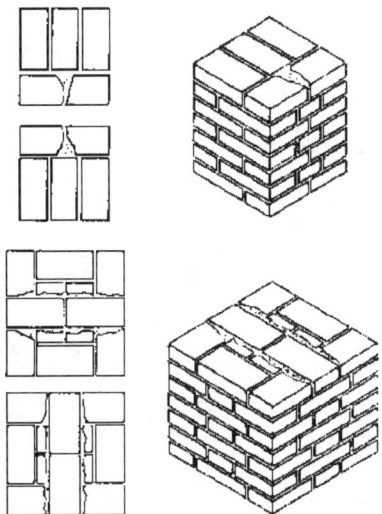

图 3-12 七分砖在柱中情况

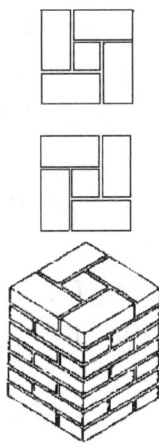

图 3-13 三七砖柱包心砌法

2. 质量通病 2——砖缝砂浆不饱满、砂浆与砖黏结不良

（1）现象。

砖砌体水平灰缝砂浆饱满度低于 80%；竖缝出现透明缝、假缝和瞎缝；砌筑清水墙采取大缩口铺砌，缩口缝深度甚至达 20 mm 以上，影响砂浆饱满度。砖在砌筑前未浇水湿润，干砖上墙，或铺灰长度过长，致使砂浆与砖黏结不良。

（2）原因分析。

① 低强度等级的砂浆，如使用水泥砂浆，因水泥砂浆和易性差，砌筑时挤浆费劲，操作者用大铲或瓦刀铺刮砂浆后，使底灰产生空穴，砂浆不饱满。

② 用干砖砌墙，使砂浆早期脱水而降低强度，且与砖的黏结力下降，而干砖表面的粉屑又起隔离作用，减弱了砖与砂浆层的黏结性。

③ 用铺浆法砌筑，有时因铺浆过长，砌筑速度跟不上，砂浆中的水分被底砖吸收，使砌上的砖层与砂浆失去黏结性。

④ 砌清水墙时，为了省去刮缝工序，采取了大缩口的铺灰方法，使砌体砖缝缩口深度达 20 mm 以上，既降低了砂浆饱满度，又增加了勾缝工作量。

⑤ 砌筑混凝土多孔砖、混凝土实心砖、蒸压灰砂砖、蒸压粉煤灰砖等块体的产品龄期不应小于 28 d。

（3）预防措施。

① 改善砂浆和易性是确保灰缝砂浆饱满度和提高黏结强度的关键。在满足强度要求的前提下，宜采用水泥混合砂浆，更能提高砌筑质量。如确有困难，可掺增塑剂或掺水泥用量 5%～10% 的粉煤灰，以达到改善砂浆和易性的目的。普通砖砌体水平灰缝饱满度不低于 80%，竖缝不能出现透明缝、假缝和瞎缝，灰缝厚度宜为 10 mm，不得小于 8 mm，也不应大于 12 mm。

② 改进砌筑方法。不宜采取铺浆法或摆砖砌筑，应推广"三一砌砖法"，即使用大铲、一块砖、一铲灰、一挤揉的砌筑方法。

③ 当采用铺浆法砌筑时，必须控制铺浆的长度，一般气温情况下不得超过 750 mm，

当施工期间气温超过 30 ℃时，不得超过 500 mm。

④ 严禁用干砖砌墙。砌筑前 1～2 d 应将砖浇湿，使砌筑时烧结普通砖和多孔砖的含水率达到 10%～15%；灰砂砖和粉煤灰砖的含水率达到 8%～12%。

⑤ 冬季施工时，在正温度条件下也应将砖面适当湿润后再砌筑。负温下施工无法浇砖时，应适当增加砂浆的稠度；对于 9 度抗震设防地区，在冬季无法浇砖情况下，不能进行砌筑。

**3. 质量通病 3——清水墙面游丁走缝**

（1）现象。

大面积的清水墙面常出现丁砖竖缝歪斜、宽窄不匀、丁不压中（丁砖在下层顺砖上不居中），清水墙窗台部位与窗间墙部位的上下竖缝发生错位，直接影响到清水墙面的美观。

（2）原因分析。

① 砖的长、宽尺寸误差较大，如砖的长为正偏差，宽为负偏差，砌一顺一丁时，竖缝宽度不易掌握，稍不注意就会产生游丁走缝。

② 开始砌墙摆砖时，未考虑窗口位置对砖竖缝的影响，当砌至窗台处分窗尺寸时，窗的边线不在竖缝位置，使窗间墙的竖缝上下错位。

③ 里脚手砌外清水墙，未检查外墙面的竖缝垂直度。

（2）预防措施。

①砌筑清水墙，应选取边角整齐、色泽均匀的砖。

②砌清水墙前应进行统一摆底，并先对现场砖的尺寸进行实测，以便确定组砌方法和调整竖缝宽度。

③摆底时应将窗门位置引出，使砖的竖缝尽量与窗口边线相齐，如安排不开，可适当移动窗口位置（一般不大于 20 mm）。当窗口宽度不符合砖的模数时，应将七分头砖留在窗口下部的中央，以保持窗间墙处上下竖缝不错位，如图 3-14 所示。

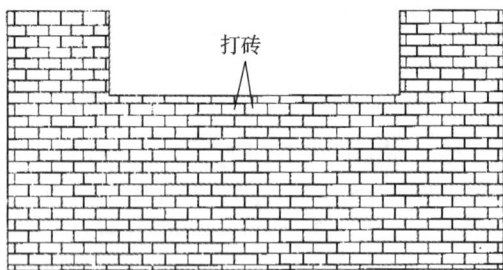

**图 3-14  窗间墙上下竖缝不错位情况**

④游丁走缝主要是丁砖游动引起的，因此在砌筑时，必须强调丁压中，即丁砖的中线与下层顺砖的中线重合。

⑤在砌大面积清水墙（如山墙）时，在开始砌的几层砖中，沿墙角 1 m 处挂线坠吊一次竖缝的垂直度，至少保持一步架高有准确的垂直度。

⑥沿墙面每隔一定间距，在竖缝处弹墨线，墨线用经纬仪或线坠引测。当砌至一定高度（一步架或一层墙）后，将墨线向上引伸，以作为控制游丁走缝的基准。

⑦采用里脚手架时，应经常探身查看外墙面的竖缝垂直度。

4.质量通病4——出现"螺丝"墙

（1）现象。

砌完一个层高的墙体时，同一砖层的标高差一皮砖的厚度，不能交圈。

（2）原因分析。

砌筑时，没有按皮数杆控制砖的层数。每当砌至基础顶面或混凝土楼板上接砌砖墙时，由于标高偏差大，皮数杆往往不能与砖层吻合，需要在砌筑中用灰缝厚度逐步调整。

（3）预防措施。

① 砌墙前应先测定所砌部位基面标高误差，通过调整灰缝厚度，调整墙体标高，每次在基础顶面或楼板上接砌时，应重新抄平，采用灰缝调整好水平标高。

② 调整同一墙面标高误差时，可采取提（或压）缝的办法，砌筑时应注意灰缝均匀，标高误差应分配在一步架的各层砖缝中，逐层调整。

③ 挂线两端应相互呼应，注意同一条水平线所砌砖的层数是否与皮数杆上的砖层数相符。

④ 当砌至一定高度时，可检查与相邻墙体水平线的平行度，以便及时发现标高误差。

⑤ 在墙体一步架砌完前，应进行抄平、弹半米线，用半米线向上引尺检查标高误差，墙体基面的标高误差应在一步架内调整完毕。

5.质量通病5——墙体留槎形式不符合规定，接槎不严

（1）现象。

砌筑时不按规范执行，随意留直槎，且大多留置阴槎，槎口部位用砖碴填砌，留槎部位接槎砂浆不饱满，灰缝不顺直，使墙体拉结性能严重削弱。

（2）原因分析。

① 操作人员对留槎形式与抗震性能的关系缺乏认识，习惯于留直槎；有时由于施工操作不便，如外脚手砌墙，横墙留斜槎较困难而留置直槎。

② 施工组织不当，造成留槎过多。留直槎时，漏放拉结筋，或拉结筋长度、间距未按规定执行；拉结筋部位的砂浆不饱满，使钢筋锈蚀。

③ 后砌120 mm厚隔墙留置的阳槎（马牙槎）不正不直，接槎时由于咬槎深度较大（砌十字缝时咬槎深120 mm），使接槎砖上部灰缝不易塞严。

④ 斜槎留置方法不统一，留置大斜槎工作量大，斜横灰缝平直度难以控制，造成接槎部位灰缝不顺。

⑤ 施工洞口随意留设，运料小车将混凝土、砂浆撒落到洞口留槎部位，影响接槎质量。

（3）预防措施。

①在安排施工组织计划时，对施工留槎应作统一考虑。外墙大角尽量做到同步砌筑不留槎，或一步架留槎，二步架改为同步砌筑，以加强墙角的整体性。纵横墙交接处，有条件时尽量安排同步砌筑，如外脚手砌纵墙、横墙可以同步砌筑，工作面互不干扰。这样可尽量减少留槎部位，有利于保持房屋的整体性。

②砖砌体的转角处和交接处应同时砌筑，严禁无可靠措施的内外墙分砌施工。在抗震设防烈度为8度及8度以上地区，对不能同时砌筑而又必须留槎的临时间断处应砌成斜槎。普通砖砌体斜槎水平投影长度不应小于高度的2/3，多孔砖砌体的斜槎长高比不应小于1/2。

斜槎留砌法如图 3-15 所示。

③应注意接槎的质量。首先应将接槎处清理干净，然后浇水湿润，接槎时，槎面要填实砂浆，并保持灰缝平直。

④非抗震设防及抗震设防烈度为 6 度、7 度地区，当临时间断处不能留斜槎时，除转角处外，可留直槎，如图 3-16 所示。但直槎必须做成凸槎，且应加设拉结钢筋，拉结钢筋应符合下列规定。

a. 每 120 mm 墙厚放置 1 $\phi$6 拉结钢筋（当墙只有 120 mm 厚时应放置 2 $\phi$6 拉结钢筋）。

b. 间距沿墙高不应超过 500 mm，且竖向间距偏差不应超过 100 mm。

c. 埋入长度从留槎处算起每边均不应小于 500 mm，对抗震设防烈度为 6 度、7 度的地区，不应小于 1000 mm。

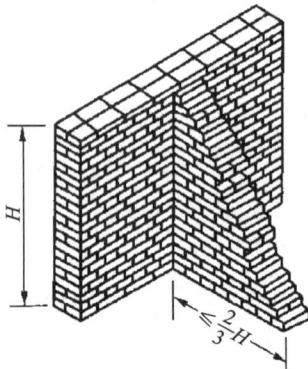

d. 钢筋末端应有 90°弯钩。

图 3-15　斜槎留砌法

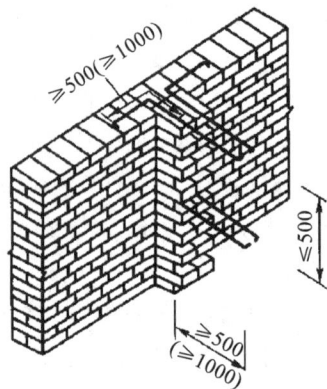

图 3-16　直槎处拉结筋示意图

（注：若未做特殊说明，图中尺寸单位均为 mm）

⑤外清水墙施工洞口（人货电梯、井架上料口）留槎部位，应加以保护和覆盖，防止运料小车碰撞槎子和撒落混凝土、砂浆造成污染。

## 三、混凝土小型空心砌块砌体工程

### 1. 质量通病 1——砌体强度低

（1）现象。

墙体抗压强度偏低，出现墙体局部压碎或断裂，造成结构破坏。

（2）原因分析。

① 小砌块强度偏低，不符合设计要求；小砌块断裂、缺棱掉角。

② 砂浆及原材料质量差，如石灰膏中有生石灰块、水泥安定性不合格、砂子偏细或含泥量过多等，都会影响砂浆的强度，造成砂浆强度低于设计强度。

③ 小砌块排列不合理，组砌混乱。上下皮砌块没有对孔错缝搭接，纵横墙没有交错搭砌；与其他墙体材料混砌，造成砌体整体性差，降低了砌体的承载能力。

④ 由于操作工艺不合理，如铺灰面过大，砂浆失去塑性，造成水平灰缝不密实；竖缝没有采用加浆法砌筑，竖缝砂浆不饱满，影响砌体强度。

⑤ 小砌块砌体不能满足砌体截面受压要求，特别是梁端支承处砌体局部受压，在集

中荷载作用下，砌体的局部受压强度不能满足承载力的要求。

⑥墙体上随意留洞和打凿，由于小砌块壁肋较薄，必然严重削弱墙体受力的有效面积，并增大偏心距，影响墙体的承载能力。

⑦芯柱混凝土在砌体抗压强度中起主导作用，但芯柱混凝土质量差，也直接影响砌体的抗压强度。

⑧冬季施工未采取防冻等措施，砌体在未达到一定强度时受冻而影响强度。

（3）预防措施。

①认真做好小砌块、水泥、石子、砂、石灰膏和外掺剂等原材料的质量检验；在砌筑过程中，外观和尺寸不合格的小砌块要剔除，使用在主要受力部位的小砌块要经过挑选。

②砂浆配合比应用重量比控制，做到盘盘称量；砂浆要采用机械搅拌，并且要搅拌均匀，随拌随用，在初凝前用完。砂浆出现泌水现象时，要在砌筑前再次拌和。砌筑砂浆应在拌成后 3 h 内用完；当最高气温超过 30 ℃时，应在 2 h 内用完。严禁使用隔夜砂浆（预拌砂浆除外）。砂浆除应满足强度要求外，还应有良好的和易性，坍落度宜为 50～70 mm。

③小砌块一般应优先采用集装箱或集装托板装车运输；要求装车均匀、平整，防止运输过程中小砌块相互碰撞而损坏。小砌块到工地后，不允许翻斗倾卸和任意抛掷，避免造成小砌块缺棱掉角和产生裂缝。现场堆放场地应平整、坚实，并有排水措施。小砌块堆置高度不宜超过 1.6 m，装卸时，不得用翻斗车或随意抛掷。

④砌墙前应根据小砌块尺寸和灰缝厚度设计好砌块排列图和皮数杆。砌筑皮数、灰缝厚度、标高应与该工程的皮数杆相应标志一致。皮数杆应竖立在墙的转角和交接处，间距宜小于 1.5 m。建筑尺寸与砌块模数不符需要镶砌时，应采用与砌块强度等级相同的混凝土块，不可与其他墙体材料混砌，也不可用断裂砌块。

⑤小砌块应将生产时的底面朝上砌筑（即反砌）；正常情况下，小砌块的每日砌筑高度宜控制在 1.4 m 或一步脚手架高度内。砌筑小砌块时砂浆应随铺随砌，砌体灰缝应横平竖直，水平灰缝宜用坐浆法铺满小砌块全部壁肋或多排孔小砌块的底面；竖向灰缝应采取满铺端面法，即将小砌块端面朝上铺满砂浆再上墙挤紧，然后加浆捣实。小型砌块砌体水平灰缝和竖向灰缝的砂浆饱满度按净面积计算不得低于 90%；水平灰缝宽 10 mm 为宜，但不应小于 8 mm，也不应大于 12 mm，同时不得出现瞎缝、透明缝。

⑥试验证明，错孔砌筑的小砌块强度要比对孔砌筑时降低 20%。故使用单排孔小砌块时，上下皮小砌块应孔对孔、肋对肋错缝搭接，即搭接长度应为块体长度的 1/2；使用多排孔小砌块时也应错缝搭接，搭接长度不宜小于小砌块长度的 1/3 且不应小于 90 mm。个别部位墙体达不到上述要求时，应在灰缝设置拉接筋或焊接网片。钢筋和网片两端距离垂直缝不小于 400 mm，但竖向通缝仍不能超过二皮小砌块。

⑦190 mm 厚度的小砌块内外墙和纵横墙要同时砌筑并相互搭接。临时间断处应设置在门窗洞口处或砌成阶梯形斜槎，斜槎水平投影长度不应小于斜槎高度（严禁留直槎）。接槎时，必须将接槎处表面清理干净，填实砂浆，保持灰缝平直。施工洞口可预留直槎，但在洞口砌筑和补砌时，应在直槎下搭砌的小砌块内用强度等级不低于 C20（或 C20 b）的混凝土灌实，如图 3-17 所示。

⑧ 小砌块墙与砌隔墙交界处，应沿墙高每 400 mm 在水平灰缝内设置不少于 2 $\phi$ 4、横距不大于 200 mm 的焊接钢筋网片，如图 3-18 所示。

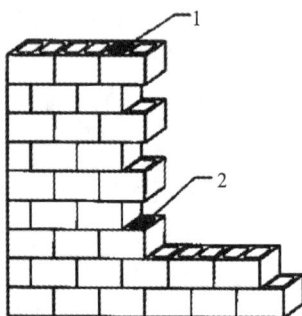

图3-17 施工临时洞口直槎砌筑示意图

1—先砌洞口灌孔混凝土（随砌随灌）；

2—后砌洞口灌孔混凝土（随砌随灌）

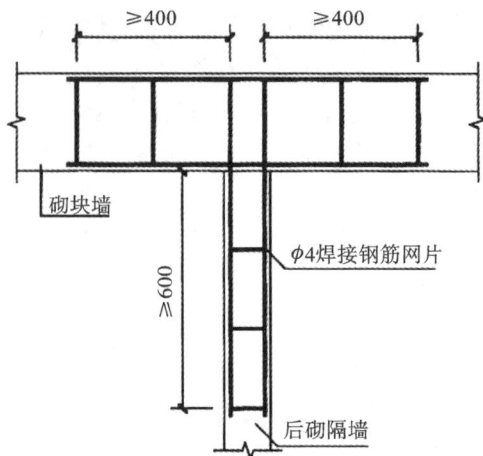

图3-18 砌块墙与后砌墙交接处钢筋网片

⑨砌体受集中荷载处应加强。在砌体受局部压力或集中荷载（例如梁端支承处）作用时，应根据设计要求用与小砌块强度等级相同的混凝土（不低于C20）填实一定范围内的砌块孔洞。如设计无规定，在墙体的下列部位，应采用C20混凝土灌实砌体的孔洞：底层室内地面以下或防潮层以下的砌体；无圈梁的檩条和钢筋混凝土楼板支承面下的一皮砌块；未设置混凝土垫块的屋架、梁等构件支承面。灌实宽度不应小于600 mm，高度不应小于600 mm；挑梁支承面下，其支承部位的内外墙交接处，纵横各灌实3个孔洞，灌实高度不小于3皮砌块。

⑩预留洞应在砌筑时预先留置，并在洞周围采取加强措施。照明、电信、闭路电视等线路水平管线宜埋置于专供水平管用的实心带凹槽小砌块内，也可敷设在圈梁或现浇混凝土楼板内；垂直管设置于小砌块孔洞内，施工时可采用先立管后砌墙，此部位砌块采取套砌法，也可采用先砌墙后插管的方法。接线盒和开关盒可嵌埋在预砌U形小砌块内，然后用水泥砂浆填实。冷、热水水平管可采用实心带凹槽的小砌块进行敷设。立管宜安装在E字形小砌块中的一个开口砌孔洞中。待管道试水合格后，采用C20混凝土封闭或用1∶2水泥砂浆嵌平并覆盖铅丝网。卫生间设备固定点砌块灌孔示例见图3-19。

⑪混凝土砌块房屋纵横墙交接处，距墙中心线每边不小于300 mm范围内的孔洞，应采用强度等级不低于C20 b的混凝土灌实，灌实高度应为墙身全高。

⑫小砌块墙体砌筑应采用双排脚手架或里脚手架进行施工，严禁在砌筑的墙体上设脚手孔洞。

⑬木门窗框与小砌块墙体两侧连接处的上、中、下部位应砌入埋有沥青木砖的小砌块（190 mm×190 mm×190 mm）或实心小砌块或预制混凝土块，并用铁钉、射钉或膨胀螺栓固定。门窗洞口两侧的小砌块孔洞灌填C20混凝土后，其门窗与墙体的连接方法可按实心混凝土墙体施工。

⑭冬季施工不得使用水浸后受冻的小砌块，并且不得采用冻结法施工，不得使用受冻的砂浆。每日砌筑后，应使用保温材料覆盖新砌的砌体。解冻期间应对砌体进行观察，发现异常现象，应及时采取措施。

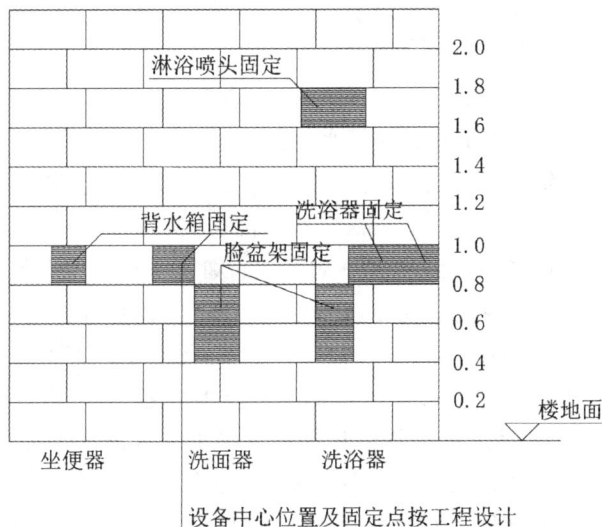

**图 3-19　卫生间设备固定点砌块灌孔示例**

**2. 质量通病 2——混凝土芯柱质量差**

（1）现象。

混凝土芯柱出现缺陷，如空洞、缩颈、不密实，或与小砌块黏结得不好；芯柱钢筋位移，搭接长度不够，或绑扎不牢；芯柱上下不贯通。芯柱质量差影响砌体的整体性，使砌体容易产生裂缝。又因小砌块建筑主要由砌体的水平灰缝抗剪强度和现浇混凝土芯柱的横截面抗剪强度共同承担地震水平剪力，因此混凝土芯柱质量也影响建筑物的抗震能力。

（2）原因分析。

① 小砌块砌筑时，底皮砌块未留清扫孔，造成芯柱内的垃圾无法清理；或虽有清扫孔，但未能认真做好清扫工作，导致芯柱施工缝处出现灰渣层；或虽清理干净但未用水泥砂浆接合，施工缝处出现蜂窝。这些都使芯柱出现薄弱部位，影响芯柱的整体性。

② 芯柱断面尺寸很小，一般只有 125 mm×135 mm，如果芯柱混凝土的材料和级配选择不当（如石子过大，坍落度过小），浇捣困难，很容易出现空洞和不密实现象。

③ 混凝土浇筑未严格按照分皮浇筑的原则，而是灌满一层再振捣，或采用人工振捣的方式，这样容易引起混凝土不密实和与小砌块黏结不良的现象。

④ 芯柱部位小砌块底部毛边没有清理或砌筑时多余砂浆未及时清理，这样会出现芯柱缩颈现象。

⑤ 施工过程中未及时校正芯柱钢筋位置，导致钢筋偏位；钢筋加工长度不符合要求，芯柱钢筋搭接长度达不到要求；底皮小砌块清扫孔过小或排列不合理，影响钢筋绑扎，部分钢筋未绑扎或绑扎不牢。

⑥ 在抗震地区施工漏放芯柱与墙体拉结的钢筋网片，影响芯柱与墙体共同受力。

⑦ 楼盖使用预制楼板时，预制楼板芯柱部位未留缺口，导致芯柱无法贯通。

（3）预防措施。

① 每层每根芯柱柱脚应采用竖砌双孔 E 形、单孔 U 形或 L 形小砌块留设清扫口。

② 每层墙体砌筑到要求标高后，应及时清扫芯柱孔洞内壁及芯柱孔道内掉落的砂浆等杂物。

③芯柱混凝土应选用小砌块灌孔混凝土。浇筑芯柱混凝土应符合以下规定。

a.每次连续浇筑的高度宜为半个楼层,但不宜大于1.8 m。

b.浇筑芯柱混凝土时,砌筑砂浆强度应大于1 MPa。

c.清除孔内掉落的砂浆等杂物,并用水冲淋孔壁。

d.浇筑芯柱混凝土前,应先注入适量与芯柱混凝土成分相同的去石水泥砂浆。

e.每浇筑400~500 mm高度捣实一次,或边浇边捣实。

④浇灌芯柱混凝土宜采用坍落度70~80 mm的细石混凝土,当采用泵送时,坍落度宜为140~160 mm,以便于混凝土浇捣密实,不易出现空洞和蜂窝麻面。芯柱混凝土必须按连续浇灌、分层(300~500 mm高度)捣实的原则进行操作,直到离该芯柱最上一皮小砌块顶面50 mm为止,不得留有施工缝。振捣时宜选用微型插入式振动棒振捣。

⑤有些现浇圈梁的工程,虽然芯柱和圈梁混凝土一次浇筑整体性好,但因有圈梁钢筋,浇捣芯柱混凝土较困难,故宜采用芯柱和圈梁分开浇筑。可采取芯柱混凝土浇筑到低于顶皮砌块表面30~50 mm处,使每层圈梁与每根芯柱交接处均形成凹凸形暗键,以增加圈梁和芯柱的整体性,加强房屋的抗震能力。

⑥砌筑前,芯柱部位所用的小砌块孔洞底的毛边要清除。砌筑时,应砌好一皮后用棍或其他工具在芯柱孔内搅动一圈,使孔内多余砂浆脱落,保证芯柱的断面尺寸。

⑦钢筋接头至少应绑扎2点,上部要采取固定措施,芯柱混凝土浇筑好后,要及时校正钢筋。

⑧房屋墙体交接处或芯柱与端体连接处应设置拉结钢筋网,网片可采用直径4 mm的钢筋点焊,沿墙高间距不大于600 mm,并应沿墙体水平通长设置。6、7度抗震设防时底部1/3楼层,8度抗震设防时底部1/2楼层,9度抗震设防时全部楼层,上述部位的拉结钢筋网片沿墙高间距不大于400 mm。

3.质量通病3——墙体产生裂缝,整体性差

(1)现象。

小砌块墙体产生各种裂缝,如水平裂缝、竖向裂缝、阶梯形裂缝和砌块周边裂缝。一般情况下,在顶部内外纵墙及内横墙端部出现正八字裂缝;窗台左右角部位和梁下部局部受压部位出现裂缝,裂缝主要沿灰缝开展;在顶层屋面板底、圈梁底出现水平裂缝。这些裂缝影响建筑物的整体性,对抗震不利,影响建筑物的美观,严重时墙面会出现渗水现象。

(2)原因分析。

① 小砌块的块体比黏土砖大,相应灰缝少,故砌体的抗剪强度低,只有砖砌体的40%~50%,仅为0.23 MPa;另外竖缝仅19 cm高,砂浆难以嵌填饱满,如果砌筑中不注意操作质量,抗剪强度还会降低。

② 小砌块表面沾有黏土、浮灰等污物,砌筑前没有清理干净,在砂浆和小砌块之间形成隔离层,影响小砌块砌体的抗剪强度。

③ 混凝土小砌块收缩率在0.35~0.5 mm/m之间,比黏土砖的温度线膨胀系数大60倍以上。混凝土收缩一般需要180 d后才趋于稳定,养护28 d的混凝土仅完成收缩的60%,其余的收缩将在28 d后完成。因此,采用没有适当存放期的小砌块砌筑,小砌块将继续收缩,如果遇砌筑砂浆强度不足、黏结力差或某部位灰缝不饱满,此时收缩应力大于砌体的抗拉和抗剪强度,小砌块墙体就必然产生裂缝。

④ 小砌块在现场淋雨后，没有充分干燥，含水率高，砌到墙体上以后，小砌块会在墙体中继续失水而再次产生干缩，收缩值为第一次干缩值的80％左右。因此，施工中用雨水淋湿的小砌块砌筑墙体容易沿砌块周边灰缝出现细小裂缝。

⑤ 室内与室外、屋面与墙体存在温度差，小砌块墙体因温度差变形而引起裂缝。屋面的热胀冷缩对砌体产生很大的推力，造成房屋端部墙体开裂。另外，顶层内外纵墙及内横墙端部产生正八字斜裂缝，还有，屋面板与圈梁之间、圈梁与梁底砌体之间，在温度作用下出现水平剪切，也会出现水平裂缝。

⑥ 小砌块建筑因块体大，灰缝较少，对地基不均匀沉降特别敏感，容易产生墙体裂缝。建筑物的不均匀沉降会引起砌体结构内的附加应力，从而产生剪拉斜裂缝或垂直弯曲裂缝。另外，因窗间墙在荷载作用下沉降较大，而窗台墙荷载较轻，沉降较小，这样在房屋的底层窗台墙中部会出现上宽下窄的垂直裂缝。

⑦ 小砌块排列不合理，在窗口的竖向灰缝正对窗角，裂缝容易从窗角处的灰缝向外延伸。

⑧ 砂浆质量差造成小砌块间黏结不良；砂浆中有较大的石子，造成灰缝不密实；砌筑时铺灰长度太长，砂浆失水，影响黏结性；小砌块就位校正后，又受到碰撞、撬动等，影响砂浆与小砌块的黏结。由于上述种种原因，造成小砌块之间黏结得不好，甚至在灰缝中形成初期裂缝。

⑨ 圈梁施工没有做好垃圾清理和浇水湿润，使混凝土圈梁与墙体不能形成整体，失去圈梁的作用。

⑩ 楼板安装前，没有做好墙顶或圈梁顶清理、浇水湿润、找平以及安装时的坐浆等工作，在温度应力作用下，容易在墙顶面或圈梁顶面产生水平裂缝。

（3）预防措施。

① 配制砌筑砂浆的原材料必须符合质量要求。做好砂浆配合比设计，砂浆应具有良好的和易性和保水性，故宜采用混合砂浆，避免因砂浆干缩而引起裂缝。

② 控制小砌块的含水率，改善砌块生产工艺，采用干硬性混凝土，减小水灰比；在混凝土配合比中多用粗骨料；小砌块生产中要振捣密实；生产后用蒸汽养护，小砌块在出厂时含水率控制在45％以内。

③ 铺灰长度、灰缝厚度和砂浆饱满度符合要求。

④ 小砌块进场不宜贴地堆放，底部应架空垫高，雨天上部应遮盖。

⑤ 为了减少小砌块在砌体中收缩而引起的周边裂缝，小砌块应在厂内至少存放28 d后再送往现场，有条件的最好存放40 d，使小砌块基本稳定后再上墙砌筑。

⑥ 小砌块吸水率很小，吸水速度缓慢，砌筑前不宜浇水；在天气特别炎热干燥时，砂浆铺摊后会失水过快，影响砌筑砂浆和小砌块的黏结性，故在砌筑前要稍喷水湿润。

⑦ 选择合理的小砌块强度等级和砂浆强度等级，使之互相匹配，充分发挥小砌块的作用。当采用强度等级低的砂浆砌筑时，在砌体受压时，砌体的变形主要发生在砂浆中，小砌块发挥不了作用，故应适当提高砂浆强度等级。

⑧ 不在墙体上随意留洞和凿槽。

⑨ 为减少材料收缩、温度变化等因素引起建筑物伸缩而出现裂缝的情况，必须按规定设置伸缩缝。

⑩ 在外墙转角、楼梯间四角的纵横交接墙交接处的3个孔洞，宜设置混凝土芯柱；5层及5层以上的房屋也应在上述部位设置钢筋混凝土芯柱。

## 四、填充墙砌体工程

填充墙砌体工程的质量通病为填充墙与混凝土柱、梁、墙连接不够牢靠。

（1）现象。

填充墙与柱、梁、墙连接处出现裂缝，严重的甚至在受冲撞时倒塌。

（2）原因分析。

① 砌填充墙时未将拉结筋调直或未放在灰缝中，影响钢筋的拉结能力。

② 混凝土柱、墙、梁未按规定预埋拉结筋，或偏位、规格不符。

③ 钢筋混凝土梁、板与填充墙之间未楔紧，或没有用砂浆嵌填密实。

（3）预防措施。

①砌筑填充墙时，轻骨料混凝土小型空心砌块和蒸压加气混凝土砌块的产品龄期不应小于28 d，蒸压加气混凝土砌块的含水率宜小于30%。采用普通砌筑砂浆砌筑填充墙时，烧结空心砖、吸水率较大的轻骨料混凝土小型空心砌块应提前1~2 d浇（喷）水湿润。蒸压加气混凝土砌块采用蒸压加气混凝土砌块砌筑砂浆或普通砌筑砂浆砌筑时，应在砌筑当天对砌块砌筑面喷水湿润。蒸压加气混凝土砌块、轻骨料混凝土小型空心砌块不应与其他块体混砌，不同强度等级的同类块体也不得混砌。

②填充墙砌至拉结筋部位时，将拉结筋调直，平铺在墙身上，然后铺灰砌墙；严禁将拉结筋折断或未进入墙体灰缝中。

③填充墙与混凝土柱、墙、梁可采用不脱开或脱开两种连接方式。当填充墙采用与框架柱、梁不脱开的方式连接时，填充墙两侧与框架柱的连接构造做法如图3-20（a）所示，填充墙顶部与框架梁、板的连接构造做法如图3-20（b）所示。其具体构造措施如下。

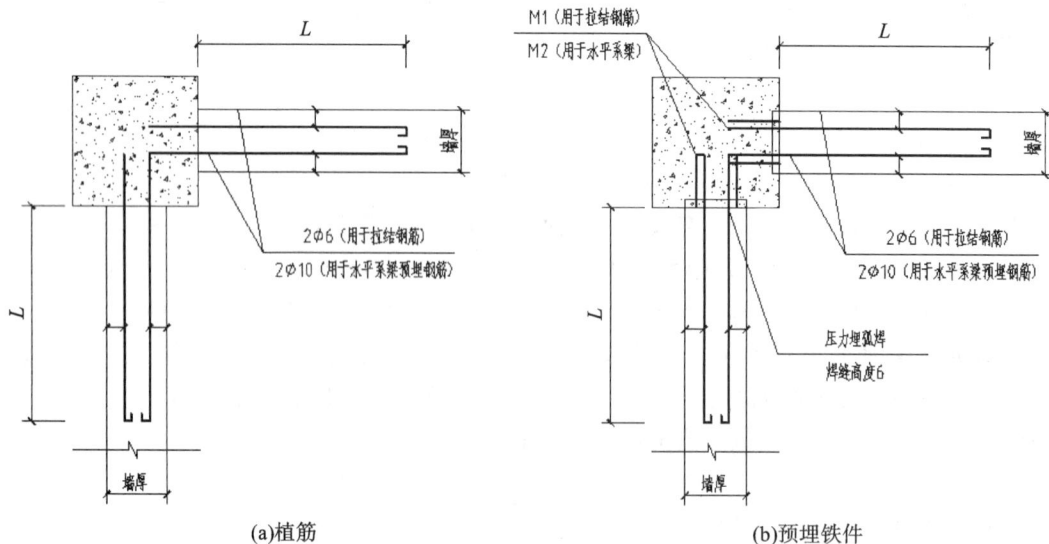

(a)植筋                    (b)预埋铁件

**图3-20　填充墙两侧与框架柱不脱开时的构造做法**

a.沿柱高每隔500 mm宜配置2$\phi$6拉结钢筋（墙厚大于240 mm时，配置3$\phi$6）。拉结钢筋伸入墙内长度$L$：非抗震设计时不应小于700 mm，抗震设防烈度为6、7度时宜沿墙全长贯通，抗震设防烈度为8、9度时应全长贯通。拉结钢筋及预埋件应锚入墙、柱竖向钢筋内侧。如果采用后植筋，钢筋的抗拔力不小于60 kN。

b.填充墙砌完后，砌体还会有一定的变形，因此要求填充墙砌到梁、板底时留一定的空隙，在抹灰以前再用侧砖、立砖或预制混凝土块斜砌挤紧，其倾斜度为60°左右，砌筑砂浆要饱满。但填充墙与主体结构之间的空（缝）隙部位施工，应在填充墙砌筑14 d后进行。

c.当填充墙长度超过5 m或墙长大于2倍层高时，墙顶与梁宜有拉结措施，中间应加设构造柱；墙高超过4 m时，宜在墙高中部设置与柱连接的水平系梁；墙高超过6 m时，宜沿墙高每2 m设置与柱连接的水平系梁，梁的截面高度不小于60 mm。有抗震设防要求，且墙长超过8 m或层高的2倍时，宜设置钢筋混凝土构造柱；墙高超过4 m时，墙体半高宜设置与柱连接且沿墙全长贯通的钢筋混凝土水平系梁。

d.当填充墙有洞口时，宜在窗洞口的上端或下端、门洞口的上端设置钢筋混凝土带，与过梁的混凝土同时浇筑，钢筋混凝土带的混凝土强度等级不小于C20。当有洞口的填充墙尽端至门窗洞口的边距离小于240 mm时，宜采用钢筋混凝土门框。

④当采用填充墙与框架柱、梁脱开连接方式时，其连接构造如图3-21所示。其具体构造要求如下。

a.填充墙两端与框架柱、填充墙顶部和框架梁宜留出不小于20 mm的间隙，可采用聚苯乙烯泡沫塑料板条或聚氨酯发泡充填，并用硅酮胶或其他弹性密封材料封缝。

b.填充墙端部应设置构造柱，柱间距宜不大于20倍的墙厚且不大于4 m，柱宽度不小于100 mm。柱顶与框架梁（板）应保留不小于15 mm的缝隙，并用硅酮胶或其他弹性密封材料封缝。当填充墙有宽度大于2100 mm的洞口时，洞口两侧应加设宽度不小于50 mm的单筋混凝土柱。

c.填充墙两端宜卡入设在梁、板底及侧柱的卡口铁件内，墙侧卡口板的竖向间距不宜大于500 mm，墙顶卡口板的水平间距不宜大于1500 mm。

d.墙体高度超过4 m时宜在墙高中部设置与柱连通的水平系梁。水平系梁的截面高度不小于60 mm，填充墙高不宜大于6 m。

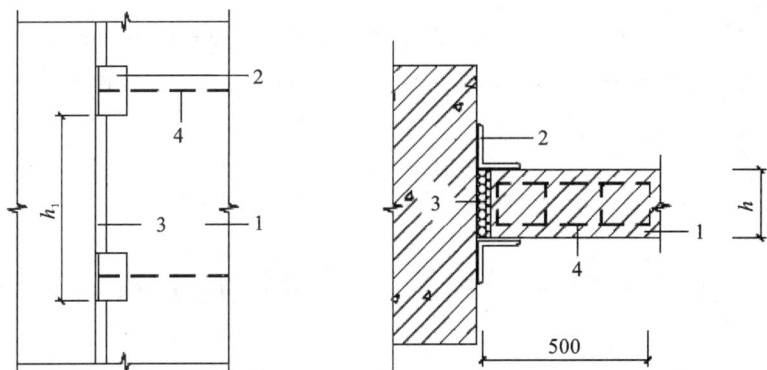

**图3-21　填充墙与框架柱、梁脱开连接时的构造做法**
1—填充墙；2—卡口板（角钢）；3—填缝材料；4—钢丝网

【案例3-2】

1. 背景

某砖混结构房屋，砖墙设计厚度为240 mm（局部为370 mm厚），构造柱设计截面尺寸均为240 mm×370 mm。施工单位的首层的施工方案：绑扎构造柱钢筋→安装构造柱模板→浇筑构造柱混凝土→砌筑砖墙→圈梁施工。砖墙砌筑施工技术交底时的要求：采用M7.5的水泥混合砂浆砌筑，水平灰缝的砂浆饱满度不得低于75%，竖向灰缝应采用挤浆或加浆方法使其砂浆饱满，灰缝厚度8 cm，为保证砌筑质量要求，每皮砖应单面挂线。

2. 问题

（1）请写出三种砖墙的组砌形式。

（2）砖砌体组砌总的质量要求是什么？

（3）施工单位上述做法有哪些不当之处？正确的做法应分别是怎样的？

（4）非抗震设防及抗震设防烈度为6度、7度的地区，当临时间断处不能留斜槎时，除转角处外，可留直槎，且应加设拉结钢筋，对拉结钢筋有哪些规定？

3. 分析

（1）砖墙的组砌形式有：一顺一丁、三顺一丁、梅花丁。

（2）总的质量要求是：横平竖直、上下错缝、砂浆饱满、内外搭砌、接槎正确。

（3）不当之处如下。

①施工方案改为：绑扎构造柱钢筋→砌筑砖墙→安装构造柱模板→浇筑构造柱混凝土→圈梁施工。

②水平灰缝的砂浆饱满度应为不得低于80%。

③采用"三一砌法"法更会使竖向灰缝饱满。

④370 mm厚墙体应采用双面挂线。

（4）对直槎处拉结钢筋的规定如下。

①每120 mm墙厚放置1 $\phi$6拉结钢筋（120 mm厚墙应放置2 $\phi$6拉结钢筋）。

②间距沿墙高不应超过500 mm，且竖向间距偏差不应超过100 mm。

③埋入长度从留槎处算起每边均不应小于500 mm，对抗震设防烈度为6度、7度的地区，不应小于1000 mm。

④钢筋末端应有90°弯钩。

# 任务3  混凝土结构工程施工质量通病分析与预防措施

本任务主要对钢筋混凝土结构施工中的模板工程、钢筋工程、混凝土工程等分项工程的质量通病进行分析并提出相应的预防措施。

# 一、模板工程

## （一）模板加工

**1.质量通病1——模板接缝不严**

（1）现象。

模板接缝不严，有间隙，混凝土浇筑时产生漏浆，如图3-22所示。

（2）原因分析。

① 翻样不认真或有误，模板制作马虎，拼装时接缝过大。

② 木模板制作粗糙，拼缝不严，或安装周期过长，下缩湿胀。

③ 浇捣混凝土时，木模板未提前浇水湿润，使其胀开。

④ 钢模板变形未及时修整或接缝措施不当。

⑤ 梁、柱交接部位，接头尺寸不准、错位。

（3）预防措施。

① 翻样要严格按1∶10～1∶50的比例将构件细部翻成详图，经复核无误后向操作工人交底，强化质量意识，认真制作定型模板并进行拼装。

② 严格控制木模板含水率，制作时拼缝要严密，必要时可选择双面胶带封闭模板拼缝。

③ 浇筑混凝土时，小模板要提前浇水湿润，使其胀开密缝。

④ 钢模板应轻拿轻放，出现变形要及时修整平直。

⑤ 钢模板间不能用油毡、塑料布、水泥袋等去嵌缝堵漏。

⑥梁、柱交接部位支撑要牢靠，拼缝要严密（必要时在缝间加贴双面胶纸）。

**图3-22　模板接缝不严产生漏浆**

**图3-23　模板未清理干净**

**2.质量通病2——模板未清理干净**

（1）现象。

模板内残留木块、浮浆残渣、碎石等建筑垃圾，如图3-23所示。

（2）原因分析。

① 钢筋绑扎完毕及封模时，模板未及时清理。

② 墙、柱根部，梁柱接头最低处未留清扫孔，或所留位置无法清扫。

③ 模板周转至下一层时，对残留在模板内的混凝土水泥浆未及时进行清理。

（3）预防措施。

① 钢筋绑扎完毕，用压缩空气清除或压力水冲洗模板内垃圾。

② 在封模前，派专人将模板内的垃圾清除干净。

③ 墙、柱根部，梁柱接头处预留清扫孔，预留孔尺寸大于或等于 100 mm×100 mm，模内垃圾清除完毕后，及时将清扫口处封严。

④ 每次模板拆除后应及时清理完残留在模板上的混凝土水泥浆。

3.质量通病 3——脱模剂使用不当

（1）现象。

用废机油涂刷造成混凝土污染，或混凝土残浆不清除即刷脱模剂。

（2）原因分析。

① 拆模后不清理混凝土残浆即刷脱模剂。

② 脱模剂涂刷不匀或漏涂，或涂层过厚。

③ 使用废机油做脱模剂，污染钢筋混凝土。

（3）预防措施。

① 拆模后，必须清除模板上遗留的混凝土残浆，再刷脱模剂。

② 严禁用废机油作脱模剂，脱模剂材料可选用皂液、滑石粉、石灰水及其混合液和各种专门化学制品等。

③ 脱模剂材料宜拌成稠状，应涂刷均匀，不得流淌，一般以刷两遍为宜，以防漏刷，也不宜涂刷过厚。

④ 脱模剂涂刷后，应及时浇筑混凝土，以防隔离剂层遭受破坏。

4.质量通病 4——封闭或竖向模板无排气孔、浇捣孔

（1）现象。

封闭或竖向的模板无排气孔；高柱、高墙未留浇捣孔。

（2）原因分析。

① 墙体内大型预留洞口底模未留排气孔，或楼梯段采用全封闭模板时未设排气孔，易使混凝土浇筑时产生气囊，导致混凝土不密实。

② 高柱、高墙侧模无浇捣孔，造成混凝土浇灌自由落差过大，易离析或振动棒不能插到位，造成振捣不实。

（3）预防措施。

① 墙体的大型预留洞口（门窗洞等）底模应开设排气孔，使混凝土浇筑时气泡及时排出，确保混凝土浇筑密实。

② 高柱、高墙（超过 3 m）侧模要开设浇捣孔，便于混凝土浇筑和振捣，混凝土浇筑时可用串筒下料。

③ 当楼梯段采用全封闭模板时，应在梯段模板中每个踏面上设排气孔，气孔间距以 300～500 mm 为宜。

5.质量通病 5——模板支撑选配不当

（1）现象。

支撑体系选配和支撑方法不当，造成结构混凝土浇筑后发生变形。

（2）原因分析。

① 支撑选配不严谨，未经过专项设计及安全验算，无足够的承载能力及刚度，混凝土浇筑后模板变形。

② 支撑稳定性差，混凝土浇筑后支撑自身失稳，使模板变形。

③ 采用特殊支撑（如承插型盘扣式、碗扣式）时构造措施不符合要求。

④ 同一层梁板支撑，不同的支撑形式混合使用（如扣件式支撑架与门字架混用），造成受力不均匀而发生变形。

（3）预防措施。

① 模板支撑系统根据不同的结构类型和模板类型来选配，以便相互协调配套。

② 尽量不选用木质支撑体系。钢质支撑体系的钢楞和支撑的布置形式应满足模板设计要求，并能保证安全承受施工荷载。钢管支撑体系一般宜扣成整体排架式，其立柱纵横间距一般为1m左右（荷载大时应采用密排形式），同时应按现行规范的相关要求加设斜撑和剪刀撑。

③ 在多层或高层建筑施工中，应注意逐层加设支撑，分层分散施工荷载。侧向支撑必须顶紧，拉结和加固可靠，必要时应打入地锚或在混凝土中预埋铁件和短钢筋头做撑脚。

④ 所有模板支撑必须设置扫地杆及水平拉杆，以确保支撑体系的整体稳定性。当采用承插型盘扣式、门式、碗扣式钢管脚手架模板支撑时，其构造必须满足现行规范的规定。

⑤ 同一楼层应采用同一种支撑形式，严禁不同的支撑形式混合使用。

**（二）模板安装工程**

1.质量通病1——轴线位移

（1）现象。

混凝土浇筑完成、模板拆除后，柱、墙实际位置与建筑物轴线有偏移。

（2）原因分析。

① 翻样不认真或技术交底不清，模板拼装时组合件未能按规定到位。

② 轴线测放产生误差。

③ 墙、柱模板根部和顶部无限位措施或限位不牢，发生偏位后又未及时纠正，造成累计误差。

④ 支模时未拉水平、竖向通线，且无竖向总垂直度控制措施。

⑤ 模板刚度差，未设水平拉杆或水平拉杆间距过大。

⑥ 混凝土浇筑时未均匀对称下料，或一次浇筑高度过高。

⑦ 对拉螺栓、顶撑、木楔使用不当或松动，造成轴线偏位。

（3）预防措施。

① 严格按1∶10～1∶50的比例将各构件翻成详图并注明各部位编号、轴线位置、几何尺寸、平面形状、预留孔洞、预埋件等，经复核无误后认真对生产班组及操作工人进行详细的技术交底，作为模板制作、安装的依据。

② 模板轴线测放后，其轴线闭合误差应符合现行测量规范的相关规定，并组织专人进行技术复核验收，确认无误后才能支模。

③ 墙、柱模板根部和顶部必须设可靠的限位措施。

④ 支模时要拉水平、竖向通线，并设竖向总垂直度控制线。

⑤ 根据混凝土结构特点，对模板进行专门设计，以保证模板及其支架具有足够强度、刚度及稳定性。对拉螺栓的规格、间距必须由计算确定。

⑥ 混凝土浇筑前，应对模板轴线、支架、顶撑、螺栓进行认真检查、复核，发现问题及时进行处理。

⑦ 混凝土浇筑时，要均匀、对称下料，并控制浇筑速度，浇筑高度应严格控制在施工规范允许范围内。

2．质量通病2——标高偏差

（1）现象。

混凝土结构层标高及预埋件、预留孔洞的标高与施工图设计标高存在偏差。

（2）原因分析。

① 楼层无标高控制点或控制点偏少，控制网无法闭合，竖向模板根部未做平。

② 模板顶部无标高标记，或未按标记施工。

③ 高层建筑标高控制线转测过频，累计误差过大。

④ 预埋件、预留孔洞未固定牢固，支模施工时未重视准确定位。

⑤ 楼梯踏步模板未考虑装修层厚度。

（3）预防措施。

① 每个楼层设足够的标高控制点，竖向模板根部须找平。

② 模板顶部设标高标记，严格按标记控制模板尺寸。

③ 建筑楼层标高由首层±0.000标高控制，严禁逐层向上引测，以防止累计误差，当建筑高度超过30 m时，应另设标高控制线，每层标高引测点应不少于3个，形成闭合网，以便复核。

④ 预埋件及预留孔洞，在安装前应与图纸对照，确认无误后准确固定在设计位置上，必要时用电焊或套框等方法将其固定。在浇筑混凝土时，应沿其周围分层均匀浇筑，严禁碰击、振动预埋件和模板。

⑤ 楼梯踏步模板安装时应考虑装修层厚度。

3．质量通病3——模板支架体系失稳、模板变形

（1）现象。

混凝土浇筑过程中，支架体系稳定性不足，模板变形，甚至发生如图3-24所示的坍塌事故。

图3-24　模板支架体系失稳坍塌

（2）原因分析。

① 模板施工前未进行设计，无切实可行的专项施工技术方案或未按照施工技术方案

施工。

②底层基土没有夯压密实，未垫平板，也无排水措施，造成支架下沉。

③支架体系材料不合格，刚度不够。

④柱、墙、梁模板无对拉螺栓或螺栓间距过大，螺栓规格过小。

⑤组合小钢模时，连接件未按规定设置，造成模板整体性差。

⑥采用木模板或胶合板模板施工，长期日晒雨淋，导致模板出现变形。

⑦浇筑墙、柱混凝土时速度过快，一次浇筑高度过高，振捣过度。

（3）预防措施。

①模板施工前必须进行设计，应充分考虑模板自重、施工荷载及混凝土浇筑时产生的侧向压力；对达到一定规模（如搭设跨度不小于18 m，高度不小于8 m，施工总荷载在15 kN/m²及以上，集中线荷载在20 kN/m及以上）的高大支模及支架体系应编制专项施工方案并组织专家论证，通过后方可实施。

②梁底支撑间距应能够保证在混凝土重量和施工荷载作用下不产生变形。支撑底部若为泥土，应先认真夯实，设排水沟，并铺放通长垫木或型钢，以确保支撑不沉陷，最好在回填土上浇筑厚度不小于100 mm、强度等级不低于C15的素混凝土垫层后，再架设支撑。

③掌握规范对模板及支架材料的要求，严把材料进场关，杜绝不合格材料进场。

④严格按照施工方案施工，梁、柱模板若采用卡具，其间距要按规定设置，并要卡紧模板。梁、板采用可调托撑时，托撑丝杆伸出钢管顶的距离不大于200 mm。组合小钢模拼装时，连接件应按规定放置。尤其对支架体系中的立杆、横杆间距，剪刀撑设置、自由端等，必须严格按方案执行，验收合格后，方可进行下道工序施工。

⑤采用木模板、胶合板模板施工时，经验收合格后应及时浇筑混凝土。

⑥浇筑混凝土要均匀对称下料，严格控制浇筑高度及浇筑速度，特别是门窗洞口模板两侧，既要保证振捣密实，又要防止过振引起的模板变形。

4. 质量通病4——墙、柱位移错台

（1）现象。

现浇钢筋混凝土结构的上下层墙、柱，在楼面处易发生位移错台，尤其是边墙、柱和楼梯间墙、柱，如图3-25所示。

（2）原因分析。

①放线不准确，导致轴线或边线出现较大偏差。尤其是跨度大、轴线尺寸变化多和轴线偏中的墙、柱，易因放线差错造成错台。

②墙、柱模板安装不垂直，模板侧向支撑不牢固或模板受到侧向撞动（如混凝土料斗冲撞模板等），均易造成墙、柱模板上端位移。一些截面小、高度大的墙、柱和独立柱较易发生这种情况。

③地下室底板上外墙、柱接槎处，因下部导墙、柱混凝土尺寸偏差或上部墙、柱施工中模板下口结合不紧密，侧向支撑不牢固，易发生错台，俗称"双眼皮"。

**图3-25　柱位移错台**

（3）预防措施。

① 现浇钢筋混凝土结构墙、柱轴线必须从能控制建筑物平面位置的控制桩点引测并固定，以此安装墙、柱模板。对较长的建筑物，放线时宜分段控制。分段间尺寸宜从中间控制点上开始量测，尽量减少测量累积的误差。

② 墙、柱模板下端应牢固地固定在楼地面上。施工中，按墙、柱准确的平面位置在楼板面上预埋短钢筋，以固定模板下端，防止模板位移。支模过程中要随时吊直校正，纵横两个方向用拉杆和斜撑固定。模板上部做好跨间横向拉结。对于边墙、柱，模板上口应设拉撑，防止模板倾斜。

③ 浇筑混凝土时，应按先边墙、柱，后内墙、柱的浇筑顺序进行施工，分层浇筑，每层高度不超过振捣棒长度的1.25倍（一般为500～600 mm），不得一次浇筑到顶。严禁混凝土料斗或泵管出口端冲击模板，以防止模板上口发生位移。

④ 严格控制地下室外导墙、柱施工质量，控制好模板刚度，注意混凝土浇筑质量。

5.质量通病5——墙、柱跑模、胀模、漏浆

（1）现象。

墙、柱混凝土施工后，墙模板局部出现如图3-26所示的跑模、胀模现象，柱模板局部出现如图3-27所示的胀模、漏浆的现象。

图 3-26　墙跑模、胀模

图 3-27　柱胀模、漏浆

（2）原因分析。

① 模板及支架体系局部刚度不足，造成变形，如模板薄、龙骨间距大、支撑间距大等，导致跑模、胀模。

② 两种模板组合使用，因刚度不同，交界处支撑同等设置，造成局部变形，导致跑模、胀模。

③ 柱模板箍、对拉螺栓设置不足或强度不够，导致跑模、胀模、漏浆。

④ 高大模板的两侧缺少斜撑和托杆固定，导致跑模、胀模、漏浆。

⑤ 浇筑混凝土时未按规定分层浇筑振捣，一次浇筑高度过大，振捣不当，产生的侧压力过大，引起模板变形，导致跑模、胀模、漏浆。

（3）预防措施。

① 模板板面拼接严密，支架体系牢固，整体和局部刚度满足设计要求，高大模板设置足够的斜撑和拉杆固定。

② 慎用两种模板组合施工，针对模板刚度不同，分别制定支架体系方案，重点关注交接处。

③ 按照模板设计要求配置足够的柱模板箍和对拉螺栓。

④ 混凝土应分层浇筑、振捣，按浇筑顺序施工，避免对模板形成较大的冲击。

6.质量通病6——梁、板跑模、胀模、漏浆

（1）现象。

梁、板混凝土施工后，模板局部出现跑模、胀模、漏浆的现象，如图3-28所示。

（2）原因分析。

① 模板及支架体系局部刚度不足，造成变形，如模板薄、龙骨间距大、支撑间距大、立杆自由端过大等，导致跑模、胀模、漏浆。

图 3-28　梁跑模后变形

② 梁模板支架体系较弱，侧模支撑不足，造成梁模板变形，导致跑模、胀模、漏浆。

③ 模板板面拼接不严，造成漏浆。

④ 浇筑混凝土时未按规定分层浇筑振捣，一次浇筑高度过高，振捣不当，局部压力过大，引起模板变形，导致跑模、胀模、漏浆。

（3）预防措施。

① 模板板面应拼接严密，支架体系牢固，整体和局部刚度必须满足设计要求。

② 模板设计中，梁模板支架体系应有足够的强度和刚度，加强侧模支撑。梁模支架体系宜与楼板模板支架体系脱开。

③ 混凝土浇筑时，应分层浇筑、振捣，按浇筑顺序施工，避免对模板形成较大的冲击。

7.质量通病7——梁、柱接头跑模、胀模、漏浆

（1）现象。

梁、板混凝土施工后，梁、柱接头部位模板局部出现跑模、胀模、漏浆的现象。

（2）原因分析。

① 梁、柱接头模板，主要是侧模与下层柱结合不紧密，侧向支承刚度不足，造成模板变形，导致跑模、胀模、漏浆。

② 模板板面拼接不严，造成漏浆。

③ 浇筑混凝土时未按规定分层浇筑振捣，一次浇筑高度过高，振捣不当，局部压力过大，引起模板变形，导致跑模、胀模、漏浆。

（3）预防措施。

① 梁、柱接头模板因其短小，形状较为复杂，宜选用定型模板。

② 梁、柱接头模板加固较其他部位困难，但要求更高，是框架结构施工的重点，因此施工时应更加认真细致。

③ 改变模板安装的排模顺序，先制作安装接头模板，保证其强度和刚度。梁模板由梁、柱接头处向跨中排模。

④ 混凝土应分层浇筑、振捣，按浇筑顺序施工，避免对模板形成较大的冲击。

### （三）模板拆除

1.质量通病1——拆模使混凝土构件变形

（1）现象。

拆模后混凝土构件有损棱缺边，甚至开裂和出现明显的变形。

（2）原因分析。

① 梁板或悬挑构件的混凝土未达到强度要求就拆模。

② 拆模没有次序，用强力冲击，撬坏混凝土边角，拆烂模板。

③ 后浇带两侧支顶拆除后未及时回顶，导致梁板出现裂缝。

（3）预防措施。

①模板及其支架的拆除时间和顺序应事先在施工技术方案中确定，拆模必须按拆模顺序进行，一般是后支的先拆，先支的后拆；先拆非承重部分，后拆承重部分。重大复杂的模板拆除，应按专门制定的拆模方案执行。

②底模及其支架拆除时，混凝土强度应符合设计要求，当设计无具体要求时，混凝土强度应符合表3-2的规定。

表3-2　底模及其支架拆除时的混凝土强度要求

| 构件类型 | 构件跨度/m | 达到设计的混凝土立方体抗压强度标准值的百分率/（%） |
|---|---|---|
| 板 | ≤2 | ≥50 |
| | >2, ≤8 | ≥75 |
| | >8 | ≥100 |
| 梁、拱、壳 | ≤8 | ≥75 |
| | >8 | ≥100 |
| 悬臂结构 | — | ≥100 |

③现浇楼板采用早拆模施工时，经理论计算复核后将大跨度楼板改成支模形式为小跨度楼板（≤2 m），当浇筑的楼板混凝土实际强度达到50%的设计强度标准值，可拆除模板，保留支架，严禁调换支架。

④多层建筑施工，当上层楼板正在浇筑混凝土时，下一层楼板的模板支架不得拆除，再下一层楼板的支架仅可拆除一部分；跨度4 m及4 m以上的梁下均应保留支架，其间距不得大于3 m。

⑤高层建筑的梁、板模板，每完成一层结构，其底模及其支架的拆除时间应针对所用混凝土的强度发展情况分层进行核算，确保下层梁及楼板混凝土能承受上层全部荷载。

⑥拆除时应先清理脚手架上的垃圾杂物，再拆除连接杆件，经检查安全可靠后按顺序拆除，拆除时要有统一指挥、专人监护，设置警戒区，防止交叉作业。

⑦后浇带模板两侧支顶拆除后应及时回顶，其拆除和支顶方法应按施工技术方案执行。

2.质量通病2——拆模困难，使用木模板的墙面有模板皮

（1）现象。

墙体木模板拆除时，墙面上残留模板表皮，观感差。

（2）原因分析。

① 木模板周转次数多，其表面刚度不足，拆除时表面模板皮残留在混凝土面层上。

② 使用了失效的脱模剂或脱模剂涂刷不均匀、漏刷。

③ 阴角部位、伸缩缝内模板未及时拆除，被混凝土等填塞堵死，导致拆除困难。

④ 脱模过迟，未及时养护，混凝土表面温度过高，其早期表层强度发展过快，混凝土粘连木模板。

（3）预防措施。

① 对于经过多次周转使用的木模板，应将其中表面刚度不足或弯曲变形的剔除。仅局部表面刚度不足的木模板，使用前应重新进行修补。

② 木模板拆除后应及时清理表面砂浆及翘皮，认真涂刷有效的脱模剂。

③ 按要求及时加强对混凝土的养护。

# 二、钢筋工程

## （一）原料材质

1.质量通病1——钢筋锈蚀

（1）现象。

① 浮锈：又称水锈。钢筋表面附有较均匀的细粉末，呈黄色或淡红色。

② 陈锈：锈迹粉末较粗，用手捻略有微粒感，颜色转红，有的呈红褐色。

③ 老锈：锈斑明显，有麻坑，出现起层的片状分离现象，锈斑几乎遍及整根钢筋表面；颜色变暗，深褐色，严重的接近黑色。

（2）原因分析。

保管不良，受到潮湿环境、雨、雪侵蚀；存放期过长；仓库环境潮湿，通风不良；已用于工程中的因停工或局部停工且没有事先采取保护措施。

（3）预防措施。

钢筋原料应存放在仓库或料棚内，保持地面干燥；钢筋堆放场地应离地面200 mm以上；库存期不宜过长，原则上先进库的先使用。工地临时存放钢筋时，应选择地势较高、地面干燥的区域，四周应有排水措施，必要时加以覆盖。

① 浮锈：浮锈处于锈蚀形成的初期，对钢筋与混凝土黏结的影响不大，为防止锈迹污染，可用麻袋布等擦拭干净，对有焊接处应在焊点附近擦拭干净后再实施焊接作业。

② 陈锈：可采用钢丝刷或麻袋布擦等手工方法；具备条件的应尽可能采用机械方法除锈，粗钢筋应采用专用除锈机除锈。

③ 老锈：对于有起层锈片的钢筋，应先用小锤敲击，使锈片剥离干净，再用除锈机除锈；因麻坑、斑点以及锈皮起层会使钢筋截面损伤，所以使用前应鉴定是否降级使用或另作其他处理。

④ 已用于工程上的外露钢筋，复工前除按上述措施处理外，对陈锈、老锈处理之前，应进行适当检测，并将检测结果报设计单位。

2.质量通病2——成型后弯曲处裂纹

（1）现象。

钢筋成型后弯曲处外侧产生横向裂纹。

（2）原因分析。

钢筋含碳量过高，或其他化学成分含量不合适，引起塑性性能偏低；钢筋轧制有缺陷，如表面有裂纹、伤疤或折叠。在北方地区的寒冷季节，成型场所温度过低。

（3）预防措施。

每批钢筋送交仓库时，要认真核对合格证件，应特别注意冷弯栏所写弯曲角度和弯心直径是否符合钢筋技术标准的规定；除进行出厂质量证明书或试验报告单以及钢筋外观检查外，还必须进行抽样检验冷弯性能；寒冷地区成型场所应采取保温或取暖措施，维持环境温度在 0 ℃以上。

**3.质量通病3——钢筋代换不符合规定**

（1）现象。

钢筋作业人员随意改变设计要求的钢筋品种或规格。

（2）原因分析。

施工单位质量管理措施不健全或执行不到位；未进行施工技术交底，钢筋作业人员不清楚钢筋代换的程序和原则。

（3）预防措施。

① 钢筋代换时，必须充分了解设计意图和代换材料性能，并严格遵守现行《混凝土结构设计标准》（GB/T 50010—2010）的各项规定；凡重要结构中的钢筋代换，应征得设计单位同意。

② 当施工中遇有钢筋的品种或规格与设计要求不符时，可参照以下原则进行钢筋代换。

a.等强度代换：当构件受强度控制时，钢筋可按强度相等原则进行代换。

b.等面积代换：当构件按最小配筋率配筋时，钢筋可按面积相等原则进行代换。

c.当构件受裂缝宽度或挠度控制时，代换后应进行裂缝宽度或挠度验算。

**（二）钢筋加工**

**1.质量通病1——成型尺寸不准确**

（1）现象。

已成型的纵向钢筋尺寸和弯曲角度不符合设计、标准、规范要求。矩形箍筋成型后，拐角不成90°，或两对角线长度不相等。钢筋弯钩平直长度不够，弯钩角度不符合要求。

（2）原因分析。

下料不准确；画线方法不对或误差大；用手工弯曲时，扳距选择不当；没有采取角度控制措施。一次弯曲多个箍筋时没有逐根对齐。

（3）预防措施。

① 加强配料管理工作，预先确定各种形状钢筋下料长度调整值；根据实际成型条件，制定一套画线方法以及操作时搭扳子的位置规定。一般情况下可采用以下画线方法：画弯曲钢筋分段尺寸时，将不同角度的下料长度调整值在弯曲操作方向相反一侧长度内扣除，画上分段尺寸线；形状对称的钢筋，画线要从钢筋的中心点开始，向两边分画。

② 对弯曲角度，在设备和工具不能自行达到准确角度的情况下，可在成型案上画出角度准线或采取钉扒钉做标志的措施。

③ 对形状比较复杂的钢筋，如要大批成型，应先放出实样，并根据具体条件预先选

择合适的操作参数以作为示范。

④ 当一次弯曲多个箍筋时，应在弯折处逐根对齐。

2.质量通病2——箍筋弯钩形式不正确

（1）现象。

箍筋末端未按规范规定根据不同的使用条件制成相应的弯钩形式。

（2）原因分析。

不熟悉箍筋使用条件；无视规范规定的弯钩形式应用范围；配料任务多，各种弯钩形式取样混乱。

（3）预防措施。

熟悉直弯钩（90°）、斜弯钩（135°）、半圆弯钩（180°）的应用范围和相关规定，特别是对用于有抗震要求和受扭要求的斜弯钩，在加工配料过程要注意标注和说明。

**（三）钢筋安装**

1.质量通病——骨架外形尺寸不准

（1）现象。

在模板外绑扎的钢筋骨架，入模时放不进去，或划刮模板；墙柱竖筋在楼层处发生变形位移，如图3-29所示。

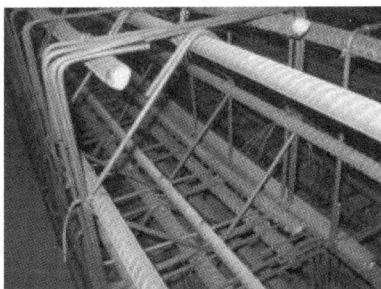

(a)钢筋位置偏离　　　　　　(b)钢筋外移

**图 3-29　钢筋骨架外形尺寸不准**

（2）原因分析。

钢筋骨架外形不准；钢筋安装时有多根钢筋端部未对齐；绑扎时某些钢筋偏离规定位置；墙柱竖筋在振捣混凝土时因碰撞发生了位移。

（3）预防措施。

① 绑扎时将多根钢筋对齐，防止钢筋绑扎偏斜或骨架扭曲。将导致骨架外形尺寸不准的个别钢筋松绑，重新整理、安装绑扎。切忌用锤子敲击，以免骨架其他部位变形或松扣。

② 为防止在振捣混凝土时纵筋发生位移，混凝土浇捣前要在浇筑面结构标高以上的墙柱竖筋加设2～3个限位箍筋。

2.质量通病2——骨架吊装变形

（1）现象。

钢筋骨架用吊车吊装入模时发生扭曲、弯折、歪斜等变形。

（2）原因分析。

骨架本身刚度不够；起吊后悠荡或碰撞；骨架钢筋交叉点绑扎欠牢或焊点脱落。

（3）预防措施。

起吊操作应力求平稳；钢筋骨架起吊挂钩点要预先根据骨架外形确定好；刚度较差的骨架可绑木杆加固，或利用"扁担"起吊；骨架各钢筋交叉点要绑扎牢固或焊牢。

3.质量通病3——受力钢筋混凝土保护层不符合规定

（1）现象。

浇筑混凝土前发现平板中钢筋的混凝土保护层厚度没有达到规范要求；或预制构件出现裂缝，凿开混凝土检查，发现保护层厚度不准。

（2）原因分析。

保护层垫块厚度不准或数量不够；或构件预制时，由于没有采取可靠措施，混凝土浇筑时钢筋网片产生了移位。

（3）预防措施。

浇筑混凝土前，应仔细检查保护层垫块厚度是否准确，数量是否足够；对浇筑混凝土可能导致钢筋网片沉落时，应采取措施防止保护层厚度出现偏差。

4.质量通病4——绑扎接点松扣

（1）现象。

搬移钢筋骨架时，绑扎接点松扣；或浇筑混凝土时绑扣松脱。

（2）原因分析。

用于绑扎的铁丝太硬或粗细不适当；绑扣形式不正确。

（3）预防措施。

一般采用20～22号铁丝作为绑扎丝。绑扎直径在12 mm以下的钢筋宜用22号铁丝；绑扎直径为12～16 mm的钢筋宜用20号铁丝；绑扎梁、柱等直径较大的钢筋可用双根22号铁丝。绑扎时要选用不易松脱的绑扎形式，如绑扎平板钢筋网，除用一面顺扣外，还应加一些十字花扣；钢筋转角处要采用兜扣并加缠；对竖立的钢筋网，除了采用十字花扣，也要适当加缠。

5.质量通病5——同一连接区段内接头过多

（1）现象。

在绑扎或安装骨架时，发现同一连接区段内受力钢筋接头过多，有接头的钢筋截面面积占总截面面积的百分率超出了规范规定的数值。

（2）原因分析。

钢筋翻样和配料时疏忽大意，没有合理搭配原材料的下料长度；忽略了某些构件不允许采用绑扎接头的规定；错误取用有接头的钢筋截面面积占总截面的百分率数值；未分清钢筋位于受拉区还是受压区。

（3）预防措施。

配料时按下料单钢筋编号再画出几个分号，注明分号之间的搭配并适当加以文字说明；轴心受拉和小偏心受拉杆件中的受力钢筋接头均应焊接或采用机械连接，不得绑扎；认真学习规范规定，弄清楚"同一连接区段"的准确含义，正确区分受拉区与受压区的不同。

6.质量通病6——柱箍筋接头位置同向

（1）现象。

柱箍筋接头位置方向相同，重复交搭于1根或2根纵筋上。

（2）原因分析。

绑扎柱钢筋骨架时疏忽所致。

（3）预防措施。

安装操作前应做好技术交底，操作时应加强过程质检，将接头位置错开绑扎。

7.质量通病7——钢筋网主、副筋位置放反

（1）现象。

构件施工时钢筋网主、副筋位置上下放反。

（2）原因分析。

操作人员疏忽，使用时对主、副筋在上或在下未加区别就铺入模板中。

（3）预防措施。

布置这类构件施工任务时，要向有关人员和直接操作者做专项技术交底。

# 三、混凝土工程

## （一）混凝土表面缺陷

1.质量通病1——麻面

（1）现象。

混凝土表面出现缺浆和许多小凹坑与麻点，形成粗糙面，影响外表美观，但无钢筋外露现象，如图3-30所示。

（2）原因分析。

① 模板表面粗糙或黏附有水泥浆渣等杂物未清理干净，或清理得不彻底，拆模时混凝土表面被黏坏。

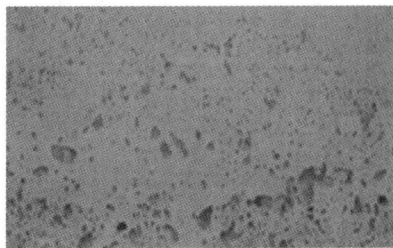

图3-30　混凝土麻面

② 木模板未浇水湿润或湿润不够，混凝土构件表面的水分被吸去，导致混凝土失水过多，而出现麻面。

③ 模板拼缝不严，局部露浆，导致混凝土表面沿模板缝位置出现麻面。

④ 模板隔离剂涂刷不匀，或局部漏刷或隔离剂变质失效，拆模时混凝土表面与模板黏结，形成麻面。

⑤ 混凝土未振捣密实或振捣过度，造成气泡停留在模板表面形成麻面。

⑥ 拆模过早，导致混凝土表面的水泥浆黏在模板上，也会产生麻面。

（3）预防措施。

① 模板表面应清理干净，不得粘有干硬水泥砂浆等杂物。

② 浇筑混凝土前，模板应浇水充分湿润，并清扫干净。

③ 模板拼缝应严密，如有缝隙，应用海绵条、塑料条、纤维板或密封条堵严。

④ 应选用长效的模板隔离剂，涂刷要均匀，并防止漏刷。

⑤ 混凝土应分层均匀振捣密实，严防漏振，每层混凝土均应振捣至排除气泡为止。

⑥ 不应过早拆模。

图3-31　混凝土露筋

2.质量通病2——露筋

（1）现象。

钢筋混凝土结构内部的主筋、副筋或箍筋等裸露在表面，没有被混凝土包裹，如图3-31所示。

（2）原因分析。

① 浇筑混凝土时，钢筋保护层垫块位移，或垫块太少甚至漏放，致使钢筋下坠或外移紧贴模板面而外露。

② 结构、构件截面小，钢筋过密，石子卡在钢筋上，导致水泥砂浆不能充满钢筋周围，造成露筋。

③ 混凝土配合比不当，产生离析，靠模板部位缺浆或模板严重漏浆。

④ 混凝土保护层太小或保护层处混凝土漏振，或振捣棒撞击钢筋或踩踏钢筋，导致钢筋位移，造成露筋。

⑤ 模板清理不净造成黏结或脱模过早，拆模时造成缺棱、掉角，导致露筋。

（3）预防措施。

① 浇筑混凝土前应加强检查，应保证钢筋位置和保护层厚度正确，发现偏差及时纠正。

② 钢筋密集时，应选用适当粒径的石子。石子最大颗粒尺寸不得超过结构截面最小尺寸的1/4，同时不得大于钢筋净距的3/4。截面较小、钢筋较密的部位，宜用细石混凝土浇筑。

③ 混凝土应保证配合比准确和具有良好的和易性。

④ 浇筑高度超过3m，应加长软管或设溜槽、串筒下料，以防止离析。

⑤ 模板应充分湿润并认真堵好缝隙。

⑥ 混凝土振捣时，严禁撞击钢筋，在钢筋密集处，可采用直径较小或带刀片的振动棒进行振捣；保护层处混凝土要仔细振捣密实，避免踩踏钢筋，如有踩踏或脱扣等应及时调直纠正。

⑦ 拆模时间要根据同条件试块试压结果正确掌握，防止过早拆模，损坏棱角。

3.质量通病3——蜂窝

（1）现象。

如图3-32所示，混凝土结构局部疏松，砂浆少、石子多，石子之间出现类似蜂窝状的大量空隙、窟窿，导致结构受力截面受到削弱，强度和耐久性降低。

（2）原因分析。

① 混凝土配合比不当，或砂、石子、水泥材料计量错误，加水量不准确，造成砂浆少、石子多。

② 混凝土搅拌时间不足，未搅拌均匀，和易性差，振捣不密实。

③ 混凝土下料不当，一次下料过多或过高，未设加长软管，导致石子集中，造成石子与砂浆离析。

④ 混凝土未分段分层下料，振捣不实或靠近模板处漏振，或使用干硬性混凝土，振捣时间不够；或下料与振捣未很好配合，未及时振捣就下料，因漏振而造成蜂窝。

⑤ 模板缝隙未堵严，振捣时水泥浆大量流失；或模板未支牢，振捣混凝土时模板松动或位移，或振捣过度造成严重漏浆。

⑥ 结构构件截面小，钢筋较密，使用的石子粒径过大或坍落度过小，混凝土被卡住，造成振捣不实。

（3）预防措施。

① 认真设计并严格控制混凝土配合比，加强检查，保证材料计量准确。

② 混凝土下料高度如超过3 m，应设加长软管或设溜槽。

③ 浇筑应分层下料，分层捣固，并防止漏振。

④ 混凝土浇筑宜采用带浆下料法或赶浆捣固法。捣实混凝土拌和物时，插入式振捣器移动间距不应大于其作用半径的1.5倍；振捣器至模板的距离不应大于振捣器有效作用半径的1/2。为保证上下层混凝土良好结合，振捣棒应插入下层混凝土50 mm；平板振捣器在相邻两段之间应搭接振捣30～50 mm。

⑤ 混凝土振捣时间一般是振捣到混凝土不再显著下沉，不再出现气泡，混凝土表面出浆呈水平状态，并将模板边角填满密实即可。

⑥ 模板缝应堵塞严密。浇筑混凝土过程中，要经常检查模板、支架、拼缝等情况，发现模板变形、走动或漏浆，应及时修复。

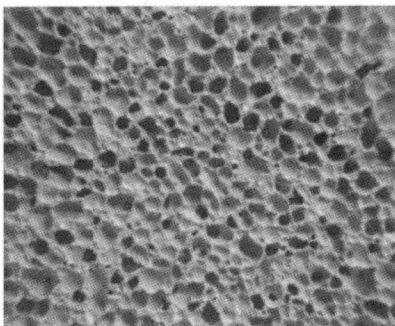

图3-32　混凝土蜂窝

图3-33　混凝土孔洞

**4.质量通病4——孔洞**

（1）现象。

混凝土结构内部有尺寸较大的窟窿，局部或全部没有混凝土；或蜂窝空隙特别大，钢筋局部或全部裸露；孔穴深度和长度均超过保护层厚度，如图3-33所示。

（2）原因分析。

① 在钢筋较密的部位或预留孔洞和埋设件处，混凝土下料被搁住，未振捣就继续浇筑上层混凝土，导致在下部形成孔洞。

② 混凝土离析，砂浆分离，石子成堆，严重跑浆，又未进行振捣，从而形成特大的蜂窝。

③ 混凝土一次下料过多、过厚或过高，振捣器振动不到，形成松散孔洞。

④ 混凝土内掉入工具、木块、泥块等杂物，混凝土被卡住。

（3）预防措施。

① 在钢筋密集处及复杂部位，采用细石混凝土浇筑，使混凝土易于充满模板，并仔

细捣实，必要时辅以人工捣实。

② 预留孔洞、预埋铁件处应在两侧同时下料，下部浇筑应在侧面加开浇灌口下料；振捣密实后再封好模板，继续往上浇筑，防止出现孔洞。

③ 采用正确的振捣方法，防止漏振。插入式振捣器应采用垂直振捣方法，即振捣棒与混凝土表面垂直或成40°～45°角斜向振捣。插点应均匀排列，可采用行列式或交错式顺序移动，不应混用，以免漏振。每次移动距离不应大于振捣棒作用半径（$R$）的1.5倍。一般振捣棒的作用半径为300～400 mm。振捣器操作时应快插慢拔。

④ 控制好下料速度，混凝土自由倾落高度不应大于3 m，大于3 m时应采用加长软管或设溜槽、串筒的方法下料，以保证混凝土浇筑时不产生离析。

⑤ 砂石中混有黏土块、模板、工具等杂物掉入混凝土内，应及时清除干净。

⑥ 加强施工技术管理和质量控制工作。

5. 质量通病5——烂根

（1）现象。

基础、柱、墙混凝土浇筑后，与基础、柱、台阶或柱、墙、底板交接处出现蜂窝状空隙（图3-34），台阶或底板混凝土被挤隆起。

（2）原因分析。

① 基础、柱或墙根部混凝土浇筑后，接着往上浇筑，由于此时台阶或底板部分混凝土尚未沉实凝固，在重力作用下被挤隆起，而根部混凝土向下脱落形成蜂窝和空隙（俗称"烂脖子""吊脚"）。

② 由于根部不平整、清理不干净，竖向构件模板不严密，振捣不及时、不到位而形成根部松散夹层或空隙。

图3-34 混凝土烂根

（3）预防措施。

① 基础、柱、墙根部应在下部台阶（板或底板）混凝土浇筑完间歇1.0～1.5 h，沉实后，再浇上部混凝土，以阻止根部混凝土向下滑动。

② 基础台阶或柱、墙底板浇筑完后，在浇筑上部基础台阶或柱、墙前，应先沿上部基础台阶或柱、墙模板底圈做成内外坡度，待上部混凝土浇筑完毕，再将下部台阶或底板混凝土铲平、拍实、拍平。

③接槎前先要将根部清理干净，去掉松散混凝土，并密封好竖向模板根部的缝隙，确保不漏浆，浇筑时根据构件情况先浇筑一层50～100 mm厚与浇筑混凝土同配合比的减石子砂浆。

6. 质量通病6——缝隙、夹层

（1）现象。

混凝土内成层存在水平或垂直的松散混凝土或夹杂物，如图3-35所示，使结构的整体性受到破坏。

（2）原因分析。

① 施工缝或后浇缝带，未经接缝处理，未将表面水泥浆膜和松动石子清除掉，或未将软弱混凝土层及杂物清除，或并未充分湿润，就继续浇筑混凝土。

② 大体积混凝土分层浇筑，在施工间歇时，施工缝处掉入锯屑、泥土、木块、砖块等杂物，未认真检查清理或未清除干净，就浇筑混凝土，使施工缝处成层夹有杂物。

图 3-35 混凝土夹层

③ 混凝土浇筑高度过大，未设加长软管、溜槽下料，造成底层混凝土离析。

④ 底层交接处未灌接缝砂浆层，接缝处混凝土未很好地振捣密实；或浇筑混凝土接缝时，留槎或接槎时振捣不足。

⑤ 柱头浇筑混凝土时，当间歇时间很长时，常掉进杂物，未认真处理就浇筑上层柱混凝土，造成施工缝处形成夹层。

（3）预防措施。

① 认真按施工验收规范的要求处理施工缝及后浇缝表面；接缝处的锯屑、木块、泥土、砖块等杂物必须彻底清除干净，并将接缝表面洗净。

② 混凝土浇筑高度大于 3 m 时，应设加长软管或设溜槽下料。

③ 在施工缝或后浇缝处继续浇筑混凝土时，应注意以下几点。

a.浇筑柱、梁、楼板、墙、基础等应连续进行，如间歇时间超过表 3-3 的规定，则按施工缝处理，在混凝土抗压强度不低于 1.2 MPa 时，才允许继续浇筑。

表 3-3  混凝土从搅拌机卸出后到浇筑完毕的延续时间　　　　　单位：min

| 项次 | 混凝土生产地点 | 气温 | |
|---|---|---|---|
| | | ≤25 ℃ | >25 ℃ |
| 1 | 预拌混凝土 | 150 | 120 |
| 2 | 施工现场 | 120 | 90 |
| 3 | 混凝土制品厂 | 90 | 60 |

注：当混凝土中掺有促凝或缓凝型外加剂时，其允许时间应根据试验结果确定。

b.大体积混凝土浇筑，如接缝时间超过表 3-3 规定的时间，可采取对混凝土进行二次振捣，以提高接缝的强度和密实度。方法是对先浇筑的混凝土终凝前后（4～6 h）再振捣一次，然后浇筑上一层混凝土。

c.在已硬化的混凝土表面上，继续浇筑混凝土前，应清除水泥薄膜和松动石子以及软弱混凝土层，并加以充分湿润和冲洗干净，且不得积水。

d.接缝处浇筑混凝土前应铺一层水泥浆或浇 50～100 mm 厚与混凝土内成分相同的水泥砂浆，或 100～150 mm 厚减半石子混凝土，以利良好结合，并加强接缝处混凝土振捣，使之密实。

e.在模板上沿施工缝位置通条开口，以便于清理杂物和冲洗。全部清理干净后，再将通条开口封板，并抹水泥浆或减石子混凝土砂浆，再浇筑混凝土。

**（二）其他缺陷**

1.质量通病1——均质性差，强度达不到要求

（1）现象。

同批混凝土试块抗压强度平均值低于设计强度等级标准值的85%，或同批混凝土中个别试件强度值过高或过低，出现异常。

（2）原因分析。

① 水泥过期或受潮，活性降低；砂石骨料级配不好，空隙率大，含泥量和杂质超过规定或有冻块混入；外加剂使用不当，掺量不准确。

② 混凝土配合比不当，计量不准，袋装水泥重量不足，计量器具失灵，施工中随意加水，或没有扣除砂石的含水量，使水灰比和坍落度增大。

③ 混凝土加料顺序颠倒，搅拌时间不够，拌和不匀。

④ 冬季低温施工，未采取保温措施，拆模过早，混凝土早期受冻。

⑤ 混凝土试块没有代表性，试模保管不善，混凝土试块制作未振捣密实，养护管理不当，或养护条件不符合要求；在同条件养护时，早期脱水、受冻或受外力损伤。

⑥ 混凝土拌和物搅拌至浇筑完毕的延续时间过长，振捣过度，养护差，使混凝土强度受到损失。

（3）预防措施。

①水泥应有出厂合格证，并应加强水泥保存和管理工作，要求新鲜无结块。水泥使用过程中，当对质量产生怀疑或超过使用期时，应进行复验，并按复验结果使用。

②砂与石子粒径、级配、含泥量应符合要求。

③严格控制混凝土配合比，保证计量准确，及时测量砂、石含水量并扣除用水量。

④混凝土应按顺序加料、拌制，保证搅拌时间，拌和均匀。

⑤冬季施工应根据环境大气温度情况，保持一定的浇筑温度，认真做好混凝土结构的保温和测温工作，防止混凝土早期受冻。混凝土的受冻临界强度应符合下列规定。

a.采用蓄热法、暖棚法、加热法施工的混凝土，不得小于混凝土设计强度标准值的40%。

b.采用综合蓄热法、负温养护法施工的混凝土，当室外最低气温低于−10 ℃时，不得小于3.5 MPa；当室外最低温度低于−10 ℃但不低于−15 ℃时，不得小于4.0 MPa；当室外最低温度低于−15 ℃但不低于−30 ℃时，不得小于5.0 MPa。

c.强度等级不低于C60以及有抗冻融、抗渗要求的混凝土，其受冻临界强度应经试验确定。

⑥按施工验收规范要求认真制作混凝土试块，并加强对试块的管理和养护。

2.质量通病2——现浇楼板混凝土开裂

（1）现象。

混凝土楼板上出现如图3-36所示的不规则裂缝。

（2）原因分析。

①楼板混凝土内胶凝物质（如水泥及粉煤灰）掺量多，混凝土坍落度大，收缩大，硬化过程中出现裂缝。

②楼板在核心筒周围由于混凝土强度等级差较大（墙、柱混凝土可达C50、C60，而

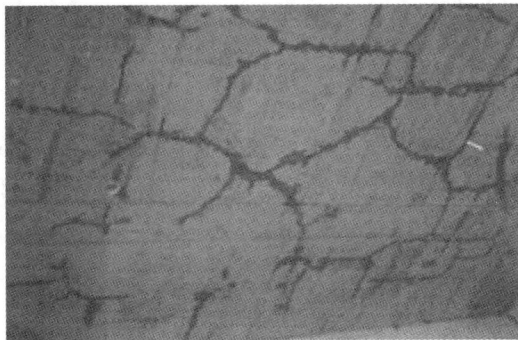

**图3-36　现浇楼板混凝土开裂**

梁、板仅为C30、C40），此处水化热变化大而出现开裂。

③ 建筑物在核心筒拐角及建筑物形状突变处受荷后开裂；楼板上层钢筋被踩低，板悬挑部分容易开裂。

④ 楼板模板支撑不牢，混凝土浇筑后受荷而开裂。

⑤ 成品保护不好，混凝土强度不够就吊放材料及走人，使支撑发生沉降而开裂。

⑥ 拆模太早，未到拆模时间即开始拆除支撑。

⑦ 混凝土养护不及时或不养护。

（3）预防措施。

① 混凝土胶凝材料量不宜过大，泵送混凝土坍落度宜控制在100～140 mm。

② 高层建筑特别是超高层建筑竖向结构件强度等级较高，有些达C60、C70，施工时为保证墙（柱）的混凝土强度等级，往往会将高等级混凝土浇筑至竖向构件外500 mm，而水平构件与之相交处的混凝土强度等级仅C30、C40，建议此处设1～2 m宽的水平构件，浇筑比墙柱低一个强度等级、比梁板高一个强度等级的混凝土，使水化热变化有一个缓冲平台。此外梁板面加强养护，以防裂缝产生。

③ 建筑物外形突变及核心筒拐角处易出现应力集中，设计时此处宜设放射钢筋，楼板上层钢筋宜设放马凳支撑，浇筑混凝土时设专人值班，有被踩弯踩低的钢筋及时纠正，确保钢筋受力。

④ 梁板模板支撑必须经过设计确定间距，确保模板的刚度、强度及稳定性。

⑤ 混凝土浇筑后3 d内严禁堆放重物，必须进行施工时，钢筋、模板等施工荷载必须分散堆放，防止因荷载集中而产生开裂。

⑥ 拆模必须有混凝土强度试压报告，由项目工程师下达拆模通知单。

⑦ 混凝土浇筑后及时养护，养护时间应严格按规范执行。

3. **质量通病3——大体积混凝土底板开裂**

（1）现象。

大体积混凝土底板表面开裂。

（2）原因分析。

① 混凝土原材料质量不好。

② 混凝土浇筑完成后，表面覆盖不当，造成混凝土表面和内部温差过大，因两者收缩不一致而产生的拉应力大于混凝土早期抗拉强度，因而产生裂缝。

③ 底板过长、过大，未采取设置后浇带等有效措施。

④ 地基对底板混凝土的约束。

（3）预防措施。

① 选用低水化热的矿渣或火山灰水泥，掺加粉煤灰、矿粉等掺合料，减少水泥用量，降低混凝土水化热。大体积混凝土宜采用后期强度作为强度评定的依据。

② 选用高效缓凝型减水剂，降低水胶比，延缓混凝土内部最高温度到来的时间。

③ 选用级配良好、含泥量小于1%的砂石。

④ 按照设计要求，设置后浇带或膨胀加强带，掺加微膨胀剂，减小混凝土收缩应力；如不设后浇带，应在适当位置设置膨胀加强带，膨胀加强带伸出两侧各6000 mm，或采用跳仓法施工。

⑤ 板底设置滑动层，降低地基对底板的约束，使底板混凝土在硬化过程中能自由伸缩。滑动层可选用高分子化合物、SBS等防水材料。

⑥ 做好测温工作，以便及时采取应对措施。

⑦ 混凝土养护时间不少于14 d。

4.质量通病4——大跨度梁板挠度大

（1）现象。

大跨度梁板拆模后出现挠度大、平整度差的现象。

（2）原因分析。

① 模板顶撑支承在未经夯实或不平整的地基土上，不能满足承载力要求，造成混凝土浇筑后出现梁板下挠现象。

② 虽按设计标高统一调整了各支柱的高度，但纵横楞木的厚度未能一致就铺设梁板底模，致使混凝土浇捣造成模板下沉，出现梁板不平整的现象。

③ 大跨度梁板底模未按设计要求或规范规定起拱，混凝土浇筑时即出现下挠变形。

④ 模板支撑间距过大。

（3）预防措施。

① 顶撑若支承在地基土上，应对基土平整夯实，并需满足承载力要求。在顶撑底部加通长木垫板或混凝土垫块，确保混凝土在浇筑过程中不会发生顶撑下沉。

② 承力木方表面应修刨平整，翘曲变形严重的应剔除。施工时，调整支柱的标高，保证楞木的顶部标高一致。梁板模板安装后应组织验收。层高大于4 m时，顶撑间应用剪刀撑与水平拉杆固定，以保证其稳定性。

③ 当梁板跨度大于或等于4 m时，底模板按设计要求起拱。当设计无具体要求时，起拱高度取全跨长度的1‰～3‰。

④ 模板、支撑必须经计算确定，严格执行支模方案。

5.质量通病5——大截面框支梁混凝土裂缝

（1）现象。

混凝土梁沿长向出现竖向裂缝（大多出现在穿螺栓孔位置）。

（2）原因分析。

① 框支梁截面较大，混凝土硬化过程中产生的水化热易在截面削弱部位螺栓孔等处造成应力集中而形成开裂。

② 混凝土坍落度过大，混凝土硬化过程中产生的收缩也大。

③ 混凝土浇捣过程中形成冷缝，此处容易开裂。

④ 梁混凝土硬化过程中受先浇筑墙柱的约束。

⑤ 框支梁钢筋保护层偏大。

⑥ 混凝土拆模过早，梁内与表面及表面与大气温度差较大。

（3）预防措施。

① 大截面框支梁混凝土内部水化热必须得到有效控制，试配时可以掺用高效减水剂及粉煤灰，以降低水泥用量，同时利用减水剂的缓凝效果使混凝土内部升至最高温度得到延缓。对混凝土的入模温度加以控制（如对砂、石淋水降温，对搅拌水加冰块进行降温），螺栓孔处不穿PVC管，使梁截面不被削弱，降低开裂的概率。

② 在满足泵送的前提下尽量减小坍落度。

③ 混凝土必须连续浇筑，并进行二次振捣，以提高混凝土与钢筋的握裹力，防止出现混凝土沉落而产生裂缝，增加混凝土密实度，提高其抗裂性。

④ 为减小混凝土凝结过程中支座（柱墙）对框支梁的约束，可采取框支梁、柱、墙一次性浇筑。

⑤ 框支梁钢筋出现保护层偏大时，可在箍筋外附加小直径、小间距的温度筋，减少收缩裂缝。

⑥ 延缓拆模时间，加强养护措施。由于框支梁截面较大，施工前必须计算混凝土内外温差以确定保温层厚度。梁内埋测温孔，定时监控温差情况。混凝土浇筑7 d后方可开始分次拆除保温材料及梁侧模板，养护期不少于14 d。

6. 质量通病6——后浇带混凝土开裂

（1）现象。

后浇带与两侧先浇楼板的接合处不平整并出现开裂。

（2）原因分析。

① 因先浇楼板模板支撑不牢，致使楼板与后浇带相接的部位出现下挠或上翘现象，为接缝不平留下隐患。

② 后立的后浇带模板与先浇楼板相接不平。

③ 后浇带浇筑时间过早，而两侧楼板收缩变形还较大，以致产生裂缝。

④ 后浇带两侧未清理干净，致使混凝土浇筑后形成隔离层而出现裂缝。

⑤ 后浇带混凝土养护不及时或不养护，致使混凝土收缩较大而开裂。

（3）预防措施。

① 安装先浇楼板的模板时应按规定起拱，使楼板混凝土浇筑后呈水平。

② 后浇带模板应紧贴已浇混凝土楼板的底面，下部支撑或排架搭设应牢靠，防止失稳。

③ 后浇带混凝土浇筑必须待两侧先浇楼板变形充分完成（一般不少于60 d）后方可进行。浇筑前应凿去楼板两侧面浮浆及松动的石子，用压力水冲洗干净，刷1∶1水泥浆（或混凝土界面剂）后再浇筑混凝土。

④ 后浇带必须采用微膨胀混凝土浇筑，以抵消混凝土凝结过程中的部分收缩。后浇带两侧应设挡水坎，蓄水养护14 d，使之充分湿润，以进一步减少收缩裂缝的产生。

**【案例 3-3】**

1. 背景

某建筑工程，建筑面积 108000 m²，现浇剪力墙结构，地下 3 层，地上 40 层。基础埋深 14.4 m，基础底板厚 3 m，底板混凝土强度等级为 C35/P12。

底板钢筋施工时，施工单位征得监理单位和建设单位同意后，将板厚 1.5 m 处的 HRB335 级直径 16 mm 的钢筋，用 HPB235 级直径 10 mm 的钢筋进行代换。

施工单位选定了某商品混凝土搅拌站，由该站为其制定了底板混凝土施工方案。该方案采用溜槽施工，分两层浇筑，每层厚度 1.5 m。

底板混凝土浇筑时当地最高大气温度 38 ℃，混凝土最高入模温度 40 ℃。

浇筑完成的第 18 小时采用覆盖一层塑料膜、一层保温岩棉方式进行养护，养护时间 7 d。

测温记录显示：混凝土内部最高温度 75 ℃，其表面最高温度 45 ℃。

监理工程师检查发现底板表面混凝土有裂缝，经钻芯取样检查，取样样品均有贯通裂缝。

2. 问题

(1) 该基础底板钢筋代换是否合理？说明理由。

(2) 商品混凝土供应站编制大体积混凝土施工方案是否合理？说明理由。

(3) 本工程基础底板产生裂缝的主要原因是什么？

(4) 大体积混凝土裂缝控制的常用措施有哪些？

3. 分析

(1) 该基础底板钢筋代换不合理。因为钢筋代换时，应征得设计单位的同意，对于底板这种重要受力构件，不宜用 HPB235 代换 HRB335。

(2) 由商品混凝土供应站编制大体积混凝土施工方案不合理。因为大体积混凝土施工方案应由施工单位编制，混凝土搅拌站应根据现场提出的技术要求做好混凝土试配。

(3) 本工程基础底板产生裂缝的主要原因有：

①混凝土的入模温度过高；

②混凝土浇筑后未在 12 小时内进行覆盖，且养护天数远远不够；

③大体积混凝土由于水化热高，使内部与表面温差过大，产生裂缝。

(4) 大体积混凝土裂缝控制的常用措施：

①选用低水化热的矿渣或火山灰水泥，掺加粉煤灰、矿粉等掺合料，减少水泥用量，降低混凝土水化热；

②选用高效缓凝型减水剂，降低水胶比；

③选用级配良好、含泥量小于 1% 的砂石；

④设置后浇带或膨胀加强带，掺加微膨胀剂，减小混凝土收缩应力；

⑤板底设置滑动层，降低地基对底板的约束；

⑥做好测温工作，以便及时采取应对措施；

⑦及时对混凝土覆盖保温、保湿材料，混凝土养护时间不少于 14 d。

## 任务4　防水工程施工质量通病分析与预防措施

防水工程质量的好坏，直接影响到建筑物或构筑物的使用寿命，影响到生产能否正常进行，影响到人们的生活起居。据统计，常规的房屋维护管理工作中有6成以上是防水功能的修复，房屋渗漏水的质量问题投诉占建筑物质量投诉的70%以上。故房屋渗漏是最常见、最突出的质量问题。防水工程是一项综合技术性很强的系统工程，涉及材料、设计、施工、维护以及管理等诸多方面的因素，但施工是关键。本任务重点分析在防水施工过程中造成渗漏的质量通病并提出相应的预防措施。

## 一、屋面防水工程

### （一）卷材防水屋面

卷材防水屋面常见的质量通病有卷材开裂、起鼓和节点处理不当等造成渗漏。

1.质量通病1——卷材开裂

（1）现象。

产生有规则的横向裂缝或无规则裂缝。

（2）主要原因。

产生有规则的横向裂缝是由于屋面结构层因温度变化，产生胀缩，引起防水层开裂；此外，可能采用了质量较差、延伸率较低的卷材。而出现无规则裂缝是由于找平层强度不够、水泥砂浆找平层未设置分格缝或分格缝位置不当，进而带动卷材开裂。

（3）预防措施。

① 要选用合格的、伸长率较大的高聚物改性沥青卷材或合成高分子防水卷材。在应力集中、基层变化较大部位（如屋面板拼缝处等）先干铺一层卷材条作为缓冲层，使卷材能适应基层伸缩变化。

② 确保找平层的质量。应确保找平层的配比计量准确、搅拌均匀、振捣密实、压光与养护等工序的质量，且找平层宜留设分格缝，缝宽一般为20 mm，如为预制板，缝口设在预制板的拼缝处。采用水泥砂浆材料时，分格缝间距不宜大于6 m；采用沥青砂浆材料时，不宜大于4 m。分格缝处应设附加200～300 mm宽的卷材，单边点贴覆盖。卷材铺贴与找平层相隔时间宜控制在7～10天。

2.质量通病2——卷材鼓泡（起鼓）

（1）主要原因。

① 基层潮湿：一是找平层不干燥，即基层的含水率大于当地湿度的平衡含水率，影响卷材与基层的黏结；二是保温层含水率过大（保温材料大于在当地自然风干状态下的平衡含水率），二者的湿气滞留在基层与卷材之间的空隙内，湿气受热源膨胀，引起卷材起鼓。

② 在卷材防水层施工中，由于铺贴时压实不紧，残留的空气未全部赶出而形成鼓泡。

③ 合成高分子防水卷材施工时，胶黏剂未充分干燥就急于铺贴卷材，由于溶剂残留在卷材内部，当其挥发时就形成鼓泡。

（2）预防措施。

① 找平层应平整、清洁、干燥，基层处理剂应涂刷均匀，这是防止卷材起鼓的主要技术措施。

② 原材料在运输和贮存过程中，应避免水分浸入，尤其要防止卷材受潮。卷材铺贴应先远后近，分区段流水施工，并注意掌握天气预报，连续作业。不得在雨天、大雾、大风天施工，防止基层受潮。

③ 高聚物改性沥青防水卷材施工时，火焰加热要均匀、充分、适度；在铺贴时要趁热向前推滚，并用压辊滚压，排除卷材下面的残留空气。

④ 合成高分子防水卷材采用冷粘法铺贴时，涂刷胶黏剂应做到均匀一致，待胶黏剂手感（指触）不黏结时，才能铺贴并压实卷材。特别要防止胶黏剂堆积过厚、干燥不足而造成卷材的起鼓。

3. 质量通病3——屋面漏水

细部节点处防水施工缺陷是屋面漏水的主要原因，在渗漏的屋面工程中，70%以上是节点渗漏。节点部位大都属于细部构造。《屋面工程质量验收规范》（GB 50207—2012）中规定细部构造的防水质量"应全部进行检查"，这是屋面防水工程质量的基本保证。

（1）女儿墙与屋面接触处渗漏。

① 主要原因：一是砌筑墙体时，女儿墙内侧墙面没有预留压卷材的泛水槽口，或卷材固定铺设虽然到位，受气温影响卷材端头与墙面局部脱开，雨水通过开口流入，如图3-37所示；二是阴角处找平层没有抹成弧形坡，卷材在阴角处形成空悬，雨水通过空悬（卷材老化龟裂）破口流进墙体，如图3-38所示。

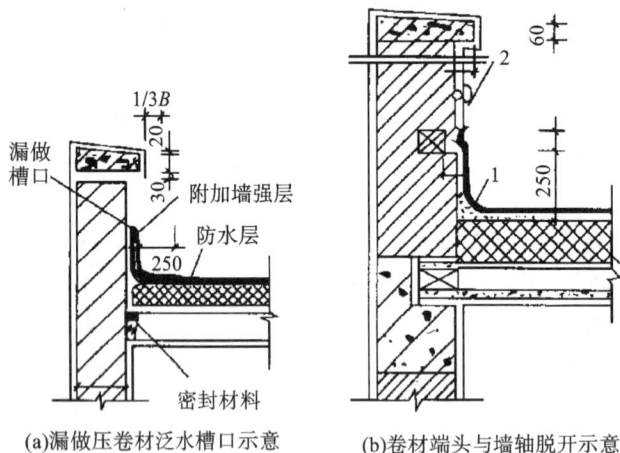

图3-37 女儿墙与屋面交接处渗漏（单位：mm）
1—防水卷材；2—卷材收头处

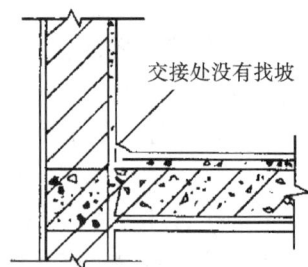

(a)漏做压卷材泛水槽口示意　　(b)卷材端头与墙轴脱开示意

图3-38 屋面与墙面交接处空悬

② 预防措施：卷材收头必须做到既固定又密封。檐口（沟）处卷材密封固定的方法有：当为无组织排水檐口时，檐口800 mm范围内卷材应采取满粘法，卷材收头应固定密封；当为砖砌女儿墙时，卷材收头可直接铺压在女儿墙的压顶下，压顶应做防水处理；也可在砖墙上留凹槽，卷材收头压入槽内固定密封，凹槽距基层最低高度不应小于250 mm，同时凹槽的上部亦应做防水处理；当采用混凝土女儿墙时，卷材收头可用金属压条钉压，并用密封材料封固。屋面与墙相交的阴角处，找平层必须抹成弧形或45°斜面过渡。

（2）落水口处渗漏。

①主要原因：落水口安装不牢，填缝不实，周围未做泛水卷材铺贴，如图3-39所示。雨水斗高于天沟面，造成雨水斗周围天沟内长期积水；雨水口的短管没有紧贴基层。

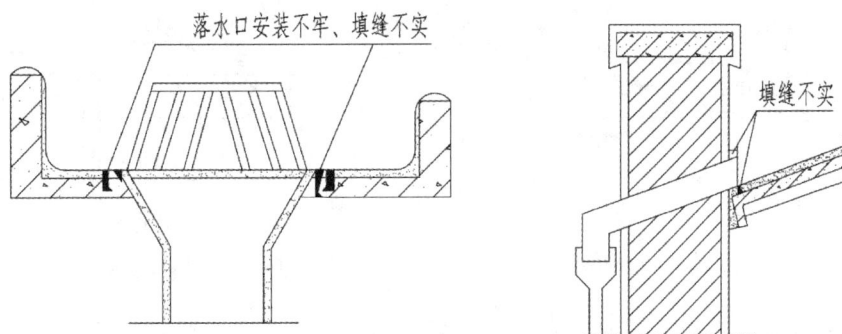

图 3-39 雨水口高于天沟面

②预防措施：天沟坡度在落水口周围直径500 mm范围内不应小于5%，雨水口与基层接触处应留20 mm×20 mm凹槽，并用防水涂料或密封材料涂封，其厚度不应小于2 mm；雨水口应比天沟周围低20 mm，雨水口的短管与基层接触部位，除用密封材料封严外，还应按设计要求做卷材附加层；施工后应及时加设雨水罩予以保护，防止建筑垃圾及树叶等杂物堵塞。

（3）天沟、檐口、管道出屋面处渗漏。

①主要原因：天沟纵向找坡太小，甚至有倒坡现象，造成天沟积水；管道四周防水涂层及嵌缝材料施工不良、粘贴不密实，密封不严；附加防水层标准太低，防水层及嵌缝材料延伸性不够好，被拉裂或拉脱。

②预防措施：天沟应按设计要求拉线找坡，纵向坡度不应小于1%并且平顺；天沟部位宜铺两层附加卷材，在屋面与天沟的交接处应空铺200 mm宽，如图3-40所示；找平层在管道周围应做成圆锥台，以利迅速排水，管道与找平层之间留20 mm×20 mm的凹槽，嵌填密封材料，加铺附加卷材增强层，延伸至水平和垂直方向不小于250 mm，收头处用金属箍箍紧，用密封材料封严，如图3-41所示。

**4.质量通病4——防水层剥离**

（1）现象。

卷材防水屋面出现防水层剥离的现象，造成卷材防水层失效而大面积渗漏。

（2）主要原因。

①找平层有起皮、起砂现象，施工前有灰尘和潮气。

②热玛蹄脂或自粘型卷材施工温度低，造成黏结不牢。

③在屋面转角处，因卷材拉伸过紧，或因材料收缩，导致防水层与基层剥离。

（3）预防措施。

①严格控制找平层表面质量，施工前应进行多次清扫，如有潮气和水分，宜用"喷火"法进行烘烤。

②对于自粘型卷材，可在施工前对基层适当烘烤，有利于卷材基层的黏结。

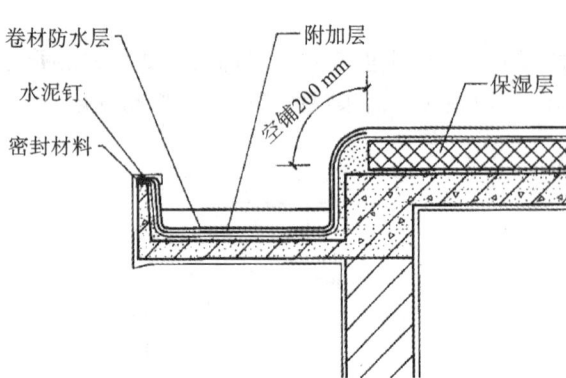

图 3-40　天沟卷材防水做法

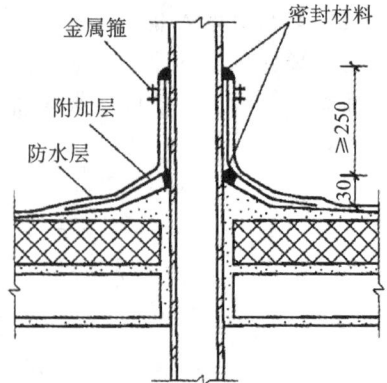

图 3-41　伸出屋面管道防水做法

③ 在大坡面和立面施工时，卷材一定要采用满粘法工艺，必要时还可采取压条钉压固定；另外在铺贴卷材时，要注意用手持辊筒滚压，尤其在立面和交界处更应注意。

**（二）涂膜防水屋面工程**

涂膜防水屋面质量通病有屋面渗漏，黏结不牢，涂膜出现裂缝、脱皮、流淌、鼓泡、露胎体、皱折等缺陷。

1. 质量通病 1——屋面渗漏

（1）主要原因。

屋面积水、涂膜厚度不足、节点构造部位封固不严、防水涂料固含率不足；屋面基层结构变形较大，地基不均匀沉降引起防水层开裂；采用双组分涂料施工时，配合比与计量不正确等。

（2）预防措施。

① 屋面应有合理的分水和排水措施，所有檐口、天沟、落水口等应有一定排水坡度，并切实做到封口严密，排水通畅。

② 应按规范及设计要求选择防水涂料品种与防水层厚度，以及相适应的屋面构造与涂层结构。

③ 除提高屋面结构整体刚度外，在保温层上必须设置细石混凝土（配筋）刚性找平层，并宜与卷材防水层复合使用，形成多道防线。

④ 坚持涂嵌结合，并在操作中务必使基层清洁、干燥，涂刷仔细，密封严实，防止脱落。

⑤ 防水涂料应分层、分次涂布，胎体增强材料铺设时不宜拉伸过紧，但也不得过松，能使上下涂层黏结牢固为度。

⑥ 在防水层施工前必须进行材料抽样检查，复验合格后才可施工。

⑦ 双组分涂料严格按厂家提供的配合比施工，并应充分搅拌，搅拌后的涂料应及时用完。

2. 质量通病 2——黏结不牢

（1）主要原因。

基层表面疏松、强度过低、裂缝过大；施工时基层过分潮湿，或施工时突遇下雨或施工工序之间无必要的间歇时间。

（2）预防措施。

① 采用水泥砂浆找平层时，必须正确配比计量，并在施工时切实做到压实平整，不得有疏松、起砂、起皮等现象。

② 施工前应确定基层是否干燥，并选择晴朗天气进行施工，试验确定合理的工序间歇时间。同时可选择潮湿界面处理剂、基层处理剂等方法改善涂料与基层的黏结性能，并按设计厚度和规定的材料用量分层、分遍涂刷。

3.质量通病3——涂膜出现裂缝、脱皮、流淌、鼓泡、露胎体、皱折等缺陷

（1）主要原因。

① 基层刚度不足，抗变形能力差，找平层开裂。

② 涂料施工时温度过高，或一次涂刷过厚，或在前遍涂料未干时即涂刷后续涂料。

③ 基层表面有砂粒、杂物，涂料中有沉淀物质。

④ 基层表面未充分干燥，或在湿度较大的气候下操作。

⑤ 基层表面不平，涂料厚度不足，胎体增强材料铺贴不平整。

⑥ 耐热性较差的厚质涂料中发生涂膜流淌。

（2）预防措施。

① 在保温层上必须设置细石混凝土（配筋）刚性找平层。

② 提高屋面结构整体刚度，如在装配式板缝内确保灌缝密实；同时在找平层内应按规定留设温度分格缝。

③ 找平层裂缝如大于0.3 mm，可先用密封材料嵌填密实，再用10～20 mm宽的聚酯毡作隔离条，最后涂刮2 mm厚涂料附加层；找平层裂缝如小于0.3 mm，也可按上述方法进行处理，涂料附加层厚度为1 mm。

④ 涂料应分层、分遍进行施工，并按事先试验的材料用量与间隔时间进行涂布。

⑤ 若夏天气温在30 ℃以上，应尽量避开炎热的中午，最好安排在早晚温度较低的时刻施工。

⑥ 涂料施工前应将基层表面清除干净，沥青基涂料中如有沉淀物，可用32目铁丝网过滤。

⑦ 可选择在晴朗天气下操作；或可选用潮湿界面处理剂、基层处理剂等材料，抑制涂膜中鼓泡的形成。

⑧ 铺贴胎体增强材料时，要边倒涂料、边推铺、边压实平整。同时应先将布幅两边每隔1.5～2.0 m间距各剪一个15 mm的小口；铺贴最后一层胎体增强材料后，面层至少应再涂刷两遍涂料；铺贴应达到平整、松紧有度的要求。

# 二、地下防水工程

地下防水工程渗漏主要是由防水混凝土不密实，防水混凝土开裂，施工缝、变形缝处理不当以及预埋件部位和管道穿墙（地）部位处理不当引起的。

## （一）地下防水混凝土

1.质量通病1——防水混凝土不密实产生的渗漏

（1）主要原因。

①水泥品种没有按设计要求选用，强度等级低于32.5级，或使用过期水泥或受潮结块

水泥。前者降低抗渗性和抗压强度；后者由于不能充分水化，也影响混凝土的抗渗性和强度。

②粗骨料（碎石或卵石）的粒径没有控制在5～40 mm之间，影响了混凝土的抗渗性。

③用水含有害物质，对混凝土产生侵蚀破坏作用。

④外加剂的选用或掺用量不当。在防水混凝土中适量加入外加剂，可以改善混凝土内部组织结构，以增加密实性，提高混凝土的抗渗性。如UEA膨胀剂的质量标准，分为合格品、一等品两个档次，两者的限制膨胀率不同，掺入量不同，错用就会造成补偿收缩混凝土达不到预期的效果。

⑤水胶比、水泥用量、砂率、灰砂比、坍落度不符合规定。

a.水胶比。水胶比过大，混凝土内部形成孔隙和毛细管通道；水胶比过小，和易性差，混凝土内部也会形成空隙。水胶比过大或过小，都会降低混凝土的抗渗性。

b.水泥用量。胶凝材料总量不宜小于320 kg/m³，其中水泥用量不宜小于260 kg/m³。水胶比确定之后，水泥用量过少或过多，都会降低混凝土的密实度，降低混凝土的抗渗性。

c.砂率、灰砂比。防水混凝土的砂率没有控制在35%～40%之间，灰砂比过大或过小，都会降低抗渗性。

d.坍落度。拌和物坍落度没有控制在允许值的范围内。坍落度过大或过小，对拌和物施工性及硬化后混凝土的抗渗性和强度都会产生不利影响。

⑥混凝土搅拌、运输、浇筑和振捣不符合规定。

混凝土没有采用机械搅拌或机械搅拌时间少于120 s。混凝土运输过程中，没有采取有效技术措施防止离析和含水量的损失，或运输（常温下）距离太长，运输时间长于30 min；混凝土浇筑的自落高度没有控制在1.5 m以内，或超过此高度，又没有采用溜槽等技术措施；浇筑没有分层或分层厚度超过30 cm；相邻两层浇筑时间间隔过长。振捣漏振、欠振、多振。

⑦防水混凝土养护不符合规定。养护对防水混凝土抗渗性影响极大。浇水湿润养护少于14 d（一般从混凝土进入终凝时开始计算），或错误采用"干热养护"。

⑧工程技术环境不符合规定。在雨天、下雪天和五级风以上气象环境下作业；施工环境气温不在5～35 ℃范围内；地下防水工程施工期间，没有采取必要的降水措施，地下水位没有稳定保持在基地0.5 m以下。

⑨混凝土产生蜂窝、孔洞、麻面。模板接缝拼装不严、钢筋过密、混凝土浇筑前离析、混凝土振捣不密实或漏振、混凝土中掺有杂物。

（2）预防措施。

① 为保证混凝土自身质量，在施工中首先要严格控制混凝土的和易性。这是保证混凝土密实性的重要条件，须合理选择原材料，将试验室混凝土配合比合理地换算成施工配合比，掌握好搅拌时间。

② 混凝土浇筑后表面应平整，无蜂窝、孔洞、麻面等缺陷。为此模板要安设牢固，接缝拼装严密，防止漏浆；按照混凝土下料顺序与浇筑高度进行操作，防止混凝土产生离析；混凝土振捣时应分层进行，控制好每点振捣时间及有效振动范围；在钢筋密集处，宜改用同强度等级的细石混凝土材料，振捣密实。

③ 固定模板的螺栓或钢丝，不宜穿过防水混凝土结构，避免在混凝土内形成渗水通道。如必须用对拉螺栓固定模板，应在预埋套管或螺栓上加焊止水环，如图3-42所示。止水环直径及环数应符合设计规定。如设计无规定，止水环直径一般为80~100 mm，数量应不少于1个。采用预埋套管加焊止水环时，止水环应满焊在止水套管上，拆模后将螺栓取出，套管内采用膨胀水泥砂浆封堵密实。采用对拉螺栓时，止水环与螺杆也应满焊严密，拆模后将露出防水混凝土的螺栓割掉，并用水泥砂浆或细石混凝土封闭。

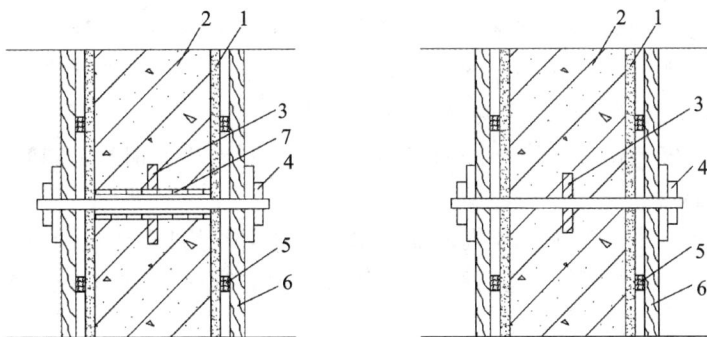

**图3-42 对拉螺栓防水处理**

1—模块；2—防水混凝土；3—止水环；4—螺栓；5—大龙骨；6—小龙骨；7—预埋套管

**2.质量通病2——防水混凝土开裂渗漏**

（1）主要原因。

① 施工时混凝土拌和不均匀、水泥品种选择不当或混用，产生裂缝。

② 混凝土中碱含量过多。骨料产生碱性反应，导致水泥浆体膨胀、开裂甚至破坏。

③ 设计考虑不周。建筑物发生不均匀沉降，导致混凝土墙、板断裂而出现渗漏。

④ 混凝土结构缺乏足够的刚度，在土的侧压力及水压作用下发生变形而出现裂缝。

⑤ 混凝土成形之后，因养护不当、成品保护不好等引起裂缝。

（2）预防措施。

① 浇筑防水混凝土必须使用同一品种水泥，混凝土的配制、浇筑应按有关规定进行。

② 设计中应充分考虑地下水作用的最不利情况，即地下水、上层滞水、地表水和毛细管水对结构的作用，以及由于人为因素而引起的周围水文地质的变化，使结构具有足够的刚度。

③ 严禁在松软土层、未经夯实回填土层以及沉降尚未稳定的加固地基上浇筑钢筋混凝土底板。

④ 模板应支撑牢固，确保足够的强度和刚度，并使地基和模板受力均匀。严防产生不均匀沉陷而导致混凝土结构产生裂缝。

⑤ 严禁采用安定性不合格的水泥，同时要防止骨料碱性反应引起混凝土的开裂。

**3.质量通病3——防水混凝土施工缝渗漏**

混凝土工程施工时，往往要留置施工缝。而这正是地下室防水的薄弱环节，处理不当就会有渗漏隐患。

（1）主要原因。

① 采用构造施工缝（即企口缝），在施工时未将旧混凝土表面凿毛，浮渣、杂物未清

除干净，以及接缝界面处理不当等，造成渗漏。

②采用止水钢板施工缝，极易与钢筋相碰，且不易将施工缝处垃圾清理干净，尤其在止水带下侧，因混凝土自身缺陷，形成渗水通路。

③采用膨胀止水条施工缝，由于膨胀止水条未按照要求进行缓膨胀处理，或在实际操作时损坏了膨胀止水条自身性能，从而达不到预期的防水效果；施工缝表面不平整；膨胀止水条的质量有问题；膨胀止水条搭接接头处理不当。

（2）预防措施。

①施工缝位置要合适。墙体水平施工缝应留在高出底板表面不小于300 mm的墙体上，留在顶板与墙接缝以下150～300 mm处，并按照施工规范进行施工缝处混凝土的浇筑，保证上、下层混凝土黏结密实。

②止水钢板安装位置应准确。如与钢筋相碰，则应移动钢筋，同时止水钢板还要与相邻钢筋焊接固定。

③留设膨胀止水条的施工缝应表面平整，必要时可用聚合物水泥砂浆填平；膨胀止水条的截面应符合设计要求，选用经过缓膨胀处理的膨胀止水条，保证膨胀止水条的质量性能。

④为了使膨胀止水条与混凝土表面粘贴密合，除采用自粘贴固定外，尚宜在适当距离内用水泥钉加固。膨胀止水条接头尺寸应大于50 mm。

**4.质量通病4——预埋件部位渗漏水**

（1）主要原因。

①预埋件周围浇筑的混凝土振捣不密实，或由于预埋件距离较近，混凝土浇筑不密实。

②未对预埋件表面进行除锈处理，使预埋件与混凝土黏结不严密。

③暗设管接头不严密或用有缝管，致使地下水从缝隙中渗入管内，又由管内流出。

④预埋件因外力作用产生松动，与混凝土间产生缝隙。

（2）预防措施。

①预埋件（铁件）表面除锈处理应得当。

②预埋件安装位置准确，必要时，预埋件部位的断面应适当加厚。

③预埋件固定牢靠，并在端头加焊止水钢板进行防水处理，如图3-43所示。

④在地下防水混凝土中，暗设管道应保证接头严密，而管道必须采用无缝管，确保管内不进水。

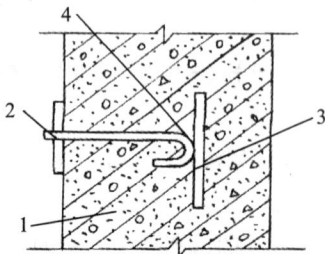

**图3-43 预埋铁件防水处理**
1—防水混凝土结构；2—预埋螺栓；
3—止水钢板；4—焊缝

**5.质量通病5——管道穿墙（地）部位渗漏**

地下室是各种管道（如上下水管、煤气管、暖气热水管）和动力电缆等的集中地，这些管缆在穿过地下室防水层时，如处理不当，也容易造成渗漏。

（1）主要原因。

造成渗水除与"预埋件部位渗漏水"相同的原因外，还有以下原因。

①管道以及电缆穿墙（地）时，管子或套管安装不严密，周围出现裂缝和缝隙。

② 热力管道穿墙部位的构造处理不当，致使管道在温差作用下由于往复伸缩变形而与混凝土结构脱离，产生裂缝。

③ 密封材料及防水涂层因延伸率不够，而被拉裂或脱离黏结面。

（2）预防措施。

① 对于常温穿墙管道，可采用中间设置止水片的方法，以延长地下水的渗入距离。或在管道四周焊锚固筋，使管道与结构形成一体，以免管道受振动出现裂缝渗漏水，如图3-44所示。

② 对于热力管道穿外墙，应采用橡胶止水套，内隔墙部位先安装套管，再安装管道，最后用柔性防水材料封闭，如图3-45所示。

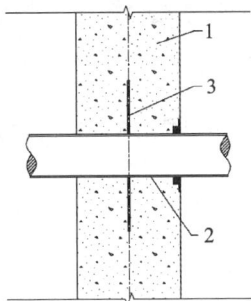

图3-44 常温管道穿墙做法
1—混凝土结构；2—管道；
3—止水片

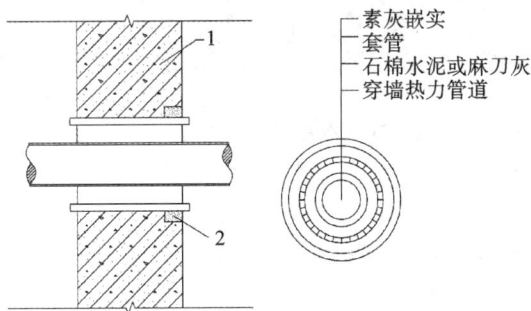

图3-45 热力管道穿内墙做法
1—混凝土结构；2—素灰嵌头

③ 对于电缆穿外墙，宜采用套管方法，套管与电缆之间的空隙应用石棉热沥青填实。

6. 质量通病6——地下室变形缝渗漏

1）埋入式止水带沿变形缝缝隙渗漏水

（1）主要原因。

① 止水带未采取固定措施或固定方法不当，埋设位置不准确或被浇筑的混凝土挤偏。

② 止水带两翼的混凝土包裹不严，特别是底板部位的止水带下面混凝土振捣不严或留有空隙；钢筋过密、浇筑混凝土方法不合理等造成止水带周围粗骨料集中，这种现象一般多发生在下部的转角处。

③ 施工人员对止水带的作用不了解，操作不认真，甚至随意将止水带破坏。

④ 混凝土分层浇筑前，遗留在止水带周围的杂物未清除干净。

（2）预防措施。

① 止水带的质量必须符合设计要求，止水带安装前须认真检查，确保其质量。

② 止水带一般固定在专用的钢筋套中，并在止水带的边缘处用镀锌钢丝绑扎牢固，在浇筑混凝土时严禁挤压止水带，避免产生位移变形。

③ 埋设底板止水带时，要把止水带下部的混凝土振捣密实，然后将铺设的止水带由中部向两侧挤压按实，再浇筑上部混凝土。

④ 浇筑混凝土时，认真操作，在钢筋过密的区域应采用细石混凝土浇筑，以免粗骨料集中在止水带周围而影响混凝土的强度与防水性能。变形缝处的木丝板必须对准中心圈环处，详见图3-46。

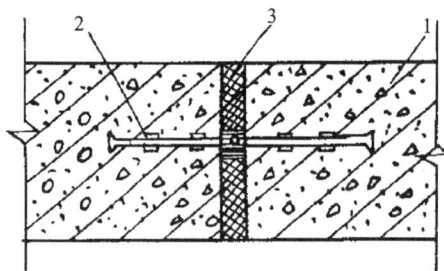

图 3-46  埋入式止水带变形缝构造

1—钢筋混凝土结构；2—止水带；3—木丝板

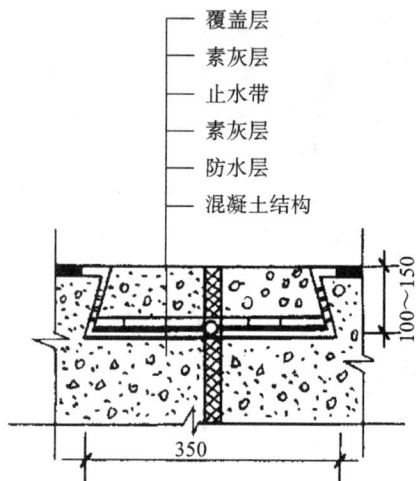

图 3-47  后埋式止水带变形缝构造

2）后埋式止水带变形缝渗漏水

（1）主要原因。

其漏水主要发生在后浇覆盖层混凝土两侧产生裂缝部位。

① 预留凹槽位置不准，止水带的两侧宽度不一，凹槽表面不平整，过于干燥，素浆层过薄，止水带下有残存气体。

② 铺止水带与覆盖层施工间隔过长，素灰层产生干缩或混凝土收缩过大。

（2）预防措施。

① 预留凹槽的位置必须符合设计要求，并在其内表面做抹面防水层，防水层表面应呈麻面，转角处做成直径15～20 mm的圆角。

② 止水带的表面应为粗糙麻面。对于光滑的表面，要用铿刀或砂轮打毛，使其与混凝土黏结牢固。

③ 铺贴时，先在凹槽底部抹厚为5 mm左右的均匀素浆层，然后由底板中部向两侧边铺贴边用手按实，赶压出气泡，表面用稠度较大的水泥浆涂抹严密。

④ 铺贴后立即用补偿收缩混凝土进行覆盖，覆盖层的中间用木丝板或防腐木板隔开，以保证在变形情况下，覆盖层能按设计的要求开裂，如图3-47所示。

3）粘贴式氯丁胶片变形缝渗漏

（1）主要原因。

① 粘贴胶片的基层表面处理不当，不平整、不坚实、不干燥。

② 胶黏剂质量不符合标准，粘贴时间掌握得不好，并且局部有气泡。

③ 胶片搭接长度不够，端头未按要求打成斜坡形，致使搭接粘贴不严。

④ 覆盖层过薄，胶片在水压力影响下产生剥离，使覆盖层空鼓开裂。当用水泥砂浆作覆盖层时，一次抹得过厚，形成收缩裂缝。

（2）预防措施。

① 预留凹槽的要求同后埋式止水带。粘贴胶片的表面必须平整、坚实，干燥，必要时可用喷灯烘烤，或在第一遍胶内掺入15%左右的干水泥。

② 粘贴前一天，在基层表面和胶片表面分别涂刷两遍氯丁胶作为底胶层，待其充分干燥后再均匀涂刷界面胶，厚度为1～2 mm。

③ 氯丁胶片粘贴时，以用手背接触涂胶层不粘手时为宜。粘贴时如发生局部空鼓须用刀割开，填胶后重新粘贴好，并补贴胶片一层，全部粘贴完成后，胶片表面应再刷上一层胶黏剂，随即撒上干燥的砂粒，以保证覆盖层与胶片的黏结。

④ 每次粘贴胶片的长度以不超过2 m为宜，搭接长度为100 mm。

⑤ 贴后应放置1～2 d，待胶层溶剂挥发，再在凹槽内满涂一道素浆，然后用细石混凝土或分层抹水泥砂浆覆盖，并用木丝板将覆盖层隔开，如图3-48所示。

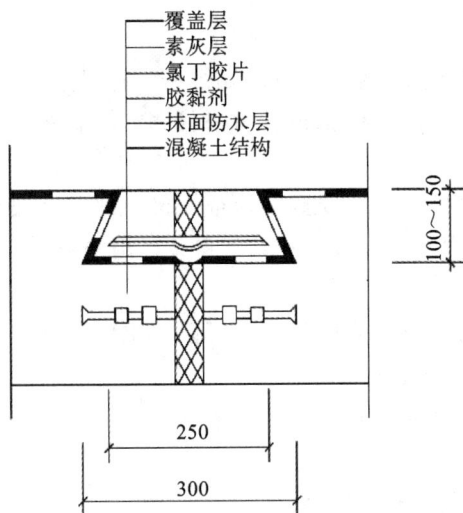

**图3-48 粘贴式氯丁胶片变形缝构造**

### （二）地下卷材防水工程

1.质量通病1——空鼓

（1）主要原因。

① 基层潮湿，找平层表面被泥水沾污，立墙卷材甩头未加保护措施，卷材被沾污。

② 未认真清理沾污表面，立面铺贴采用热融法作业，操作困难，而导致铺贴不实、不严。

（2）预防措施。

①采用水泥砂浆找平层时，水泥砂浆抹平收水后应二次压光，充分养护，不得有疏松、起砂、起皮现象。

②基层与墙的连接处，均应做成圆弧。

③基层必须保持表面干燥洁净，严防在潮湿基层上铺贴卷材防水层。

④铺贴卷材防水层之前，应提前1～2 d喷或刷1～2道冷底子油，确保卷材与基层表面附着力强，黏结牢固。

⑤铺贴卷材时气温不宜低于5 ℃，施工过程应确保胶结材料的施工温度。

⑥无论采用外贴法或内贴法施工，应把地下水位降至垫层以下不少于300 mm。应在垫层上抹1∶2.5水泥砂浆找平层，防止由于毛细水上升造成基层潮湿。底板垫层混凝土平面内的卷材宜采用空铺法或点粘法。

⑦立墙卷材的铺贴，应精心施工，操作仔细，采用满粘法施工，使卷材铺贴密实、牢固。

**2.质量通病2——卷材转角部位渗漏**

（1）主要原因。

①转角部位的卷材未能按转角轮廓铺贴严实，后浇主体结构时，接头甩槎部位的卷材被破坏。

②转角处未按规定增补附加增强层卷材。

③所选用的卷材韧性较差，转角处操作不便，未确保转角处卷材铺贴严密。

（2）预防措施。

①转角处应做成圆弧形。

②转角处应先铺附加增强层卷材，并粘贴严密，尽量选用伸长率大、韧性好的卷材。

③在立面与平面的转角处不应留设卷材搭接缝，卷材搭接缝应留在平面上，距立面不应小于600 mm。

④接头甩槎应妥加保护，避免受到环境或交叉工序的污染和损坏；接头搭接应仔细施工，满涂胶黏剂，并用力压实，最后粘贴封口条，用密封材料封严，封口宽度不应小于100 mm。

⑤临时性保护墙应用石灰砂浆砌筑以利拆除；临时性保护墙内的卷材不可用胶黏剂粘贴，可用保护隔离层卷材包裹后埋设。

**3.质量通病3——管道周围渗漏**

（1）主要原因。

①管道表面未认真进行清理、除锈。

②穿管处周边呈死角，使卷材不易铺贴。

③管道穿墙时与混凝土脱离，产生裂缝导致渗漏。

（2）预防措施。

①穿墙管道处卷材防水层铺实贴严，严禁黏结不严，出现张口、翘边现象。

②对其穿墙管道必须认真除锈和尘垢，保持管道洁净，确保卷材防水层与管道的黏结附着力。

③穿墙管道周边找平时应将管道根部抹成直径不小于50 mm的圆角，卷材防水层应按转角要求铺贴严实。

④管道穿墙应采用套管，后安装管道，然后用柔性防水材料封闭，热力管道穿墙时，应采用橡胶止水套，常温管穿墙时，可采用中间设置止水片的方法。

# 三、卫浴间防水工程

卫浴间设备管道多，阴阳转角多，工作面小，基层结构复杂，同时又是用水最频繁的地方，故极易出现渗漏。

**1.质量通病1——地面汇水倒坡**

（1）主要原因。

地漏偏高、地面不平有积水、无排水坡度，甚至倒流。

（2）预防措施。

① 严格控制地漏标高，且应低于地面标高5 mm，卫浴间地面应比走廊及其他室内地面低20 mm。

② 地漏处的汇水口应呈喇叭口形，要求排水通畅，禁止地面有倒坡或积水现象。

③ 地面向地漏处找坡不小于2%，在地漏边向外50 mm内排水坡度为3%～5%，坡向要准确。

2.质量通病2——墙身返潮和地面渗漏

（1）主要原因。

墙面防水层设计高度偏低造成墙身返潮，而地漏、墙角、管道、门口等处结合不严密。

（2）预防措施。

① 墙面上设有热水器时，其防水高度为1500 mm；淋浴处墙面防水高度应大于1800 mm。

② 墙体根部与地面的转角处找平层应做成钝角。

③ 预留洞口、孔洞，埋设的预埋件位置必须准确、可靠。地漏、洞口、预埋件周边必须设有防渗漏的附加层防水设施。

④ 防水层施工时，应保持基层干净、干燥，确保涂膜防水层与基层黏结牢固。

3.质量通病3——地漏周边渗漏

（1）主要原因。

承口杯与基体及排水管接口结合不严密，防水处理过于简陋，密封不严。

（2）预防措施。

安装地漏时，应严格控制标高，不可超高；要以地漏为中心，向四周辐射找好坡度，坡向要准确，确保地面排水迅速、畅通；地漏上口四周保留20 mm×20 mm的凹槽，在预留的凹槽内用密封材料嵌填严密，再加铺有胎体增强材料的涂膜防水附加层，附加层涂膜伸入地漏杯口深度不应少于50 mm，然后按设计要求涂刷大面防水涂料，如图3-49所示。

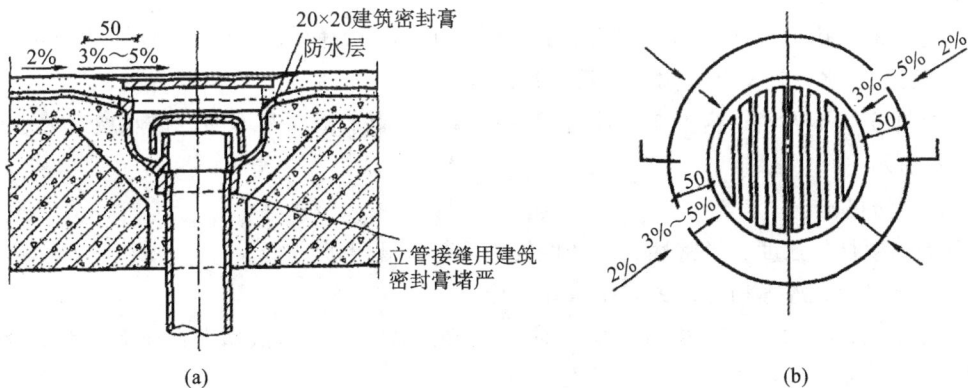

**图3-49　地漏防水做法**

4.质量通病4——立管四周渗漏

（1）主要原因。

① 管洞的位置预留不准确；安装管道时，凿大洞口，为以后的堵洞留下隐患；管道一旦安装固定，没有及时堵洞；堵洞时没有将周围杂物清除干净，没有进行湿润；堵塞材料不合格，堵塞不密，留有空洞或孔隙，如图3-50所示。

②管道与套管间没有进行密封处理，套管低于地面，管与管之间存在空隙，如图3-51所示。

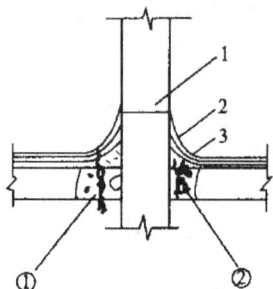

图3-50 管道周围渗漏示意图
1—铅丝或麻绳绑扎；2—面层；3—防水材料；
①—开大洞口堵洞困难引起渗漏；
②—洞内有杂物堵塞不密引起渗漏

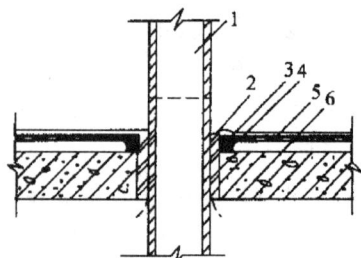

图3-51 管道与套管之间渗漏示意图
1—管道；2—套管；3—密封材料；
4—止水环；5—涂料防水层；6—结构层

（2）预防措施。

①穿楼板的立管应按规定预埋套管。

②立管与套管之间的缝隙应用密封材料填塞密实。

③套管高度应比设计地面高出20 mm以上，套管周边做同高度的细石混凝土防水保护墩。

## 四、外墙防水工程

外墙面的渗漏常见于门窗、变形缝、女儿墙等细部，雨水向室内渗透。

1. 门窗渗漏

（1）主要原因。

①材质的原因。采用的型材物理性能、化学成分和表面氧化膜不符合标准规定，其强度、气密性、水密性、开启力等不符合规定要求。

②窗框安装不严密，窗框与墙体之间存在缝隙，滴水槽深宽不够，排水坡度太小等，如图3-52所示。

（2）预防措施。

①优选型材，强度、气密性、水密性等指标符合规定。

②安装严密，缝隙均匀，做好排水孔、槽。

③宜先立窗框再进行墙内外粉刷装饰，在窗框与墙之间填嵌水密性密封材料，保证窗框与墙体之间缝隙填实。

2. 变形缝部位渗漏

（1）主要原因。

①变形缝的结构不符合规范要求；变形缝不具有适应变形的性能，应力的作用使墙体被拉裂，形成外墙面渗漏水通道。

②变形缝内嵌填的材料水密性差，或封闭不严密。封闭的盖板构造不符合变形缝变形的要求，被拉开甚至脱落，如图3-53所示。

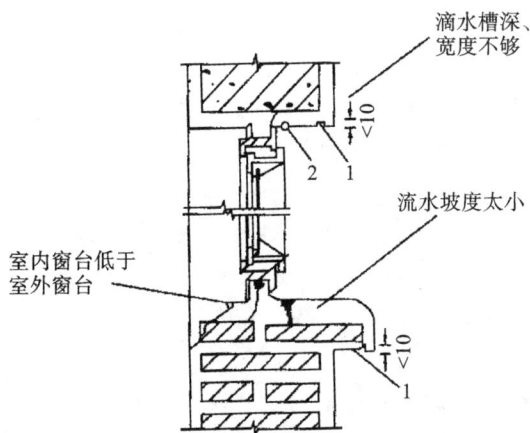

图3-52　窗渗漏示意图（单位：mm）

1—滴水槽；2—窗周边密封材料

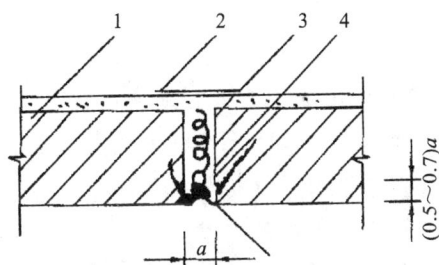

图3-53　变形缝渗漏示意图

1—砖砌体；2—室内盖缝板；3—填充材料；

4—背衬材料；5—密封材料；a—缝宽

（2）预防措施。

① 变形缝的留设位置合理，结构符合规范要求。

② 变形缝内嵌填材料应符合要求，封闭要严密。

3.女儿墙渗漏

（1）主要原因。

① 女儿墙砌筑质量差，砂浆不饱满，砌体强度达不到设计要求，抗剪强度小。一旦有外力作用，极易产生水平裂缝。

② 支撑模板施工圈梁时，横木架在墙体上留下贯穿孔洞，堵塞不严密。圈梁与砌体间黏结不密实，留下外墙面的通缝。

（2）预防措施。

把好女儿墙的砌筑质量关是防治女儿墙渗漏的最佳途径。

【案例3-4】

1.背景

某砖混结构工程，屋面结构采用大跨度空心板，板长5.4 m，采用SBS改性沥青卷材防水，下雨后屋面局部及雨水口处均有不同程度的积水现象。竣工一年后出现落水口与防水层分离，卷材端头与女儿墙脱离，卷材在屋面与墙面交接处大多悬空或破损，造成屋面靠外边出现渗漏。

2.问题

上述情况反映防水施工时存在哪些质量问题？

3.分析

反映存在找平层不平整造成排水不畅；雨水口安装不牢，填缝不实，周围未做泛水，出现倒坡现象；卷材端头收头固定不到位；阴角处找平层没有抹成弧形坡过渡使卷材撕裂等质量问题。

**【案例 3-5】**

1. 背景

某写字楼项目，建筑面积 82000 m²，两层连体整体地下室，地上为两栋塔楼，采用筏板基础，全现浇钢筋混凝土剪力墙结构。地下结构防水施工过程中，发生如下事件。

事件一：施工单位项目部对施工班组进行技术交底。规定地下室底板外防水设计为两层 2 mm 的高聚改性沥青卷材，采用热熔法满粘施工；底板防水混凝土连续浇筑，不留施工缝，墙体上可留水平施工缝，但要留在高出底板表面 200 mm 以上的墙体上，上下两层卷材不得相互垂直铺贴。

事件二：在对地下室外墙模板工程施工时，监理方检查固定模板用的对拉螺栓时，发现止水环与螺杆采用点焊方式，要求返工满焊，施工方不予接受。

事件三：在底板混凝土施工时，为了增强混凝土的抗渗性，施工单位特意向混凝土供应商提出比施工配合比多掺入一定量的 UEA 膨胀剂，由此高出的费用自己承担。由于混凝土到工地的运输时间需 45 min，为提高浇筑速度，在浇筑距混凝土出口 2.5 m 深部位的外墙时采用直接自落浇灌，以减小振捣工作量。

事件四：底板施工完毕后，浇水养护 10 d 后施工单位停止浇水，监理方提出应继续浇水养护，施工方以监理方故意刁难为由不予接受。

2. 问题

指出各事件的不妥之处，并说明理由。

3. 分析

(1) 事件一不妥之处是：采用热熔法满粘施工，以及水平施工缝位置要求。

理由：高聚改性沥青卷材当厚度小于 3 mm 时严禁采用热熔法施工；底板垫层混凝土平面部位的卷材宜采用空铺法或点粘法；墙体水平施工缝应留在高出底板表面 300 mm 以上的墙体上。

(2) 事件二不妥之处是：止水环与螺杆采用点焊方式。

理由：止水环与螺杆必须满焊严密，施工方必须接受返工。

(3) 事件三不妥之处是：比施工配合比多掺入一定量的 UEA 膨胀剂；混凝土到工地的运输时间需 45 min；在浇筑距混凝土出口 2.5 m 深部位的外墙混凝土采用直接自落浇灌。

理由：膨胀剂的掺用量过多或过少均会影响混凝土抗渗效果；混凝土到工地的运输时间不得超过 30 min，否则就会产生离析；混凝土浇筑的自落高度应控制在 1.5 m 以内，超过此高度，要采用溜槽等措施。

(4) 事件四不妥之处是：浇水养护 10 d 后施工单位停止浇水养护。

理由：对于有抗渗要求的地下结构混凝土，其养护时间不得少于 14 d。

# 任务5　装饰工程施工质量通病分析与预防措施

装饰工程关系到建筑物的使用功能和环境美化，与人们的生产、生活有着密切的联系。所以其质量好坏虽不会直接影响到建筑物的结构安全和使用寿命，却常常成为人们关注的焦点。本任务将就抹灰工程、饰面装饰工程和楼地面工程的主要施工质量缺陷的产生原因进行分析并提出相应预防措施。

## 一、外墙面抹灰工程

1.质量通病1——外墙及窗台处抹灰层空鼓、开裂

（1）现象。

外墙及窗台处的抹灰层呈空鼓、开裂状，如图3-54所示。

（2）原因分析。

①基层处理不好，表面杂质清扫不干净。

②墙面浇水不透影响底层砂浆与基层的黏结。

③一次抹灰太厚或各层抹灰时间间隔太近。

④夏季施工砂浆失水过快或抹灰后没有适当浇水养护。

⑤抹灰没有分层进行。

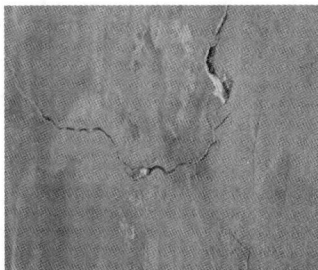

**图3-54　外墙抹灰出现空鼓、开裂**

（3）预防措施。

① 抹灰前，应将基层表面清扫干净，脚手架孔洞填塞堵严、混凝土墙表面凸出较大的地方要事先剔平刷净，蜂窝、凹洼、缺棱掉角处，应先刷一道水泥∶水＝1∶4的水泥素浆，再用1∶3水泥砂浆分层修补；加气混凝土墙面缺棱掉角和板缝处，宜先刷渗水泥重量20%的107胶的素水泥浆一道，再用1∶1∶6的混合砂浆修补抹平。

② 基层墙面应在施工前1天浇水，要浇透浇匀。

③ 表面较光滑的混凝土墙面和加气混凝土墙面，抹底灰前应先涂刷一道107胶的素水泥浆黏结层，以增加与光滑基层砂浆的黏结能力，又可将浮灰事先粘牢于墙面上，避免空鼓、裂缝。

④ 长度较长（如檐口、勒脚等）和高度较高（如柱子、墙垛、窗间墙等）的室外抹灰，为了不显接槎，防止抹灰砂浆收缩开裂，一般都应设计分格缝。

⑤ 夏季抹灰应避免在日光暴晒下进行。罩面完成后第二天应浇水养护，并坚持养护7 d以上。

⑥ 窗台抹灰开裂处，雨水容易从缝隙中渗透，引起抹灰层的空鼓，甚至脱落。要避免窗台抹灰后出现裂缝，除从设计上采用加强整个基础刚度、逐层设置圈梁等措施以及尽量减少沉陷差之外，还应尽可能推迟窗台抹灰的时间，使结构沉降稳定后再进行窗台抹灰，窗台抹灰后应加强养护，以防止砂浆收缩而产生抹灰裂缝。

2.质量通病2——外墙抹灰接槎明显，色泽不匀

（1）现象。

外墙抹灰出现明显接缝、色泽不匀的现象。

（2）原因分析。

① 墙面没有分格、分格太大或抹灰留槎位置不当。

② 基层或底层浇水不匀，罩面灰压光操作方法不当。

③ 施工时没有一次性统一配料，使得砂浆原材料色泽不一致。

（3）预防措施。

① 抹面层时应把接槎位置留在分格条处或阴阳角、水落管等处，并注意接槎部位操作，避免发生高低不平、色泽不一等现象，阳角抹灰用反贴八字尺的方法操作。

② 把室外抹水泥砂浆墙面做成毛面，用木抹子搓毛面时，要做到轻重一致，以免表面出现色泽深浅不一、起毛纹等问题。

## 二、内墙抹灰工程

1.质量通病1——墙面抹灰层空鼓、脱落

（1）现象。

内墙面抹灰层出现空鼓、开裂和脱落等现象，如图3-55所示。

（2）原因分析。

①基层处理不好，清扫不干净，浇水不透。

②墙面平整度偏差太大，一次抹灰太厚。

③砂浆和易性、保水性差、硬化后黏结强度差。

④各层抹灰层配比相差太大。

⑤没有分层抹灰。

（3）预防措施。

图3-55 内墙抹灰出现空鼓、脱落

① 抹灰前对凹凸不平的面墙必须剔凿平整，凹陷处用1:3的水泥砂浆找平。

② 基层太光滑则应凿毛，用1:1的水泥砂浆加10%的107胶先薄薄刷一层。

③ 墙面脚手架洞和其他孔洞等抹灰前必须用1:3的水泥浆堵严抹平。

④ 基层表面污垢、隔离剂等必须清除干净。

⑤ 不同基层材料（如砌体与混凝土相交面）交接处铺钉钢丝网。

2.质量通病2——抹灰层起泡、抹纹、爆灰、开花

（1）现象。

抹灰层有起泡、抹纹、爆灰、开花的现象。

（2）原因分析。

抹完罩面后，砂浆未收水就开始压光，压光后就会产生起泡现象；石灰膏熟化时间不够，过火灰没有滤净，抹灰后未完全熟化的石灰颗粒会继续熟化，体积膨胀，从而造成抹灰层表面麻点和开花；底子灰过分干燥，抹罩面灰后水分很快被底层吸收，压光时就容易出现抹纹。

（3）预防措施。

① 待墙面上的抹灰砂浆收水后，终凝前进行压光。

② 石灰膏熟化时间不少于30 d，淋灰时用小于3 mm×3 mm筛子过滤，采用细磨生石灰粉时，最好也提前1～2 d熟化成石灰膏。

③ 底层抹灰过干，应及时、适当浇水湿润，再薄薄地刷一层纯水泥浆，然后施工罩面层。罩面层施工时发现面层灰太干不易压光时，应洒水后再压。

3．质量通病3——墙面抹灰层析白

（1）现象。

墙面抹灰层出现析白现象。

（2）原因分析。

水泥在水化过程中产生氢氧化钙，受水浸泡渗到抹灰面，与空气中二氧化碳化合成白色碳酸钙出现在墙面，形成墙面析白现象。当气温低或采用水灰比大的砂浆抹灰时，析白现象更严重。此外，如选用了不适当的外加剂，也会加重析白现象。

（3）预防措施。

首先在保持砂浆流动性的条件下掺减水剂来减少砂浆用水量，减少砂浆中的游离水，以减少氢氧化钙游离渗至表面；其次可加分散剂，使氢氧化钙分散均匀，防止成片出现析白现象。另外，在低温季节，由于水化过程较慢，泌水现象普遍，应适当考虑加入促凝剂以加快硬化度，但要注意选择适宜的外加剂品种。

# 三、内墙瓷砖饰面工程

1．质量通病1——瓷砖空鼓、脱落

（1）现象。

内墙瓷砖出现空鼓和脱落的现象，如图3-56所示。

（2）原因分析。

①基层表面光滑，铺贴前基层没有湿水或湿水不透，水分被基层吸掉影响黏结力。

②基层偏差大，铺贴抹灰过厚，干缩过大。

③瓷砖泡水时间不够或水膜没有晾干。

④粘贴砂浆过稀，粘贴不密实。

⑤粘贴灰浆，初凝时拨动瓷砖。

⑥门窗框边封堵不严，开启时引起木砖松动，产生瓷砖空鼓。

**图3-56　内墙出现大面积空鼓、脱落**

⑦使用质量不合格的瓷砖，瓷砖破裂自落。

（3）预防措施。

① 基层凿毛，铺贴前墙面应浇透水，水应渗入基层8～10 mm，混凝土墙面应提前2 d浇水。

② 基层凸出部位剔平，凹处用1∶3水泥砂浆补平，脚手架洞眼、管线穿墙处用砂浆填严，然后用水泥砂浆抹平，再铺贴瓷砖。

③ 瓷砖使用前必须提前2 h浸泡并晾干。

④ 砂浆应具有良好的和易性与稠度，必要时在砂浆中加入胶水，或用黏结剂直接粘贴瓷砖。操作中，用力要均匀，嵌缝应密实。

⑤ 瓷砖铺贴应随时纠偏，粘贴砂浆初凝后严禁动瓷砖。

⑥ 门窗边应用水泥砂浆封严（有设计要求的除外）。

⑦ 对原料要严格把关验收。

2.质量通病2——瓷砖接缝不平直，墙面凸凹不平，颜色不一致

（1）现象。

内墙面瓷砖出现接缝不平直，墙面凸凹不平、颜色不一致的现象。

（2）原因分析。

① 找平层垂直度、平整度不合格。

② 瓷砖颜色、尺寸挑选不严，使用了变形砖。

③ 贴瓷砖、排砖未弹线。

④ 砖贴后未及时调缝和检查。

（3）预防措施。

① 找平层垂直度、平整度不合格不得铺贴瓷砖。

② 选砖应列为一道工序，规格、色泽不同的砖应分类堆放，出现变形、裂缝的砖应剔除不用。

③ 划出皮数，找好规矩。

④ 瓷砖铺贴后应立即拨缝，调直拍实，使瓷砖接缝平直。

## 四、石板材饰面工程

石板材饰面可分为天然石饰面板和人造石饰面板两大类，小规格的饰面板通常采用与陶瓷砖相同的粘贴方法，大规格的石板材的安装方法有贴挂法和干挂法两种，分别如图3-57、图3-58所示。目前常用的为干挂法，它解决了传统的灌浆作业贴挂法存在的施工周期长、粘贴强度低、自重大、不利于抗震、砂浆易污染外饰面等缺点，具有安装精度高、墙面平整、取消砂浆粘贴层、减轻建筑自重、提高施工效率等特点。

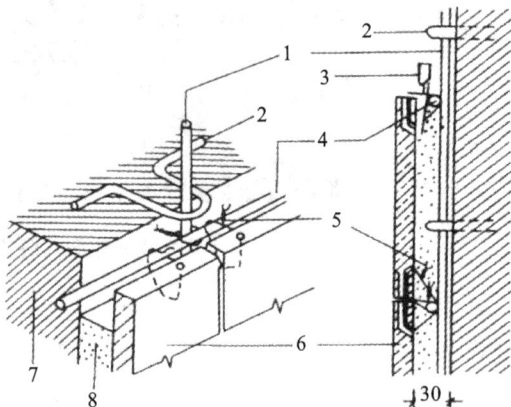

图3-57　贴挂法构造图

1—立筋；2—铁环；3—定位木楔；
4—横筋；5—铜丝或铅丝绑扎；6—石料板；
7—墙体；8—水泥砂浆

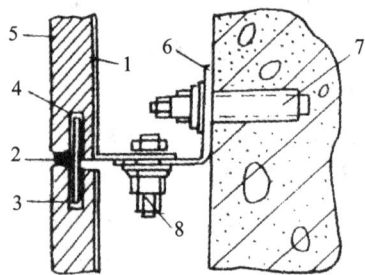

图3-58　干挂法构造图

1—玻璃布增强层；2—嵌缝油膏；3—钢针；
4—长孔（充填环氧树脂黏结剂）；5—石材板；
6—安装角钢；7—膨胀螺栓；8—紧固螺栓

1.质量通病1——板材接缝不直、色泽差异、表面花斑

（1）现象。

石材板饰面出现接缝不直、色泽差异、表面花斑等现象。

（2）原因分析。

① 饰面板翘曲不平，角度不方正。

② 花岗石、大理石板等未试拼、编号，人造石板未选配颜色。

③ 未及时用靠尺检查调平。

④ 贴挂法施工时，钢丝绑扎不牢或无固定措施灌浆时外移。

⑤ 贴挂法施工时板块未做防碱背涂处理。

（3）预防措施。

① 安装前，应将有缺楞掉角翘曲板剔出，每块石材做套方检查。

② 天然块材必须试拼，使板与板间纹理结构通顺，颜色协调并编号备用。

③ 每道工序用靠尺检查调整，使表面平整。

④ 贴挂法施工时钢丝应绑扎牢固，依施工程序做石膏水泥饼或夹具固定灌浆。

⑤ 贴挂法施工的石板材必须进行背涂处理，以防"泛碱"现象。

2.质量通病2——板材开裂

（1）现象。

石材板出现开裂现象。

（2）原因分析。

① 板材有色纹、暗缝、隐伤等缺陷以及凿洞、开槽受外力后，由于应力集中引起开裂。

② 结构产生沉降或地基不均匀沉陷。

③ 采用贴挂法时灌浆不严，腐蚀气体和湿空气透入板缝，使挂网锈蚀，造成外推塌落。

（3）预防措施。

① 选材选料时应剔除色纹、暗缝、隐伤等缺陷；加工孔洞、开槽应仔细操作。

② 采用贴挂法镶贴块料前，应待结构沉降稳定后进行，在顶底部安装块料时应留一定缝隙，以防结构压缩变形，导致开裂破坏。

③ 块材接缝缝隙小于或等于1 mm，灌浆应饱满，嵌缝应严密，避免腐蚀性气体渗入锈蚀挂网、损坏板面。

# 五、涂料饰面工程

1.质量通病1——抹灰面涂膜层起鼓、起皮

（1）现象。

内墙饰面出现涂膜层起鼓、起皮等现象。

（2）原因分析。

① 基层表面不坚实、不干净，或受油污、粉尘、浮灰等杂物污染后没有清理干净。

② 新抹水泥砂浆基层的湿度大，碱性也大，析出结晶粉末而造成起鼓、起皮。

③ 基层表面太光滑，腻子强度低，造成涂膜起皮、脱落。

（3）预防措施。

① 涂刷底层涂料前，对基层缺陷应修补平整，清除表面油污和浮灰。

② 检查基层是否干燥，含水率应小于10%。新抹水泥砂浆的基层，夏季要养护7 d 以上，冬季养护14 d以上。现浇混凝土墙面，夏季要养护10 d以上，冬季要养护20 d 以上。

③ 外墙过干，施涂前可稍加湿润，然后涂抗碱涂料或封闭底涂层。

④ 当基层表面太光滑时，要适当"毛化"处理，再用107胶水配滑石粉作腻子刮平。

2.质量通病2——抹灰面涂膜层有色差和掉粉

（1）现象。

墙面抹灰面涂膜层出现色差和掉粉现象。

（2）原因分析。

① 施涂时没有将涂料搅拌均匀，桶内的涂料上部稀，色料上浮，遮盖力差；下部稠，填料沉淀、色淡，喷涂容易掉粉。或在涂料中加水过多，被冲稀的涂料成膜不完善而掉粉。

② 使用劣质涂料，产生掉粉和不耐水等缺陷。

③ 基体的混凝土或水泥砂浆、水泥混合砂浆的龄期短，含水率高，碱度大。

④ 施涂时，环境气温低，影响涂层成膜，或涂层尚未成膜就受到雨淋。

⑤ 涂料加水过多，涂料太稀薄，成膜不完善。

（3）预防措施。

① 基层应干燥，含水率应小于10%，清理干净，并做必要的表面处理。

② 使用涂料时，必须用手提搅拌器插入桶中搅拌均匀后方可使用，涂料必须抽样测试合格后方可使用，操作过程中不准任意加水。

③ 涂料基体的混凝土或水泥砂浆的龄期一般不少于28 d，要经常浇水冲洗，降低碱度。

④ 涂料的施工环境温度不低于10 ℃，阴雨潮湿天不宜施工。

## 六、吊顶工程

1.质量通病1——轻钢龙骨、铝合金龙骨纵横方向线条不平直

（1）现象。

如图3-59所示，吊顶龙骨安装后，主龙骨、次龙骨在纵横方向上不顺直，有扭曲、歪斜现象；龙骨高低位置不匀，使得下表面拱度不均匀、不平整，甚至成波浪形；吊顶完工后，经过短期使用产生凹凸变形。

**图3-59 骨纵横方向线条不平直**

（2）原因分析。

①主龙骨、次龙骨变扭折变形，虽经修整，仍不平直。

②龙骨吊点位置不正确，吊点间距偏大，吊杆拉力不一致。

③未拉通线全面调整主龙骨、次龙骨的高低位置。

④测设吊顶的水平线时误差过大，中间平线起拱度不符合规定。

⑤龙骨安装后，局部施工荷载过大，导致龙骨局部弯曲变形。

⑥变形不均匀，产生局部下沉：

a.吊点与建筑主体固定不牢，如膨胀螺栓埋入深度不够，产生松动或脱落；射钉松动，虚焊脱落等；

b.吊挂件连接不牢，产生松脱；

c.吊杆强度不够，或施工中在吊杆上施加过大荷载，使吊杆产生拉伸变形现象。

⑦龙骨接头位置设置不合理，正常情况下，相邻龙骨的接头不应放在同一固定档内。

（3）预防措施。

① 一般情况下不宜使用受扭折变形的主、次龙骨。

② 按设计要求弹线，确定龙骨吊点位置，主龙骨端部或接长部位增设吊点，吊点间距不宜大于 1.2 m。吊杆距主龙骨端部距离不得大于 300 mm，当大于 300 mm 时应采取加固措施。当吊杆长度大于 1.5 m 时，应设置反支撑。当吊杆与设备相遇时，应调整并增设吊杆。

③ 四周墙面或柱面上，按吊顶高度要求弹出标高线，弹线清楚，位置正确。

④ 将龙骨与吊杆固定后，按标高线调整大龙骨标高，调整时一定要拉通线，大房间可根据设计要求起拱，起拱高度一般为房间短向的 1‰～3‰。

⑤ 对于不上人吊顶，安装龙骨时，龙骨上不应挂放任何施工安装器具；对于大型上人吊顶，龙骨安装后，应铺设通道板，避免龙骨承受过大的不均匀荷载而产生变形。

**2.质量通病2——轻质板块吊顶面层变形**

（1）现象。

轻质板块吊顶钉装后，板块逐渐产生凹凸变形，如图3-60所示。

（2）原因分析。

① 面板在使用过程中受温度和湿度影响，特别是某些人造板材和半成品，因材质不均匀，各部分吸湿程度不同，易产生凹凸变形。

② 钉装板块时，板块接头未留空隙，出现变形后没有伸缩余地，会加重变形程度。

**图3-60 吊顶面层变形**

③ 对于较大板块，钉装时板块与龙骨未全部贴紧；钉装从四角或四周向中心顺序排钉，板块内就会产生应力使模块凹凸变形。

④ 吊顶龙骨分格过大，板块产生挠度而变形。

（3）预防措施。

① 为确保吊顶质量，应选用优质板材。胶合板宜选用5层以上的椴木胶合板。

② 为防止板块凹凸变形，装钉前应采取如下措施。

a.人造木板不得水浸和受潮，进场后钉装前应两面均刷一道清油，以提高防潮能力。

b.轻质板块宜用小齿锯截成小块后钉装。钉装时必须由中间向两端排钉，以避免板块内产生应力而凹凸变形；板块接头留3～6 mm间隙，以适应板块膨胀变形要求。

c.采用厚度较薄的人造板材吊顶时，其吊顶龙骨的分格间距不宜大于450 mm；否则中间应加1根25 mm×40 mm的小龙骨，以防板块下挠。

3.质量通病3——轻质板块吊顶拼缝钉装不直，分格不均匀、不方正

（1）现象。

在轻质板块吊顶中，同一直线上的分格、压条或明拼缝，其边棱不在一条直线上，有错牙、弯曲等现象；纵横压条或板块拼缝分格不均匀、不方正。

（2）原因分析。

① 吊顶龙骨安装时，未拉通线找直和套方控制不严；吊顶龙骨间距分得不均匀；龙骨间距与板块尺寸不符等。

② 未按先弹线、后按线钉装板块或压条的顺序操作。

③ 明缝板块吊顶时，板块截得不方正、不直或尺寸不准。

（3）预防措施。

① 钉装吊顶龙骨时，必须保证位置准确，纵横顺直，分格方正。其做法是：吊顶前，按吊顶龙骨标高在四周墙面上弹线找平，然后在水平线上按计算出的板块拼缝间距或压条分格间距，准确地分出吊顶龙骨的位置。确定四周边龙骨位置时，应扣除墙面抹灰厚度，以防分格不均；钉装吊顶龙骨时，按所分位置拉线找直、归方、固定，同时应注意起拱和平整问题。

② 板材应按分格尺寸截成块。板块尺寸按吊顶龙骨间距尺寸减去明拼缝宽度确定，板块要截得方正、准确，不得损坏棱角，四周要修去毛边，使板边挺直光滑。

③ 板块钉装前，在每条纵横吊顶龙骨上按所分位置拉线弹出拼缝中心线，必要时应弹出拼缝边线，然后沿墨线钉装板块；钉装时若发现板块超线，应用木工刨修正，以确保缝口整齐、顺直、均匀、一致。

④ 钉装压条时，要在板块上拉线弹出压条分格墨线，然后沿墨线钉装压条。压条的接头缝隙应严密。

4.质量通病4——石膏板吊顶拼板处不平整

（1）现象。

石膏板安装后，在拼接板处有不平整、错台现象。

（2）原因分析。

① 操作不认真，主次龙骨未调平。

② 选用材料不配套，或板材加工不符合标准。

③ 固定螺丝的排钉安装顺序不正确，多点同时固定，引起板面不平，接缝不严。

（3）预防措施。

① 安装主龙骨后，拉通线检查是否正确、平整，然后边安装边调平，满足板面平整度要求。

② 应使用专用机具和选用配套材料，加工板尺寸应保证符合标准，减少原始误差和装配误差，以保证拼板处平整。

③ 按设计挂放石膏板，固定螺丝从板的一角或中线开始依次进行，以免多点同时固定引起板面不平、接缝不严。

# 七、楼地面整体面层

楼地面整体面层一般包括细石混凝土面层、水泥砂浆面层、水磨石面层、水泥钢

（铁）屑面层等。

**1.质量通病1——地面裂缝**

（1）现象。

地面出现不同程度的开裂现象。

（2）原因分析。

① 地基松软土层没有按规定挖除后换土回填夯实。由于基土含有有机杂质，不密实，不均匀，在外力作用下易造成地面破坏和产生裂缝。

② 基层土没有按《建筑地面工程施工质量验收规范》（GB 50209—2010）的规定分层夯填密实。一般建筑工程的基坑、基槽深度都大于2 m，回填土前没有先排干基坑槽底的积水和清除淤泥，就将现场周围多余的杂质土、虚土一次填满基坑，仅在表面平整后起夯，下部根本没有夯实。

③ 垫层质量差。用于垫层的碎石、炉渣等质量低劣，有的用低强度混凝土作垫层，混凝土直接铺在基土上；混凝土与基土之间结合差，垫层靠墙边、柱边，没有认真夯压密实。

（3）预防措施。

① 刮除基层面的灰疙瘩，扫刷冲洗干净，晾干，用纯水泥浆满刷一遍。随铺搅拌均匀的水泥砂浆，刮平、拍实、搓平。初凝收水后，拍平抹光，终凝前抹平压光，以无抹痕为好。

② 基层填土应分层摊铺、分层压（夯）实、分层检验其密实度。填土质量应符合《建筑地基基础工程施工质量验收标准》（GB 50202—2018）的有关规定。

③ 在大面积地面浇筑时必须设置伸缩缝。

④ 控制材料质量标准。水泥须选用硅酸盐水泥和普通硅酸盐水泥，其强度不低于42.5 MPa，并严禁混用不同品种、不同强度等级的水泥。采用中粗砂，其含泥量应小于3%。水泥砂浆（体积比为水泥∶砂＝1∶2）强度等级不小于M15，稠度（以标准圆锥体沉入度计）不应大于35 mm。

⑤ 面层压光24 h后用锯末覆盖，洒水养护7～10 d。

**2.质量通病2——地面空鼓**

（1）现象。

地面出现空鼓现象。

（2）原因分析。

① 因上部抹灰的灰砂散落在基层面凝结，有的在基层积灰或搅拌灰浆等灰泥没有扫刷和冲洗干净，形成基层与面层的隔离层而导致脱壳。

② 基层过分干燥，即面层施工前没有浇水湿润或仅在基层面洒点水，造成空鼓脱壳；或随做面层随浇水，造成基层面积水，从而导致空鼓脱壳。

③ 基层质量低劣，表面起粉、起砂，或混凝土面水泥中的游离质薄膜没有刮除，而导致起鼓。

（3）预防措施。

① 刮除基层面的灰砂，扫刷冲洗干净，晾干，用纯水泥浆满刷一遍。随铺搅拌均匀的水泥砂浆，刮平、拍实、搓平。

② 混凝土面层，须用平板振动器振平振实。隔24 h喷洒水养护7 d，或在终凝压光后喷涂养护液养护。

3.质量通病3——地面起砂和麻面

（1）现象。

地面容易起砂，出现麻面现象。

（2）原因分析。

① 水泥砂浆或细石混凝土中的水泥质量低劣、不符合要求，或强度过低。

② 配合比设计不合理或配制面层材料时不按配合比严格计量。若水泥砂浆或细石混凝土中水泥过少、黄砂过多，极易造成地面起砂。

③ 施工不合理：压实抹光的时间不当，如抹压时间过早或过迟，造成抹压不实，导致面层疏松；或在表面撒干水泥引起脱皮；或不养护失水而疏松；或成品不保护，过早使用，如任意踩踏和放重物等，使未凝固的面层强度下降而起砂、脱皮和露砂。

（3）预防措施。

① 所选用的材料应严格符合材料质量控制标准，配合比设计正确合理，并严格按此计量配制。

② 刮除基层面的灰疙瘩，扫刷冲洗干净，晾干，用纯水泥浆满刷一遍。随铺搅拌均匀的水泥砂浆，刮平、拍实、搓平。初凝收水后，拍平抹光，终凝前抹平压光，以无抹痕为好。

③ 做好面层的养护和保护工作。

④ 冬季施工采用42.5级或52.5级普通硅酸盐水泥；水泥中可掺抗冻剂，但仍应注意保护。

# 八、楼地面板块面层

板块地面泛指大理石、花岗石板地面和陶瓷块板地面。大理石、花岗石都是高级建筑装饰材料，价格昂贵，用它们装饰地面，庄重大方，豪华高贵。陶瓷块板地面包括地面砖、陶瓷锦砖（马赛克）等，具有面层薄、质量轻、造价低、美观、耐磨、色彩多、耐污染、易清洗等优点。

1.质量通病1——色泽不匀，表面花斑

（1）现象。

板块面层存在色泽不均匀，表面出现花斑现象。

（2）原因分析。

① 在基层面弹好线后，没有进行试拼。对板与板之间的纹理、色彩深浅，没有充分理顺，没有按镶贴的上下左右顺序编号。

② 试拼编号时，没有把颜色、纹理好的大理石用于主要显眼部位，或出现编号错误。

③ 由于水泥砂浆在水化时析出大量的氧化钙，泛到石材表面，产生不规则的花斑，俗称泛碱现象。

（3）预防措施。

① 铺设板块前应认真做好试拼、编号工作。

② 在天然石材安装前，应对石材表面采用"防碱背涂剂"进行背涂处理。

2.质量通病2——板块空鼓

（1）现象。

板块出现空鼓现象。

（2）原因分析。

① 地面基土没有夯压密实而产生不均匀沉降，导致板块空鼓。

② 基层面没有扫刷、冲洗洁净，泥浆、浮灰、积水成为隔离层。

③ 板块背面黏附的泥浆、粉尘等物质没有洗刷就铺贴，黏结层不黏结而空鼓。

④ 基层干燥，浇水不足，或黏结层的水泥砂浆搅拌不均匀，铺压不均匀，致使出现板块空鼓；或面层板块铺好后，养护时间不够，过早使用，造成空鼓。

（3）预防措施。

① 找平层表面应粗糙、洁净，保持湿润，不得有积水；抗压强度不得小于12 MPa；不得有疏松、起砂现象；表面平整，不得有大于5 mm的凹凸处。

② 控制结合层的质量，水泥浆的水灰比不大于0.4，并随刷随铺，不得在硬化后再铺黏结层。水泥浆应用强度不低于42.5 MPa的普通硅酸盐水泥。

③ 黏结层宜用1:4水泥砂浆洒水拌均匀，刮平拍实。板块的接合面应洗刷清洁，满刮水泥浆。

3.质量通病3——板块接缝有高低，拼缝有宽窄

（1）现象。

铺设板块接缝表面高低差大，拼缝宽度大小不一。

（2）原因分析。

发生这些质量问题的主要原因是板块的几何尺寸误差大，板块的表面没有磨平，凹凸与翘曲，或黏结层不密实，板块面层受力后局部下沉，造成相邻两块板之间出现高低差。

（3）预防措施。

①严格按照板块材料质量标准选择板块面层。

a.大理石的技术等级、光泽度、外观等应符合要求。必须有出厂合格证和各项指标数据。

b.花岗石板材的技术等级、外观质量、镜面光泽度等应符合要求。必须选用强度不低于42.5 MPa的硅酸盐水泥或普通硅酸盐水泥铺贴黏结层。

②相邻两块板的高低差不大于0.5 mm，缝宽应均匀一致。发现不符合标准的板块时，应及时纠正和调换合格的板块。

4.质量通病4——地面砖脱落

（1）现象。

楼地面砖出现脱落现象。

（2）原因分析。

① 基层强度低于M15，表面疏松、起砂，有的基层干燥。

② 地面砖在铺贴前，没有按规定浸水和洗净背面的灰烬、粉尘；或砖上的明水在铺贴前没有擦拭干净就铺贴。

③ 地面铺贴后，黏结层尚未硬化，就在地面上走动、推车、堆放重物，或其他工种在地面上操作和振动，或不浇水养护等。

④ 铺贴完的陶瓷锦砖，采用浇水湿纸的方法。因浇水过多，有的在揭纸时拉动砖块，水渗入砖底，使已贴好的锦砖形成空鼓。

（3）预防措施。

① 基层的砂浆强度不得低于M15，平整度用2 m靠尺检查时不大于5 mm，无脱壳和疏松部分为合格。质量必须达到合格标准：每处脱皮和起砂的累计面积不得超过0.5 m²。

② 结合层一般应采用硅酸盐水泥或普通硅酸盐水泥，水泥强度不低于42.5 MPa。水泥砂浆（水泥：砂＝1：2）的强度等级不应低于M15。

③ 地面砖铺贴前，应对其规格尺寸、外观质量、色泽等进行预选，然后清洗干净，放入清水中浸泡2～3 h后取出晾干备用。

④ 严格做好成品的养护和保护工作。

## 》》 课后练习 ......

**任务1**

**一、判断题（在括号内正确的打"√"，错误的打"×"）**

1.对于预制桩施工，采用"植桩法"可以减少土的挤密及孔隙水压力上升。（　　）

2.钢管桩沉桩过程中遇到大石块可以继续锤击，不会影响钢管桩顶变形。（　　）

3.沉管灌注桩施工如果拔管过快，或混凝土坍落度过小，混凝土还未流出套管外，会导致周围的土迅速挤压回缩，容易形成断桩。（　　）

4.长螺旋钻孔桩，施工中不需要控制钻进速度，刚接触地面时，下钻速度要快。（　　）

**二、选择题（选择一个正确答案）**

1.沉管灌注桩施工拔管速度过快，桩管内形成的真空吸力对混凝土产生拉力作用，容易形成（　　）。

A.缩颈　　　　B.断桩　　　　C.吊脚桩　　　　D.都不是

2.以下方法不是钻孔灌注桩提钻杆的施工工艺的是（　　）。

A.一次钻至设计标高后，在原位旋转片刻再停止旋转，静拔钻杆

B.一次钻到设计标高以上1 m左右，提钻甩土，再钻至设计标高后停止旋转，静拔钻杆

C.钻至设计标高后，边旋转边提钻杆

D.钻至设计标高后，直接提钻杆

3.水下混凝土浇筑坍落度宜为（　　）mm。

A.40～80　　　B.80～120　　　C.120～160　　　D.180～220

4.基础砌筑时宜采用小面积铺灰，采用铺浆法施工时，施工期间气温超过30 ℃时，铺浆长度不得超过（　　）mm。

A.500　　　　B.750　　　　C.1000　　　　D.1500

5.注浆法加固地基施工，为了防止喷嘴堵塞，用高压喷射注浆，喷浆一般不超过（　　）。

A.20 N/cm²　　B.25 N/cm²　　C.30 N/cm²　　D.40 N/cm²

任务2

**一、判断题（在括号内正确的打"√"，错误的打"×"）**

1.水泥混合砂浆中无机掺合料（如建筑生白灰、粉煤灰等）的掺量增加，砂浆和易性越好，但强度降低。（　　）

2.砌筑砖砌体时，严禁用干砖砌墙，砖应提前3 d浇水湿润。（　　）

3.砖砌体灰缝中，水平灰缝的砂浆饱满度不得低于80％；竖向灰缝不得出现透明缝、瞎缝和假缝。（　　）

4.抗震设防烈度为6度、7度地区，当临时间断处砌筑不能留斜槎时，除转角处外，可留直槎。（　　）

5.蒸压加气混凝土砌块、轻骨料混凝土等小型砌块的特点是收缩值小，并且收缩值完成时间早，故在施工现场不需要存放期，即产即用。（　　）

6.使用单排孔小砌块时，上下皮小砌块应孔对孔、肋对肋错缝搭接砌筑。（　　）

7.填充墙砌到梁、板底要留一定的空隙，该空缝在墙砌完后立即再用侧砖、立砖或预制混凝土块斜砌挤紧。（　　）

**二、选择题（选择一个正确答案）**

1.生石灰熟化成石灰膏时，熟化时间不得少于（　　）。

A.3 d　　　　　　B.5 d　　　　　　C.7 d　　　　　　D.9 d

2.正常情况下，小型砌块的每日砌筑高度宜控制在（　　）m或一步脚手架高度内。

A.1.4　　　　　　B.1.6　　　　　　C.1.8　　　　　　D.2.0

3.下列选项中，关于混凝土小型空心砌块，说法正确的是（　　）。

A.采用错孔砌筑要比对孔砌筑时的强度高

B.其产品生产后即可用于施工现场砌筑

C.严禁在砌筑的小砌块墙体上设脚手孔洞

D.砂浆饱满度最低要求为80％

4.下列关于砖墙施工时的要求不正确的是（　　）。

A.严禁用干砖砌墙

B.在抗震设防烈度为8度及8度以上地区，对不能同时砌筑的临时间断处留斜槎时可不配钢筋

C.不宜采取铺浆法或摆砖砌筑，应推广"三一砌砖法"

D.采用纯水泥砂浆较采用水泥混合砂浆更能提高砌筑质量

**三、案例题**

1.背景

某公司承包一砖混结构施工，墙体用实心砖砌筑，墙厚240 mm，房屋总层数为6层，抗震设防烈度为7度，施工时当地气温为28 ℃。

2.问题

（1）在一端部转角处和一纵横墙丁字相交处的横墙上均留置临时间断而不能同时砌筑的直槎，是否符合要求？规范对符合留置直槎的部位有什么具体的规定？

（2）砌筑时对水平灰缝的厚度和竖向灰缝的宽度要求在什么范围内？规范对水平灰缝和竖向灰缝的饱满程度有什么规定？

（3）质量检查时发现：在宽度1.2 m的窗间墙上、距转角处400 mm处以及某梁下3皮砖高处均留有脚手眼，试分析这些做法是否合理。

**任务3**

**一、判断题（在括号内正确的打"√"，错误的打"×"）**

1.钢模板间出现缝隙时，最理想的方法是用油毡、塑料布、水泥袋等去嵌缝堵漏。（　　）

2.模板支撑体系中选用木质支撑体系较钢质支撑体系质量更能得到保证。（　　）

3.在浇筑混凝土前，木模板应浇水湿润，但模板内不应有积水。（　　）

4.建筑楼层标高由首层±0.000标高控制，然后逐层向上引测。（　　）

5.对于有麻坑、斑点以及锈皮起层的钢筋，使用前应鉴定是否降级使用或另作处理。（　　）

6.轴心受拉和小偏心受拉杆件中的受力钢筋接头均应焊接或采用机械连接，不得绑扎。（　　）

7.一般情况下，混凝土振捣时间越长，混凝土越密实，质量就越好。（　　）

**二、选择题（选择一个正确答案）**

1.下列材料中不能用作模板脱模剂的是（　　）。

A.废机油　　　　　　B.皂液　　　　　　C.滑石粉　　　　　　D.石灰水

2.当楼梯段采用全封闭模板时，在梯段模板中每个踏面上设排气孔的目的是（　　）。

A.通气　　　　　　B.振捣密实　　　　　　C.光滑　　　　　　D.隔热

3.混凝土浇筑高度超过（　　）m，应加长软管或设溜槽、串筒下料，以防止离析。

A.1.5　　　　　　B.2　　　　　　C.2.5　　　　　　D.3

4.下列选项中，关于混凝土拌和物运输的基本要求，说法错误的是（　　）。

A.不产生离析现象

B.确保混凝土浇筑时具有设计规定的坍落度

C.在混凝土初凝之后能有充分时间进行浇筑和捣实

D.确保混凝土浇筑能连续进行

5.下列描述中，（　　）不是现浇楼板混凝土开裂的原因。

A.水泥及粉煤灰掺量多　　　　　　B.拆模太早

C.混凝土养护不及时　　　　　　D.混凝土中的钢筋偏多

6.下列描述中，（　　）不是预防大体积混凝土底板开裂的措施。

A.选用火山灰水泥　　　　　　B.掺加微膨胀剂

C.增加水泥用量　　　　　　D.设置滑动层

**三、案例题**

1.背景

某施工单位承接某框架结构施工，该框架结构梁、柱混凝土设计强度等级为C25，板的混凝土设计强度等级为C20，施工时环境温度为25 ℃，按规定设一后浇带，预留施工缝。

2.问题

（1）钢筋和袋装水泥进场时应做哪些检验？

（2）泵送混凝土浇灌楼面混凝土时为不影响下部工人的作业，从2.5 m高度处直接将混凝土倾落的做法是否合理？原因是什么？

（3）柱的施工缝留在与框架梁交接处的上面；梁的施工缝留置在主梁上中部约1/3的跨度处；为加强与后浇部分的连接，梁柱施工缝留成斜面，这些做法是否合理？原因是什么？

（4）后浇带两侧预留钢筋头，待楼面混凝土浇灌20天后，加设后浇带内的钢筋并与两侧预留的钢筋头搭接绑扎牢固，用与楼面板强度等级相同的混凝土进行后浇带内混凝土浇灌，这些做法是否合理？原因是什么？

**任务 4**

**一、判断题（在括号内正确的打"√"，错误的打"×"）**

1.由于屋面找平层强度不够、水泥砂浆找平层未设置分格缝或分格缝位置不当往往会带动卷材产生有规则的裂缝。（ ）

2.每个涂膜层是由厚度决定的，只要满足规定的厚度，涂膜可分层分遍涂布，也可一次涂成。（ ）

3.细部节点处防水施工缺陷是屋面漏水的主要原因，在渗漏的屋面工程中，70%以上是节点渗漏。（ ）

4.地下室外墙防水混凝土施工缝位置要合适。墙体水平施工缝应留在高出底板表面不小于300 mm的墙体上。（ ）

**二、选择题（选择一个正确答案）**

1.造成屋面防水卷材鼓泡的可能原因不包括（ ）。

A.基层潮湿　　　　　　　　　　　B.基层与卷材间有残留的空气

C.胶黏剂未充分干燥就急于铺贴卷材　　D.卷材质量较差

2.造成卷材在阴角处形成空悬的原因是（ ）。

A.砌筑墙体时，女儿墙内侧墙面没有预留压卷材的泛水槽口

B.阴角处找平层没有抹成弧形坡

C.卷材粘贴不密实

D.施工时基层过分潮湿

3.地下防水混凝土施工的下述做法符合规定的是（ ）。

A.混凝土机械搅拌时间为90 s

B.混凝土运输时间为50 min

C.混凝土浇筑出口距浇灌点高度为1.2 m时没有采用溜槽措施

D.混凝土浇水湿润养护时间为7 d

4.后埋式止水带变形缝处的止水带的表面应为粗糙麻面。对于光滑的表面，要用锉刀或砂轮打毛的目的是（ ）。

A.增强止水带与混凝土的黏结性　　　　B.增强止水带的憎水性

C.增强止水带的抗拉性　　　　　　　　D.增强止水带的抗老化性

**三、案例题**

1.背景

某工程大楼高84 m，地下室三层，采用掺加UEA的抗渗混凝土，基础埋深21 m，

底板厚分别为3 m和2 m，外墙厚700 mm，整个大楼为现浇混凝土双筒外框结构。地下室为整体现浇钢筋混凝土，无变形沉降缝，施工缝采用钢板止水带防水。底板为抗渗混凝土结构自防水。此工程大楼地下室，由于施工方面的原因，造成地下室部分底板和外墙大面积渗水，严重影响了施工进度和工程质量。渗漏部位主要集中在地下室四周外墙和距离墙6 m范围内的底板上。渗漏表现形式：外墙表现为大面积慢渗和点、线渗漏，底板表现为点、线渗漏和裂缝漏水。

2.问题

地下室渗漏的原因是什么？

**任务5**

**一、判断题（在括号内正确的打"√"，错误的打"×"）**

1.抹灰施工时对基层面浇水湿润的目的是提高底层砂浆与基层的黏结力。（　　）

2.抹灰使用水灰比较大的水泥砂浆容易导致墙面抹灰层出现析白现象。（　　）

3.基层表面有油污染不会影响墙面漆涂刷质量。（　　）

4.水泥砂浆面层施工完毕如果不及时养护易导致地面起砂。（　　）

5.吊顶施工中，对于不上人的吊顶，安装龙骨时，龙骨上不应挂放任何安装器具。（　　）

**二、选择题（选择一个正确答案）**

1.以下不属于导致外墙抹灰层空鼓的原因是（　　）。

A.基层处理不好，表面杂质清扫不干净

B.抹灰没有分层进行

C.墙面浇水不透影响底层砂浆与基层的黏结

D.抹灰砂浆水灰比过小

2.为防止瓷砖出现空鼓，在镶贴前瓷砖应该提前（　　）浸泡并晾干。

A.2 h　　　　　　　B.4 h　　　　　　　C.6 h　　　　　　　D.24 h

3.涂料施工环境温度不得低于（　　）。

A.0 ℃　　　　　　B.5 ℃　　　　　　C.10 ℃　　　　　　D.15 ℃

4.下列选项中，不属于整体面层铺设的是（　　）。

A.水泥混凝土面层　　　　　　　B.水泥砂浆面层

C.不发火面层　　　　　　　　　D.塑料板面层

5.吊顶施工中，吊杆距主龙骨端部距离不得大于（　　），当大于该距离时应采取加固措施。

A.100 mm　　　　　B.200 mm　　　　　C.250 mm　　　　　D.300 mm

# 项目四　建筑工程施工质量验收

【素质目标】

(1) 具有规范操作、诚实守信的价值观。

(2) 具有严谨细致、认真负责的工作态度。

(3) 具有团队协作精神。

(4) 具有质量意识。

【知识目标】

(1) 了解建筑工程施工质量验收规范和标准体系组成和特点。

(2) 了解建筑工程质量缺陷的成因、质量缺陷技术处理方案的确定、质量缺陷的处理程序。

(3) 理解建筑工程施工质量验收层次，掌握验收层次划分的原则。

(4) 熟悉建筑工程施工质量各验收层次验收内容及验收合格条件。

(5) 掌握建筑工程施工质量各验收层次的验收程序和组织验收的相关规定。

【能力目标】

(1) 具有对常用建筑材料、构配件及设备进场验收的能力。

(2) 对于具体的施工项目，能根据相关规范的要求合理划分施工质量验收层次。

(3) 作为参加建筑工程项目验收的成员，具有分析各验收层次质量状况的能力，对所验工程的质量作出正确的评价。

(4) 能参加工程质量缺陷的技术处理工作。协助分析产生质量缺陷的原因，制订质量缺陷的技术处理方案。

【案例引入】

1.背景

某单位工程为单层钢筋混凝土排架结构，共有60根柱子，32 m空腹屋架。业主委托某监理单位对施工阶段进行监理。在施工过程中，监理工程师发现刚拆模的钢筋混凝土柱子中有10根存在工程质量问题。其中6根出现较严重的蜂窝、露筋现象；4根柱子蜂窝、麻面现象轻微，且截面尺寸小于设计要求。经设计单位验算，截面尺寸小于设计要求的4根柱子可以满足结构安全和使用功能要求，可不加固补强。在监理工程师组织的质量事故分析处理会议上，施工单位提出了如下几个处理方案：

方案一：6根柱子加固补强，补强后不改变外形尺寸，不造成永久性缺陷；4根柱子不加固补强。

方案二：10根柱子全部砸掉重做。

方案三：6根柱子砸掉重做；4根柱子不加固补强。工程竣工后，承包方组织了该单位工程的预验收，在组织正式竣工验收前，业主已提前使用该工程。业主在使用中发现房屋屋面漏水，要求承包方修理。

2.问题

（1）合同要求承包方保证地基与基础及主体结构两个分部工程质量不存在永久性缺陷，以能评为市、省、国优质工程为目标。以上对柱子工程质量问题的三种处理方案中，哪种处理方案能满足要求？为什么？

（2）该工程项目的分项工程如何组织验收？

（3）该工程项目的主体结构分部工程如何组织验收？

（4）在工程未正式验收前，业主提前使用是否可认为该单位工程已验收？对出现的质量问题，承包方是否应承担保修责任？

建筑工程施工质量验收，是指在施工单位自行质量检验评定合格的基础上，由工程质量验收责任方组织工程建设相关单位参加，通过对工程建设的中间产品和最终产品进行质量验收，根据相关标准以书面形式对工程质量合格与否做出确认，以确保达到业主所要求的功能和使用价值。其包括工程施工过程质量验收和竣工质量验收，是工程质量控制的重要环节。

# 任务1　建筑工程施工质量验收基本知识

## 一、建筑工程施工质量验收层次

建筑工程项目往往体型较大，需要的材料种类和数量也较多，施工工序和施工项目多，如何使验收工作具有科学性、经济性及可操作性，合理确定验收层次十分必要。根据《建筑工程施工质量验收统一标准》（GB 50300—2013）的规定，一般将单位工程按照专业、建筑部位划分为地基基础、主体等若干个分部；每一个分部按照主要工种、材料、施工工艺、设备类别划分为若干个分项；每一个分项按照楼层、施工段、变形缝等划分为若干个检验批。故工程施工质量验收可划分为检验批、分项工程、分部（子分部）工程、单位（子单位）工程四个层次。其中检验批是工程验收的最小单位，是分项工程乃至整个建筑工程质量验收的基础。另外，对建筑工程采用的主要材料、半成品、成品、建筑构配件、器具和设备应进行现场验收；对隐蔽工程要求在隐蔽前由施工单位通知有关单位进行验收，并形成验收文件。

单位（子单位）工程质量验收即为该项目的竣工验收，是项目建设程序的最后一个环节，是全面考核项目建设成果、检查设计与施工质量、确认项目能否投入使用的重要步骤。

## 二、建筑工程施工质量验收基本规定

1.未实行监理的建筑工程的质量控制与验收

未实行监理的建筑工程，建设单位相关人员应履行《建筑工程施工质量验收统一标准》（GB 50300—2013）涉及的监理职责。

2.建筑工程施工质量验收的要求

（1）工程质量验收均应在施工单位自行检查评定的基础上进行。

（2）参加工程施工质量验收的各方人员应该具备规定的资格。

（3）检验批的质量应按主控项目和一般项目验收。

（4）对涉及结构安全、节能、环境保护和主要使用功能的试块、试件及材料，应在进场时或施工中按规定进行见证检验。

（5）隐蔽工程应在隐蔽前由施工单位通知监理单位进行验收，并应形成验收文件，验收合格后方可继续施工。

（6）对涉及结构安全、节能、环境保护和使用功能的重要分部工程应在验收前按规定进行抽样检验。

（7）工程外观质量应由验收人员通过现场检查后共同确认。

3.建筑工程施工质量验收合格的规定

（1）符合工程勘察、设计文件的要求。

（2）符合《建筑工程施工质量验收统一标准》（GB 50300—2013）和相关专业验收规范的规定。

4.对专项验收要求的规定

专项验收按相应专业验收规范的要求进行。为适应建筑工程行业的发展，鼓励新技术的推广应用，保证建筑工程验收的顺利进行，当专业验收规范对工程中的验收项目未作出相应规定时，应由建设单位组织监理、设计、施工等相关单位制定专项验收要求。涉及结构安全、节能、环境保护等项目的专项验收要求应由建设单位组织专家论证。

5.特殊情况下调整抽样复验、试验数量的规定

符合下列条件之一时，可按相关专业验收规范的规定适当调整抽样复验、试验数量。调整后的抽样复验、试验方案应由施工单位编制，并报监理单位审核确认。

（1）同一项目中由相同施工单位施工的多个单位工程，使用同一生产厂家的同品种、同规格、同批次的材料、构配件、设备等，如果按每一个单位工程分别进行复验，势必造成重复而浪费人力物力，因此可适当调整抽样复检、试验的数量。

（2）同一施工单位在现场加工的成品、半成品、构配件用于同一项目中的多个单位工程中，对这样的情况可适当调整抽样复验、试验数量。但对施工安装后的工程质量应按分部工程的要求进行检测试验，不能减少抽样数量。

（3）在同一项目中，针对同一抽样对象已有检验成果可以重复利用。如混凝土结构的隐蔽工程检验批和钢筋工程检验批，就有很多相同之处，可重复利用检验成果，但需分别填写验收资料。

## 三、建筑工程施工质量验收规范和标准

为了加强建筑工程质量管理，保证工程质量，约束和规范房屋工程质量验收方法、程序和质量标准。我国制定的《建筑工程施工质量验收统一标准》（GB 50300—2013）和15个施工质量验收规范，组成工程质量验收规范体系。

1.《建筑工程施工质量验收统一标准》（GB 50300—2013）

该标准的基本内容如下。

（1）提出了工程施工质量管理和质量控制的要求。

（2）提出了检验批质量检验的抽样方案要求。

（3）确定了建筑工程施工质量验收划分方式、合格判定及验收程序的原则。

（4）规定了各专业验收规范编制的统一原则。

（5）对单位工程质量验收的内容、方法和程序等作出了具体规定。

2.15个建筑专业工程施工质量验收规范

（1）《建筑地基基础工程施工质量验收标准》（GB 50202—2018）。

（2）《砌体结构工程施工质量验收规范》（GB 50203—2011）。

（3）《混凝土结构工程施工质量验收规范》（GB 50204—2015）。

（4）《钢结构工程施工质量验收标准》（GB 50205—2020）。

（5）《木结构工程施工质量验收规范》（GB 50206—2012）。

（6）《屋面工程质量验收规范》（GB 50207—2012）。

（7）《地下防水工程质量验收规范》（GB 50208—2011）。

（8）《建筑地面工程施工质量验收规范》（GB 50209—2010）。

（9）《建筑装饰装修工程质量验收标准》（GB 50210—2018）。

（10）《建筑给水排水及采暖工程施工质量验收规范》（GB 50242—2002）。

（11）《通风与空调工程施工质量验收规范》（GB 50243—2016）。

（12）《建筑电气工程施工质量验收规范》（GB 50303—2015）。

（13）《电梯工程施工质量验收规范》（GB 50310—2002）。

（14）《智能建筑工程施工质量验收规范》（GB 50339—2013）。

（15）《建筑节能工程施工质量验收标准》（GB 50411—2019）。

3.建筑工程质量验收技术标准体系特点

建筑工程质量验收技术标准体系总结了我国建筑施工质量验收的实践经验，具有如下特点：

（1）体现了"验评分离、强化验收、完善手段、过程控制"的指导思想；

（2）同一对象只有一个标准，避免了交叉，便于执行；

（3）只设一个"合格"的质量等级，取消了优良等级。

# 任务2 建筑材料进场验收

工程质量与建筑材料质量有着直接的关系，因建筑材料质量不合格而导致的工程质量事故并不少见。建筑材料的质量低劣成为一些工程质量事故的直接原因，也有相当部分的工程质量事故与建筑材料有着间接关系，即虽然不是材料本身的质量问题，但是在施工中误用或使用不当而造成质量事故。因此，为使建筑工程质量得到基本保证，必须对建筑工程材料的验收管理进行有效的控制。

## 一、建筑材料进场验收的程序

材料进场验收程序见图4-1。

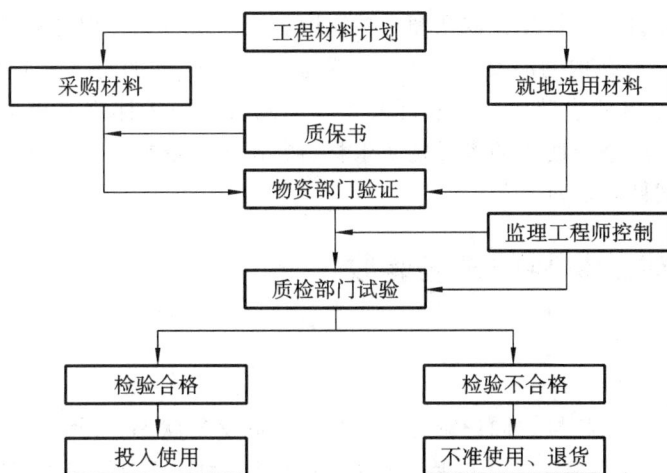

**图 4-1　原材料检验程序**

（1）材料验收前1天，承包商应书面发出"材料验收通知单"。

（2）监理工程师接收由承包商发出的"材料验收通知单"，并做好材料验收的技术准备工作。

（3）监理工程师按照"材料验收通知单"上规定的时间、地点，准时、准地参加材料检验工作。材料验收的内容为材料的搬运、储存场地、装卸、包装、外观检查、资料审查、抽样试化验、标识、储存、发放等是否符合要求。

（4）在材料验收中发现问题即刻指出，并发出"质量问题监理通知单"。待承包商处理完毕后，再行通知检查。验收合格后，在"材料验收单"上签字确认。

## 二、材料进场检验的总体要求

（1）凡运到施工现场的原材料、半成品或构配件，进场前应向项目监理机构提交"工程材料/设备报审表"，同时附有产品出厂合格证及技术说明书，由施工承包单位按规定要求进行检验的检验报告或试验报告，经监理工程师审查并确认合格后，方准进场，缺少产品出厂合格证明或检验不合格的材料不得进场。如果监理工程师认为承包单位提交的有关产品合格证明的文件及检验或试验报告不足以说明到场产品的质量符合要求，可以再行组织材料复检或见证取样试验，确认其质量合格后方允许进场。

（2）进口材料的检查、验收，应会同国家商检部门进行。如在检验中发现质量问题或数量不符合规定要求，应取得供货方及商检人员签署的商务记录，在规定的索赔期内进行索赔。

（3）材料构配件存放条件的控制。质量合格的材料、构配件进场后，到其使用或安装时通常都要经过一定的时间间隔。在此时间内，如果对材料的存放、保管不良，可能导致其质量状况恶化，如损伤、变质、损坏，甚至不能使用。因此，在材料、器材等使用前，应经监理工程师对质量再次检查确认后，方可使用。经检查质量不符合要求者（例如水泥存放时间超过规定期限或受潮结块、强度等级降低），则不准使用，或降低等级使用。

（4）进行必要的材料进场取样送检，材料进场复检应符合要求。为加强建筑工程质量管理，保证工程施工检验的科学性、真实性和公正性，确保工程结构安全，对涉及结构安全的试块、试件和材料实行见证取样和送检制度。必须实行见证取样和送检的试块、试件和材料有：用于承重结构的混凝土试块、混凝土中使用的外加剂、钢筋及连接接头试件；用于承重墙体的砌筑砂浆试块、砖和混凝土小型砌块；用于拌制混凝土和砌筑砂浆的水泥；地下、屋面、厕浴间使用的各类别防水材料；国家标准规定的必须实行见证取样和送检的其他试块、试件和材料。

## 三、常用建筑材料的进场验收

**（一）钢筋原材料**

**1.热轧钢筋的取样**

（1）检验批：按同牌号、同炉罐号、同规格、同交货状态，质量不大于60 t的钢筋为一个检验批。对容量不大于30 t的冶炼炉冶炼的钢锭和连续坯轧制的钢筋，允许由同牌号、同冶炼方法、同浇注方法的不同炉罐号组成混合批，但每批不多于6个炉罐号。

（2）取样数量：外观检查检验从每批钢筋中抽取5%进行；力学性能试验从每批钢筋中任选两根，每根截取两个试样分别进行拉伸试验和冷弯试验。

（3）取样方法：力学性能试验取样时，应在钢筋的任意一端切去500 mm，然后截取。拉伸试件长度取（5$d$ + 200）mm，弯曲试件长度取（10$d$ + 200）mm，其中$d$为钢筋直径。

**2.热轧钢筋的检验要求**

（1）资料检查：钢筋出厂时应在每捆（盘）上悬挂两个标牌，注明生产厂、生产日期、钢号、炉罐号、钢筋级别、直径等，并附有质量证明书、产品合格证及出厂试验报告。

（2）外观检查检验：钢筋表面不得有裂纹、结疤和折叠；钢筋表面允许有凸块，但不得超过横肋的高度；钢筋表面上其他缺陷的深度和高度不得大于所在部位尺寸的允许偏差；钢筋每1 m弯曲度不应大于4 mm。

（3）力学性能试验：如有一项试验结果不符合要求，则从同一批中另取双倍数量的试样重做各项试验。如仍有一个试样为不合格品，则该批钢筋为不合格。

（4）专项检验：当热轧钢筋在加工过程中发现脆断、焊接性能不良或机械性能显著不正常等现象时，应进行化学成分分析或其他专项检验。

**（二）水泥**

**1.水泥的抽样**

（1）检验批：同一生产厂家、同一等级、同一品种、同一批号且连续进场的水泥，袋装水泥不超过200 t为一批，散装水泥不超过500 t为一检验批。

（2）取样数量：袋装水泥采用分层随机抽样法，从不少于20袋中各抽取等量共计不少于12 kg水泥作为检验试样；散装水泥可用单纯随机法，从不少于3个车罐中各抽取等量共计不少于12 kg水泥作为检验试样。

**2.水泥的检验要求**

（1）资料检查：水泥进场时应审查出厂试验报告。

（2）样品复检：对强度、体积安定性及其他必要性能指标进行复验。凡氧化镁、三氧化硫、初凝时间、体积安定性中的任何一项不符合标准规定者均为废品；凡稠度、终凝时间中的任一项不符合标准规定或混合材料掺量超过最大限量和强度低于商品强度等级规定的指标时为不合格品；水泥包装标志中水泥品种、强度等级、生产者名称和出厂编号不全的也为不合格品。

### （三）骨料

#### 1.砂

（1）砂的抽样：同产地、同规格的砂，取 400 m³ 或 600 t 为一验收批，不足上述者亦为一批。在料堆上取样时，取样部位应均匀分布。取样前先将取样部位表层铲除，然后从不同部位抽取大致等量的砂 8 份，总量不少于 10 kg，混合均匀。

（2）砂的检验要求：砂的检验项目主要是颗粒级配、含泥量、表观密度和堆积密度等。检验（含复检）后，各项性能指标都符合本标准的相应类别规定时，可判定该批产品合格。若有一项性能指标不符合标准要求，则应从同一批产品中加倍取样，对不符合标准要求的项目进行复检，若复检结果合格，可判定该批产品合格，否则判定不合格。

#### 2.碎石（碎卵石）

（1）碎石（碎卵石）的抽样：同产地、同规格的碎石，取 400 m³ 或 600 t 为一验收批，不足上述者亦为一批。取样时，在料堆的顶部、中部和底部分别选取五个不同的部位，取样部位应均匀分布。取样前先将取样部位表层铲除，然后从不同部位抽取大致等量的石子15 份，总量不少于 60 kg，混合均匀。

（2）碎石（碎卵石）的检验要求：检验项目为颗粒级配、含泥量、泥块含量、针片状颗粒含量等。各项性能指标都符合相应类别标准规定时，可判定该批产品合格。若有一项性能指标不符合标准要求，则应从同一批产品中加倍取样，对不符合标准要求的项目进行复检，若复检合格，可判定该批产品合格，否则判定不合格。

### （四）混凝土

#### 1.混凝土的抽样

混凝土试件在混凝土的浇筑地点随机抽取。用于检查结构构件混凝土强度的试件，取样与试件留置应符合下列规定。

（1）每拌制 100 盘且不超过 100 m³ 的同配合比的混凝土，取样不得少于一次。

（2）每工作班拌制的同一配合比的混凝土不足 100 盘时，取样不得少于一次。

（3）当一次连续浇筑量超过 1000 m³ 时，同一配合比的混凝土每 200 m³ 取样不得少于一次。

（4）每一楼层、同一配合比的混凝土，取样不得少于一次。

（5）每次取样应至少留置一组标准养护试件，每组不少于 3 个试件。同条件养护试件的留置组数应根据实际需要确定。

预拌混凝土运到现场后，也应按上述要求取样。

对有抗渗要求的混凝土结构，取样与试件留置应符合下列规定：同一工程、同一配合比的混凝土，取样不应少于一次，留置组数按连续浇筑混凝土每 500 m³ 留一组，每组不少于 6 个试件，且每项工程不得少于两组。采用预拌混凝土的可根据实际需要确定。

#### 2.混凝土的检查要求

混凝土拌制前，应测定砂、石含水率并依此确定施工配合比，每工作台班检查一次。在拌制和浇筑过程中，应检查组成材料的称量偏差，每一工作班抽查不应少于一次。坍落度的检查在浇筑地点进行，每一工作班至少检查两次。在同一工作班内，如混凝土配合比由于外界影响而有变动，应及时检查，对混凝土搅拌时间应随时检查。

### （五）砖

**1.砖的抽样**

（1）检验批：每一生产厂家的砖到现场后，应按烧结砖每20万块为一检验批，抽检数量为1组。

（2）取样数量：外观质量抽50块；尺寸偏差抽20块；强度等级抽10块。

（3）取样方法：外观试样从每一批的堆垛中随机抽取，其他检验项目从外观检验后的试样中随机抽取。取样后应立即送试验室委托试验。

**2.砖的检验要求**

砖产品的检验分出厂检验和形式检验。出厂检验项目包括尺寸偏差、外观质量和强度等级；形式检验项目包括标准规定的全部技术要求。

产品出厂时，生产厂提供质量合格证、出厂产品质量证明书，包括生产厂名、产品标记、批量及编号、证书编号、本批产品实测技术性能和生产日期等内容，并由检验员和承检单位签章。外观检验中有欠火砖、酥砖或螺旋纹砖则判定该批产品不合格；尺寸偏差、强度等级应按《烧结普通砖》（GB/T 5101—2017）中的技术标准要求判定，其中有一项不合格则判定该批产品质量为不合格。

### （六）砌块

**1.砌块的抽样**

（1）检验批：同品种、同规格、同等级的砌块，以1万块为一批，不足1万块也为一批。

（2）取样数量：每批随机抽取32块做尺寸偏差和外观质量检验。从尺寸偏差和外观质量检验合格的砌块中抽取5块做强度等级检查，取3块做相对含水率检查，取3块做抗渗性检查，取10块做抗冻性检查，取3块做空心率检查。

**2.砌块的检验要求**

普通混凝土小型空心砌块的检验分出厂检验和形式检验。出厂检验项目包括尺寸偏差、外观质量、强度等级及相对含水率，用于清水墙的砌块还应有抗渗性。形式检验项目包括标准规定的全部技术要求。

砌块出厂时，生产厂应提供产品质量合格证书，包括厂名、商标、批量编号、砌块数量、产品标记、检验结果、合格证编号、检验部门和检验人员签章等内容。

### （七）砌筑砂浆

**1.砌筑砂浆的抽样**

（1）砂浆试块的取样数量：以不超过250 m³的各种类型和各种强度等级的砌筑砂浆为一检验批。每台搅拌机应至少检查一次，每次至少制作1组试件，每组不少于6块。同一类型强度等级的砂浆试块应不少于3组。

（2）取样方法：在砂浆搅拌机出料口随机取样制作砂浆试块（同盘砂浆只应制作1组试块，不可一次制作多组试块）。

**2.砌筑砂浆检验要求**

同一检验批砂浆试块抗压强度平均值必须大于或等于设计强度等级所对应的立方体抗

压强度；同一检验批砂浆试块抗压强度最小一组平均值必须大于或等于设计强度等级所对应的0.75倍立方体抗压强度。

### （八）防水材料

常用防水材料除检查产品合格证、产品性能检测报告外，还应进行现场抽样检验，包括外观质量检验和物理性能检验，详见表4-1、表4-2。

**表4-1　常用屋面防水材料进场抽样检验**

| 序号 | 材料名称 | 抽样数量 | 外观质量检验 | 物理性能检验 |
|---|---|---|---|---|
| 1 | 高聚物改性沥青防水卷材 | 大于1000卷抽5卷，每500～1000卷抽4卷，100～499卷抽3卷，100卷以下抽2卷，进行规格尺寸和外观质量检验。在外观质量检验合格的卷材中，任取一卷做物理性能检验 | 表面平整、边缘整齐，无孔洞、缺边、裂口，胎基未浸透，矿物粒料粒度，每卷卷材的接头 | 可溶物含量、拉力、最大拉力时延伸率、耐热度、低温柔性、不透水性 |
| 2 | 合成高分子防水卷材 | | 表面平整、边缘整齐，无气泡、裂纹、黏结疤痕、每卷卷材的接头 | 断裂拉伸强度、拉断伸长率、低温弯折性、不透水性 |
| 3 | 高聚物改性沥青防水涂料 | 每5 t为一批，不足5 t按一批抽样 | 水乳型：无色差、凝胶、结块、明显沥青丝；溶剂型：黑色黏稠状，细腻、均匀胶状液体 | 固体含量、耐热性、低温柔性、不透水性、断裂伸长率或抗裂性 |
| 4 | 合成高分子防水涂料 | 每10 t为一批，不足10 t按一批抽样 | 反应固化型：均匀黏稠状，无凝胶、结块；挥发固化型：经搅拌后无结块，呈均匀状 | 固体含量、拉伸强度、断裂伸长率、低温柔性、不透水性 |
| 5 | 聚合物水泥防水涂料 | 每10 t为一批，不足10 t按一批抽样 | 液体组分：无杂质、无凝胶的均匀乳液；固体组分：无杂质、无结块的粉末 | 固体含量、拉伸强度、断裂伸长率、低温柔性、不透水性 |

**表4-2　常用地下防水材料抽样检验**

| 序号 | 材料名称 | 抽样数量 | 外观质量检验 | 物理性能检验 |
|---|---|---|---|---|
| 1 | 高聚物改性沥青防水卷材 | 大于1000卷抽5卷，每500～1000卷抽4卷，100～499卷抽3卷，100卷以下抽2卷，进行规格尺寸和外观质量检验。在外观质量检验合格的卷材中，任取一卷做物理性能检验 | 断裂、皱折、孔洞、剥离、边缘不整齐，胎体露白、未浸透，撒布材料粒度、颜色，每卷卷材的接头 | 拉力，最大拉力时延伸率，低温柔度，不透水性 |
| 2 | 合成高分子防水卷材 | | 折痕、杂质、胶块、凹痕，每卷卷材的接头 | 断裂拉伸强度，扯断伸长率，低温弯折性，不透水性 |

| 序号 | 材料名称 | 抽样数量 | 外观质量检验 | 物理性能检验 |
|---|---|---|---|---|
| 3 | 有机防水涂料 | 每5 t 为一批，不足5 t 按一批抽样 | 均匀黏稠体，无凝胶，无结块 | 潮湿基面黏结强度，涂膜抗渗性，浸水168 h 后拉伸强度，浸水168 h 后断裂伸长率，耐水性 |
| 4 | 无机防水涂料 | 每10 t 为一批，不足10 t 按一批抽样 | 液体组分：无杂质、凝胶的均匀乳液 固体组分：无杂质、结块的粉末 | 抗折强度，黏结强度，抗渗性 |
| 5 | 聚合物水泥防水砂浆 | 每10 t 为一批，不足10 t 按一批抽样 | 干粉类：均匀，无结块；乳胶类：液体经搅拌后均匀无沉淀，粉末均匀，无结块 | 7 d 黏结强度，7 d 抗渗性，耐水性 |

# 任务3  施工质量验收层次划分

建筑工程质量验收工作是一项十分重要的工作，工程从合同签订后进行施工准备到竣工交付使用，要经过若干阶段、工序和多种专业工种的配合。如前所述，一般可按结构分解的原则将工程施工质量验收划分为单位（子单位）工程、分部（子分部）工程、分项工程、检验批四种层次。

## 一、施工质量验收层次划分的作用

1.有利于工程质量处于受控状态

由于划分了层次，工程施工能进行过程控制和最终把关，确保工程质量符合有关标准，使工程质量处于受控状态。

2.有利于工程质量有序管理

根据工程特点，将整个工程按结构分解的原则分解成各个相对独立的单元体，这使得整个工程易于管理，便于验收。

3.有利于提高工程质量验收的科学性、规范性和准确性

经过划分后的工程，各工种及设备机组、各系统、区段的划分相对统一，验收起来更有条理。

4.有利于为工程竣工验收提供真实有效的资料

由于划分了层次，施工质量能得到有效的控制，发现质量问题后容易落实责任并及时分析、解决，同时便于进行质量评定。

## 二、施工质量验收层次的划分

### 1.单位工程的划分

对于房屋建筑工程，单位工程的划分应按下列原则确定。

（1）具备独立施工条件并能形成独立使用功能的建筑物或构筑物为一个单位工程。如一所学校中的一栋教学楼、办公楼、传达室，某城市的广播电视塔等。

（2）对于规模较大的单位工程，可将其能形成独立使用功能的部分划分为一个子单位工程。子单位工程的划分依据一般为工程的建筑设计分区、使用功能的显著差异、结构缝的设置等实际情况。施工前，应由建设、监理、施工单位商定划分方案，并据此收集整理施工技术资料和验收。如一个公共建筑有20层塔楼及4层裙房，裙房竣工后具备使用功能，可计划将其先投入使用，这样就可以将这个裙房划为一个子单位工程。

（3）室外工程可根据专业类别和工程规模划分为单位工程或子单位工程、分部工程，如表4-3所示。

**表4-3 室外工程的划分**

| 单位工程 | 子单位工程 | 分部工程 |
|---|---|---|
| 室外设施 | 道路 | 路基、基层、面层、广场与停车场、人行道、人行地道、挡土墙、附属构筑物 |
| | 边坡 | 土石方、挡土墙、支护 |
| 附属建筑及室外环境 | 附属建筑 | 车棚、围墙、大门、挡土墙 |
| | 室外环境 | 建筑小品、亭台、水景、连廊、花坛、场坪绿化、景观桥 |

注：本表摘自《建筑工程施工质量验收统一标准》（GB 50300-2013）。

### 2.分部工程的划分

分部工程是单位工程的组成部分。对于建筑工程，分部工程的划分应按下列原则确定。

（1）分部工程的划分可按专业性质、工程部位确定。如建筑工程可划分为地基与基础、主体结构、建筑装饰装修、屋面工程、建筑给水排水及供暖、通风与空调、建筑电气、建筑智能化、建筑节能、电梯10个分部工程，但单位工程中不一定全部包含这些分部工程。

（2）分部工程较大且复杂时，为方便验收，可将其中相同部分的工程或能形成独立专业体系的工程划分为若干个子分部工程。如可按材料种类、施工特点、施工程序、专业系统及类别将分部工程划分为若干子分部工程。

### 3.分项工程的划分

分项工程是分部工程的组成部分，是工程质量验收的基本单元和工程质量管理的基础，由一个或若干个检验批组成。

（1）建筑工程的分项工程一般应按主要工种来划分，也可按材料、施工工艺、设备类别来划分。如建筑工程主体结构分部工程中，混凝土结构子分部工程按主要工种分为模板、钢筋、混凝土等分项工程；按施工工艺又分为预应力、现浇结构、装配式结构等分项工程。

（2）要根据不同的工程特点，按系统或区段来划分各自的分项工程。如住宅楼的照明，可把每个单元的照明系统划分为一个分项工程。对于大型公共建筑的通风管道工程，一个楼层可分为数段，每段即为一个分项工程。

（3）在一个工程中，各工种、各系统、区段的划分应相对统一。为了使质量能受到有效的控制，发现质量问题能容易落实责任并能及时分析、解决，同时便于进行质量评定，要求划分的范围不宜太大，即分项工程不能太大。

4.检验批的划分

检验批在《建筑工程施工质量验收统一标准》（GB 50300—2013）中是指按相同的生产条件或按规定的方式汇总起来供抽样检验用的，由一定数量样本组成的检验体。它是建筑工程质量验收划分中的最小验收单位。

检验批可根据施工、质量控制和专业验收的需要，按工程量、楼层、施工段、变形缝进行划分。施工前，应由施工单位制定分项工程和检验批的划分方案，并由项目监理机构审核。通常的划分原则如下。

（1）多层及高层建筑的分项工程可按楼层或施工段来划分检验批，单层建筑的分项工程可按变形缝等划分检验批。

（2）地基与基础的分项工程一般划分为一个检验批，有地下层的基础工程可按不同地下层划分检验批。

（3）屋面工程的分项工程可按不同楼层屋面划分不同的检验批，其他分部工程中的分项工程，一般按楼层划分检验批。

（4）对于工程量较少的分项工程可划分为一个检验批。

（5）安装工程一般按一个设计系统或组别划分为一个检验批。

（6）室外工程统一划分为一个检验批。

# 任务4　施工质量验收程序和组织

## 一、检验批工程质量验收程序与组织

（1）验收前，施工单位应对施工完成的检验批进行自检，合格后由项目专业质量检查员填写检验批质量验收记录（表4-4）及检验批报审、报验表。

（2）施工单位将上述记录及报验表报送项目监理机构申请验收。专业监理工程师对所报资料进行审查，并组织施工单位项目专业质量检查员、专业工长到现场对主控项目和一般项目进行实体检查、验收。

（3）由于检验批的数量较多，不可能全数验收，应进行随机抽样检验。样品满足分布均匀、具有代表性的要求，抽样数量不应低于有关专业验收规范的规定。

（4）对验收合格的检验批，专业监理工程师应在检验批质量验收记录表、检验批报审、报验表的相应位置签字确认，准许进行下道工序施工；对验收不合格的检验批，专业监理工程师应要求施工单位进行整改，并由施工单位在自检合格后重新进行复验。

表4-4　检验批质量验收记录

编号：

| 单位（子单位）工程名称 | | | 分部（子分部）工程数量 | | | 分项工程名称 | |
|---|---|---|---|---|---|---|---|
| 施工单位 | | | 项目负责人 | | | 检验批容量 | |
| 分包单位 | | | 分包单位项目负责人 | | | 检验批部位 | |
| 施工依据 | | | | | 验收依据 | | |
| 主控项目 | 验收项目 | | 设计要求及规范规定 | 最小/实际抽样数量 | 检查记录 | | 检查结果 |
| | 1 | | | | | | |
| | 2 | | | | | | |
| | 3 | | | | | | |
| | 4 | | | | | | |
| | 5 | | | | | | |
| | 6 | | | | | | |
| | 7 | | | | | | |
| | 8 | | | | | | |
| | 9 | | | | | | |
| | 10 | | | | | | |
| 一般项目 | 验收项目 | | 设计要求及规范规定 | 最小/实际抽样数量 | 检查记录 | | 检查结果 |
| | 1 | | | | | | |
| | 2 | | | | | | |
| | 3 | | | | | | |
| | 4 | | | | | | |
| | 5 | | | | | | |
| 施工单位检查结果 | | | 专业工长：<br>项目专业质量检查员：<br>年　月　日 | | | | |
| 监理单位验收结论 | | | 专业监理工程师：<br>年　月　日 | | | | |

## 二、隐蔽工程质量验收程序和组织

隐蔽工程是指在下道工序施工后将被覆盖或掩盖，不易进行质量检查的工程，如钢筋混凝土中的钢筋工程、地基与基础工程中的混凝土基础和桩基础等。隐蔽工程可能是一个检验批，也可能是一个分项工程或子分部工程，所以，可以对应地按检验批或分项工程、子分部工程进行验收。

（1）隐蔽工程在下一道工序开工前必须进行验收，并按照隐蔽工程验收控制程序办理。隐蔽工程自检合格后，施工单位以书面形式报送项目监理机构申请验收。

（2）专业监理工程师对施工单位递交的隐蔽工程质量验收记录、隐蔽工程报审、报验表进行审查。当隐蔽工程为检验批时，专业监理工程师可组织施工单位项目专业质量检查员、专业工长等到现场进行实体检查、验收，同时应保留照片、影像资料。对于基底、基槽、桩基础等这类隐蔽工程，验收时还要有勘察单位、设计单位相关负责人员和相关检测单位负责人参加。

（3）对验收合格的隐蔽工程，专业监理工程师应在施工单位所填的隐蔽工程质量验收记录和检验批报审、报验表的相应位置签字确认，准许进行下道工序施工；对验收不合格的隐蔽工程，专业监理工程师应要求施工单位进行整改，并由施工单位在自检合格后重新组织予以复验。

## 三、分项工程质量验收程序与组织

（1）验收前施工单位应先对施工完成的分项工程进行自检，合格后填写分项工程质量验收记录（表4-5）、分项工程报审、报验表，并报送项目监理机构申请验收。

**表4-5　分项工程质量验收记录**

编号：

| 单位（子单位）工程名称 | | | | 分部（子分部）工程名称 | | |
|---|---|---|---|---|---|---|
| 分项工程数量 | | | | 检验批数量 | | |
| 施工单位 | | | | 项目负责人 | | 项目技术负责人 |
| 分包单位 | | | | 分包单位项目负责人 | | 分包内容 |
| 序号 | 检验批名称 | 检验批容量 | 部位/区段 | 施工单位检查结果 | | 监理单位验收结论 |
| 1 | | | | | | |
| 2 | | | | | | |
| 3 | | | | | | |
| 4 | | | | | | |
| 5 | | | | | | |

| 6 | | | | | |
|---|---|---|---|---|---|
| 7 | | | | | |
| 8 | | | | | |
| 9 | | | | | |
| 10 | | | | | |

说明：

| 施工单位<br>检查结果 | 项目专业技术负责人：<br>年　月　日 |
|---|---|
| 监理单位<br>验收结论 | 专业监理工程师：<br>年　月　日 |

（2）由专业监理工程师组织施工单位项目专业技术负责人等进行分项工程质量验收。

（3）专业监理工程师应对施工单位填报的资料逐项进行审查。在分项工程验收中，如果对该分项工程的某些检验批验收结论有怀疑或异议，应进行相应的检查核实。

（4）对符合要求的分项工程，施工单位项目专业质量检验员和项目专业技术负责人在相应的质量验收记录、分项工程报审、报验表中相关栏目签字，然后由专业监理工程师签字通过验收。

## 四、分部（子分部）工程质量验收程序和组织

（1）施工单位先对施工完成的分部（子分部）工程进行自检，合格后填写分部（子分部）工程质量验收记录（表4-6）及分部（子分部）工程报验表，并送项目鉴定机构申请验收。

（2）总监理工程师组织相关人员进行验收。其中，施工单位的项目负责人和项目技术负责人等均应参加各类分部（子分部）工程质量验收。考虑到地基与基础、主体结构工程要求严格，技术性强，关系到整个工程的安全，而建筑节能是基本国策，直接关系到国家资源策略、可持续发展，规定地基与基础分部工程的质量验收应有勘察、设计单位项目负责人和施工单位技术、质量部门负责人到场参加；主体结构、节能分部工程的质量验收应有设计单位项目负责人和施工单位技术、质量部门负责人到场参加。

（3）施工单位汇报分部（子分部）工程完成情况，验收人员审查监理、勘察、设计、施工单位的工程资料，并实地查验工程质量。验收过程中所发现的和工程质量监督机构提出的有关质量问题和疑问，由有关单位进行回答。

**表 4-6　分部（子分部）工程质量验收记录**

编号：

| 单位（子单位）工程名称 | | 子分部工程数量 | | 分项工程数量 | |
|---|---|---|---|---|---|
| 施工单位 | | 项目负责人 | | 技术（质量）负责人 | |
| 分包单位 | | 分包单位负责人 | | 分包内容 | |
| 序号 | 子分部工程名称 | 分项工程名称 | 检验批数量 | 施工单位检查结果 | 监理单位验收结论 |
| 1 | | | | | |
| 2 | | | | | |
| 3 | | | | | |
| 4 | | | | | |
| 5 | | | | | |
| 6 | | | | | |
| 质量控制资料 | | | | | |
| 安全和功能检验结果 | | | | | |
| 观感质量检验结果 | | | | | |
| 综合验收结论 | | | | | |
| 施工单位<br>项目负责人：<br>年　月　日 | 勘察单位<br>项目负责人：<br>年　月　日 | | 设计单位<br>项目负责人：<br>年　月　日 | 监理单位<br>总监理工程师：<br>年　月　日 | |

注：1.地基与基础分部工程的验收应由施工、勘察、设计单位项目负责人和总监理工程师参加并签字。

2.主体结构、节能分部工程的验收应由施工、设计单位项目负责人和总监理工程师参加并签字。

（4）验收人员对主要分部工程的勘察、设计、施工质量和管理环节等方面作出评价，并分别阐明各自的验收结论。

（5）当验收意见一致时，验收人员应分别在相应的分部（子分部）工程质量验收记录表上签字。当参加验收的各方对工程质量的验收意见不一致时，应当协商提出解决办法，也可申请有关行政主管部门或工程质量监督机构协调办理。

（6）对验收不合格的分部（子分部）工程，应要求施工单位进行整改，自检合格后予以复查。

## 五、单位工程质量验收程序与组织

### 1.预验收

（1）单位工程完工后，施工单位首先要依据质量标准、设计图纸等组织有关人员进行自检，并对检查结果进行评定，符合要求后填写单位工程竣工验收报审表，以及质量竣工验收记录、质量控制资料核查记录、安全和使用功能检验资料核查以及观感质量检查记录等，并将单位工程竣工验收报审表及有关竣工资料报送项目监理机构申请预验收。

（2）项目监理机构收到预验收申请后，总监理工程师应组织各专业监理工程师审查施工单位提交的单位工程竣工验收报审表及其他有关竣工资料，并对工程质量进行竣工预验收。存在质量问题时，应由施工单位及时整改，整改完毕且合格后，总监理工程师应签认单位工程竣工验收报审表及有关资料。

2．验收

（1）施工单位向建设单位提交工程验收报告和质量资料，申请工程竣工验收。

（2）建设单位收到施工单位提交的工程竣工报告后，应由建设单位项目负责人组织监理、设计、施工等单位项目负责人进行单位（子单位）工程验收。勘察单位虽然也是责任主体，但已经参加了地基基础工程的验收，故可以不参加单位工程验收。

（3）在整个单位工程验收时，已验收的子单位工程的验收资料应作为单位工程验收的附件。

（4）有分包单位参与单位工程施工时，分包单位对所承包的工程项目进行自检，并按规范规定的程序进行验收，总包单位应派人参加。分包单位应将分包工程的质量控制资料整理完整，并移交给总包单位。建设单位组织单位工程质量验收时，分包单位负责人也应参加验收。

（5）当验收意见一致时，参加验收的人员应在单位工程质量竣工验收记录表（表4-7）上对应位置签字；当验收意见不一致时，建设单位可请当地建设行政主管部门或工程质量监督机构（也可是其委托的部门、单位或各方认可的咨询单位）协调处理。

**表4-7　单位工程质量竣工验收记录**

| 工程名称 | | 结构类型 | | 层数/建筑面积 | |
|---|---|---|---|---|---|
| 施工单位 | | 技术负责人 | | 开工日期 | |
| 项目负责人 | | 项目技术负责人 | | 完工日期 | |
| 序号 | 项目 | 验收记录 | | | 验收结论 |
| 1 | 分部工程验收 | 共　　分部，经查符合设计及标准规定　　分部 | | | |
| 2 | 质量控制资料核查 | 共　　项，经核查符合规定　　项 | | | |
| 3 | 安全和使用功能核查及抽查结果 | 共核查　　项，符合规定　　项，<br>共核查　　项，符合规定　　项，<br>经返工处理符合规定　　项 | | | |
| 4 | 观感质量验收 | 共抽查　　项，达到"好"和"一般"的　　项，经返修处理符合要求的　　项 | | | |
| 综合验收结论 | | | | | |

续表

| | 建设单位 | 监理单位 | 施工单位 | 设计单位 | 勘察单位 |
|---|---|---|---|---|---|
| 参加验收单位 | （公章）<br>项目负责人：<br>年 月 日 | （公章）<br>总经理工程师：<br>年 月 日 | （公章）<br>项目负责人：<br>年 月 日 | （公章）<br>项目负责人：<br>年 月 日 | （公章）<br>项目负责人：<br>年 月 日 |

注：单位工程验收时，验收签字人员应由相应单位的法人代表书面授权。

（6）单位工程质量验收合格后，建设单位应在规定时间内将工程竣工验收报告和有关文件报县级以上人民政府建设行政主管部门或其他有关部门备案。

# 任务5 施工质量验收各层次的质量验收要求

## 一、检验批质量验收

### 1.检验批质量检验的项目

为了使检验批的质量满足安全和功能的基本要求，保证建筑工程质量，各专业验收规范对各检验批的主控项目和一般项目的合格质量给予了明确的规定。

（1）主控项目。

主控项目是保证工程安全和使用功能的重要检验项目；是对安全、卫生、环境保护和公众利益起决定性作用的检验项目；是确定该检验批主要性能的项目。其条文是必须达到的要求。如混凝土、砂浆的强度等级是保证混凝土结构、砌体工程强度的重要性能，其指标必须全部达到设计要求。在实际工程中，如果达不到规定的质量指标，降低要求就相当于降低该工程项目的性能指标，这会严重影响工程的安全性能；如果提高要求就等于提高性能指标，这样会增加工程造价。

主控项目包括的内容主要如下。

① 重要材料、构件及配件、成品及半成品、设备性能及附件的材质、技术性能等。如水泥、钢材的质量；预制楼板、墙板、门窗等构配件和风机等设备。验收时应检查出厂证明，其技术数据、项目应符合有关技术标准的规定。

② 结构的强度、刚度和稳定性等检验数据、工程性能的检测数据。如混凝土、砂浆的强度；钢结构的焊缝强度；管道的压力试验；风管的系统测定与调整；电气的绝缘、接地测试；电梯的安全保护、试运转结果等。验收时应检查测试记录，其数据及项目要符合设计要求和验收规范规定。

③ 一些重要的允许偏差项目，必须控制在允许偏差限值之内。对一些有龄期的检测项目，在其龄期未到，不能提供数据时，可先评价其他项目，并根据施工现场的质量保证

和控制情况，暂时验收该项目，待检测数据出来后，再填入数据。如果数据达不到规定数值，或对一些材料、构配件质量及工程性能的测试数据有疑问，应进行复试、鉴定及实地检验。

（2）一般项目。

一般项目是除主控项目以外的检验项目，其条文也是应该达到的要求，但对不影响工程安全和使用功能的少数条文可以适当放宽一些。这些条文虽不像主控项目那样重要，但对工程安全、使用功能、美观均具有较大影响。一般项目在验收时，绝大多数抽查处（件）的质量指标都必须达到要求。

一般项目包括的内容主要如下。

① 允许有一定偏差的项目，用数据规定的标准，可以有个别偏差范围，最多不超过20%的检查点可以超过允许偏差值，但也不能超过允许值的150%。

② 对不能确定偏差值而又允许出现一定缺陷的项目，则以缺陷的数量来区分。

③ 一些无法定量的而采用定性的项目。如碎拼大理石地面颜色应协调，应无明显裂缝和坑注；油漆工程中，中级油漆应光亮、光滑；卫生器具给水配件安装项目，接口应严密，启闭部分应灵活；管道接口项目，接口应无外露油麻等。这类项目需要在实际检查中定性分析。

2.检验批验收合格的条件规定

只有符合下述条件，检验批质量方能判定合格：

（1）主控项目的质量经抽样检验均应合格；

（2）一般项目的质量经抽样检验合格，当采用计数抽样时，合格率应符合有关专业验收规范的规定，且不得存在严重缺陷；

（3）具有完整的施工操作依据、质量验收记录。

3.检验批质量检验方法

（1）检验批的质量检验抽样方案。

检验批的质量检验可根据检验项目的特点采用下列抽样方案：

① 采用计量、计数或计量—计数的抽样方案；

② 采用一次、二次或多次抽样方案；

③ 对重要的检验方案，当有简易快速的检验方法时，选用全数检验方案；

④ 根据生产连续性和生产稳定性情况，采用调整抽样方案；

⑤ 经实践证明有效的抽样方案。

（2）计数抽样的最小抽样数量。

检验批抽样样本应随机抽取，满足分布均匀、具有代表性的要求。抽样数量应符合有关专业验收规范的规定。当采用计数抽样时，最小抽样数量应符合表4-8的要求。

**表4-8 检验批最小抽样数量**

| 检验批容量 | 最小抽样数量 | 检验批容量 | 最小抽样数量 |
|---|---|---|---|
| 2~15 | 2 | 151~280 | 13 |
| 16~25 | 3 | 281~500 | 20 |
| 26~90 | 5 | 501~1200 | 32 |
| 91~150 | 8 | 1201~3200 | 50 |

（3）抽样检验风险控制。

要求通过抽样检验 100%合格是不合理的，也是不可能的。抽样检验必然存在两类风险：

① 错判概率 $\alpha$，是指合格批被判为不合格批的概率，即合格批被拒收的概率；

② 漏判概率 $\beta$，是指不合格批被判为合格批的概率，即不合格批被误收的概率。

在抽样检验中，两类风险的一般控制范围是：

主控项目：对应于合格质量水平的 $\alpha$ 和 $\beta$ 均不宜超过 5%；

一般项目：对应于合格质量水平的 $\alpha$ 不宜超过 5%，$\beta$ 不宜超过 10%。

## 二、隐蔽工程质量验收

### 1. 隐蔽工程质量验收制度

为了加强工程的质量管理，避免隐蔽工程造成质量隐患，确保工程质量满足设计和规范要求，特制定隐蔽工程验收制度。

（1）验收人员：工程部分管人员、监理公司人员、施工单位施工员和质量检查员。

（2）验收时间：隐蔽工程应提前一天报验。

（3）验收内容：土建工程、桥梁工程、涵洞工程中的所有隐蔽工程。

### 2. 常见隐蔽工程验收方法

（1）基坑、基槽验收。

① 建筑物基础或管道基槽按设计标高开挖后，施工项目部要求监理单位组织验槽工作。

② 建设单位项目工程师、监理工程师、施工单位、勘察、设计单位按约定时间到现场确认土质是否满足承载力的要求，如需加深处理则可通过工程联系单方式经设计方签字确认后进行。

③ 基坑或基槽验收记录要经上条所述的五方会签，验收后应尽快隐蔽，避免被雨水浸泡。

（2）基础回填隐蔽验收。

基础回填工作要按设计图要求的土质或材料分层夯填，并且按规范的相关要求进行，由质量检测部门取土，检查其密实性、夯实系数是否达到设计要求，确保回填土不产生较大沉降。

（3）混凝土工程的钢筋隐蔽验收。

① 检查钢筋级别、规格、数量、间距是否符合设计图纸的要求，同一截面接头数量及搭接长度必须符合规范的要求。对焊接头的钢筋，先检验焊接外观质量，然后按规范的要求抽取样品进行焊接试件检验，确保焊接接头质量达标。

② 按设计要求验收钢筋保护层。

③ 对验收中存在不合要求的要发送监理整改通知单，直至完全合格后方可在隐蔽验收记录表上签字同意进行混凝土浇筑。

（4）混凝土结构上预埋管、预埋铁件及水电管线的隐蔽验收。

混凝土结构上通常有防水套管、预埋铁件、电气管线、给排水管线需隐蔽，在混凝土浇筑封模板前要对其进行隐蔽验收。验收合格后方可在隐蔽验收记录表上签字同意隐蔽。

① 首先验收其原材料是否有合格证，是否有见证送检，只有合格材料才允许使用。

② 检查套管，铁件要加所用材料规格及加工是否符合设计要求。

③ 核对其放置的标高、轴线等具体位置是否准确无误；并检查其固定方法是否可靠，能否确保混凝土浇筑过程中不变形、不移位。

④ 检查水电管线埋设位置是否合理，能否满足要求。

（5）混凝土结构及砌体工程装饰前的隐蔽验收。

混凝土结构及砌体在装饰抹灰前均要进行隐蔽中间验收。

① 混凝土结构需要查验所有材料合格证及混凝土试压报告，要进行现场强度回弹或钻孔取样试压，要检验混凝土表面密实度及结构几何尺寸是否符合设计要求。

② 砌体要查验原材料合格证、砂浆配合比报告、砂浆试压报告等有关材料是否齐全，现场查验抗震构造拉接钢筋设置是否恰当，砌体砌筑方法及灰缝是否满足设计要求，砌体轴线、位置、厚度等是否符合图纸规定。

**3.隐蔽工程质量验收的相关责任**

因为隐蔽工程在隐蔽后发生质量问题还要重新施工和覆盖，这种返工造成的损失往往较大，为了避免资源的浪费和当事人双方的损失，保证工程的质量和工程顺利完成，承包人在隐蔽工程隐蔽以前，应当通知有关方进行检查，检查合格后方可进行隐蔽。

实践中，当工程具备覆盖、掩盖条件的，承包人应当先进行自检，自检合格后，在隐蔽工程进行隐蔽前及时通知发包人或发包人派驻的工地代表。通知内容包括自检记录、隐蔽的内容、检查时间和地点。发包人或其派驻的工地代表接到通知后，应当在要求的时间内到达隐蔽现场，对隐蔽工程的条件进行检查，检查合格的，发包人或者其派驻的工地代表在检查记录上签字，方可进行隐蔽施工。

发包人在接到通知后，没有按期对隐蔽工程条件进行检查的，承包人应当催告发包人在合理期限内进行检查。因此，承包人通知发包人检查而发包人未能及时进行检查的，承包人有权暂停施工。承包人可以顺延工期，并要求发包人赔偿因此造成的停工、窝工、材料和构件积压等损失。

如果承包人未通知发包人检查而自行进行隐蔽的，事后发包人有权要求对已隐蔽的工程进行检查，承包人应当按照要求进行剥露，并在检查后重新隐蔽或者修复后隐蔽。如果经检查隐蔽工程不符合要求，承包人应当返工，重新进行隐蔽。在这种情况下检查隐蔽工程所发生的费用如检查费用、返工费用、材料费用等由承包人负担，承包人还应承担工期延误的违约责任。

## 三、分项工程质量验收

分项工程，是施工图预算中最基本的计算单位，故也称为工程定额子目或工程细目。分项工程的验收是以检验批为基础进行的。一般情况下，检验批和分项工程两者具有相同或相近的性质，只是批量的大小不同。

1.分项工程质量验收的内容

（1）保证项目。

保证项目是涉及结构安全或重要使用性能的分项工程，它们应全部满足标准规定的要求。保证项目中包括的主要内容有：

① 重要材料、成品、半成品及附件的材质，检查出厂证明及试验数据；

② 结构的强度、刚度和稳定性等数据，检查试验报告；

③ 工程进行中和完毕后必须进行检测的项目，其现场抽查或检查试验记录。

（2）检验项目。

检验项目对结构的使用要求、使用功能、美观等均有较大影响，必须通过抽样检查来确定是否合格，它在分项工程质量评定中的重要性仅次于保证项目。其主要内容有：

① 允许有一定的偏差项目，但又不宜纳入实测项目，因此在检验项目中用数据规定出"优良"和"合格"的标准；

② 对不能确定偏差值而又允许出现一定缺陷的项目，则以缺陷的数量来区分"合格"和"优良"；

③ 采用不同影响部位区别对待的方法来划分"优良"和"合格"；

④ 用程度来区分项目的"合格"与"优良"。

（3）实测项目。

实测项目是指对每个分项工程操作中容易或必然产生一定偏差的项目。根据一般操作水平，结合对结构性能或使用功能、观感等所允许的影响程度，给予一定的允许偏差范围。允许偏差值的数据有以下几种：

① 有"正""负"要求的数值；

② 偏差值无"正""负"概念的数值；

③ 要求大于或小于某一数值；

④ 要求在一定的范围内的数值；

⑤ 采用相对比例值确定偏差值。

2.分项工程质量验收合格的规定

只有符合以下两方面的条件，分项工程质量方能判定合格：

① 分项工程所含检验批的质量均应验收合格；

② 分项工程所含检验批的质量验收记录应完整。

分项工程的验收是在检验批的基础上进行的。在分项工程质量验收时应着重注意以下三点：

① 核对检验批的部位、区段是否全部覆盖分项工程的范围，有没有缺漏的部位没有验收到；

② 一些在检验批中无法检验的项目，在分项工程中直接验收，如砖砌体工程中的全高垂直度、砂浆强度的评定；

③ 检验批验收记录的内容及签字人是否正确、齐全。

## 四、分部（子分部）工程质量验收

分部（子分部）工程由若干分项工程组成。分部、子分部工程验收的内容、程序都是一样的。在一个分部工程中只有一个子分部工程时，子分部工程就是分部工程。当分部工程中不止一个子分部工程时，可以按子分部分别进行质量验收，然后应将各子分部工程的质量控制资料进行核查；对地基基础、主体结构和设备安装等分部工程中的子分部工程，由于其事关安全和使用功能，必须对有关安全和功能的检验和抽样检查结果进行核查，对观感质量进行综合评价。

1.分部工程验收包括的范围

分部工程是单位工程的组成部分，是单位工程中分解出来的结构更小的工程，可分为基础、主体、装饰、楼地面、门窗、屋面、电梯、给排水、消防、通风照明、电气等部分。每部分都是由不同工种的工人利用不同的工具和材料来完成的。

2.分部（子分部）工程质量验收合格的规定

（1）分部（子分部）工程所含分项工程的质量均应验收合格。

（2）质量控制资料应完整。

（3）有关安全、节能、环境保护和主要使用功能的抽样检验结果应符合相应规定。

（4）观感质量应符合要求。

分部工程质量验收是在其所含各分项工程质量验收的基础上进行的。分部工程所含各分项工程必须已验收合格且相应的质量控制资料齐全、完整，这是验收的基本条件。

# 五、单位工程质量验收

1.单位工程质量验收合格的规定

单位工程质量验收也称质量竣工验收，是建筑工程投入使用前的最后一次验收。其验收合格的条件是：

（1）所含分部（子分部）工程的质量均应验收合格；

（2）质量控制资料应完整；

（3）所含分部工程中有关安全、节能、环境保护和主要使用功能等的检验资料应完整；

（4）主要使用功能的抽查结果应符合相关专业质量验收规范的规定；

（5）观感质量应符合要求。

2.单位工程质量验收注意事项

（1）施工单位应认真核查各分部工程的质量验收情况。

施工单位应将所有分部工程的质量验收记录表及相关资料及时进行收集整理，并列出目次表，依序将其装订成册，并重点核查下列内容：

① 各分部工程是否齐全；

② 各分部工程质量验收记录表及相关资料的质量评价是否完善；

③ 各分部工程质量验收人员是否符合规定，并对验收记录表及相关资料进行了评价和签认。

（2）施工单位应认真核查质量控制资料的完整性。

尽管质量控制资料在分部工程质量验收时已经核查过，但某些资料由于受试验龄期的影响，或受系统测试的需要等，难以在分部工程验收时到位。故重点要检查控制资料是否齐全、有无遗漏。

（3）全面检查主要使用功能的抽查情况。

尽管要使用功能的抽查项目已在分部工程中列出，但有的是在分部工程完成后检测，有的需要在其他相关的分部工程完成后才能检测，还有的则需要在单位工程全部完成后进行检测。重点检查这些检测项目是否在单位工程完工，施工单位向建设单位提交工程竣工验收报告之前已全部进行完毕，并将检测报告填写好。

（4）明确观感质量的验收内容。

观感质量的验收不单纯是对工程外表质量进行检查，同时也是对部分使用功能和使用安全所做的一次全面检查。如门窗启闭是否灵活、关闭后是否严密；又如室内顶棚抹灰层的空鼓、楼梯踏步高差过大等。检查时应特别关注涉及使用安全的构件和项目。观感质量检查须由参加验收的各方人员共同进行，最后协商确定是否通过验收。

# 任务6  施工质量不符合要求时的处理

在建设工程中，若工程（分部或分项）出现了不符合国家或行业现行有关技术标准、设计文件及合同中对质量的要求，称为工程质量缺陷。

工程质量缺陷分为三种：一是致命缺陷，是指根据判断或经验，对使用、维护产品与此有关的人员可能造成危害或不安全状况的缺陷，或可能损坏最终产品基本功能的缺陷；二是严重缺陷，是指尚未达到致命缺陷的程度，但会显著降低工程预期性能的缺陷；三是轻微缺陷，是指显著降低工程产品预期性能的缺陷或偏离标准但轻微影响产品有效使用或操作的缺陷。

**（一）工程质量缺陷的成因**

**1.违背建设程序**

有些建设项目未经可行性研究、论证，不做调研就拍板定案，未做地质勘察就仓促设计、盲目开工；或无证设计、无图施工；施工中任意修改设计图纸，竣工验收前不做预验收或未经竣工验收就交付使用，致使工程项目从一开始就埋下质量隐患。

**2.工程地质勘察方面的原因**

有些建设项目未进行认真的地质勘察，所提供的地质资料有误；未能查清地下软弱土层、滑坡、墓穴、孔洞等地层构造等，均会导致设计人员采取错误的地基处理和基础设计方案，造成地基不均匀沉降、失稳等，使上部主体结构和墙体开裂、倾斜、破坏甚至倒塌。

**3.设计计算问题**

某些建设单位未经公开招投标，擅自请无相应资质的设计单位甚至私人设计，致使因设计考虑不周、计算简图错误、计算荷载取值过小、结构构造不合理、变形缝设置不当或悬挑结构未进行抗倾覆验算等，导致工程项目施工过程中的质量问题接二连三地出现，使工程项目变成烂尾楼、豆腐渣工程。

**4.建筑材料和构配件不合格**

有些工程项目由于施工企业质量意识淡薄，唯利是图，采购工程所需建筑材料和构配件时，未通过公开招标方式选择有相应资质的正规厂家所生产的合格产品，而是采购质次价廉、以次充好甚至假冒伪劣产品，比如，物理力学性能不符合国家标准的劣质钢材、小窑小厂生产的廉价水泥，受潮、过期、结块和安定性不合格的处理水泥，砂石级配不合理且含土量超标、外加剂和掺合料性能不良、掺量不符合要求等，均会严重影响混凝土拌和物的和易性、密实性、抗渗性和强度，最终导致混凝土结构构件出现裂缝、蜂窝麻面、露筋等质量通病，以及预制构件断面尺寸不足、支承或锚固长度不够、钢筋少放或错放、板面开裂等质量问题。

5.施工管理不到位

施工管理人员缺乏基本的结构常识，错误施工，不按图施工或未经设计单位同意擅自修改设计。施工组织管理紊乱，不熟悉图纸，盲目施工；施工方案考虑不周，施工顺序颠倒；图纸未经会审，仓促施工；技术交底不清，违章作业；疏于检查、验收等，均可能导致质量问题。

6.违反法规行为

法律观念淡薄，例如：无证设计；无证施工；越级设计；越级施工；工程招、投标中的不公平竞争；超常的低价中标；非法分包；转包、挂靠；擅自修改设计等行为。

**（二）工程质量缺陷成因的分析**

影响工程质量的因素众多，一个工程质量问题的实际发生，既可能因设计计算和施工图纸中存在错误，也可能因施工中出现不合格或质量问题，还可能因使用不当，或者由于设计、施工甚至使用、管理、社会体制等多种原因的复合作用。要分析工程质量缺陷究竟是由哪种原因引起，必须对质量问题的特征表现，以及其在施工中和使用中所处的实际情况和条件进行具体分析。

1.分析步骤

（1）进行细致的现场调查研究，观察记录全部实况，充分了解与掌握引发质量问题的现象和特征。

（2）收集调查与质量问题有关的全部设计和施工资料，深入分析并清晰掌握工程在施工阶段及使用过程中所处的具体环境，以及所面临的各类条件和情况。

（3）找出可能产生质量问题的所有因素。

（4）分析、比较和判断，找出最可能造成质量问题的原因。

（5）进行必要的计算分析或模拟试验予以论证确认。

2.分析方法

工程质量缺陷成因的分析方法一般采用逻辑推理法，具体步骤如下。

（1）确定质量问题的初始点，即所谓原点，它是一系列独立原因集合起来形成的爆发点。因其反映出质量问题的直接原因，而在分析过程中具有关键性作用。

（2）围绕原点对现场各种现象和特征进行分析，区别导致同类质量问题的不同原因，逐步揭示质量问题萌生、发展和最终形成的过程。

（3）综合考虑原因的复杂性，确定诱发质量问题的起源点，即真正原因。工程质量问题原因分析是对一堆模糊不清的事物和现象的客观属性及联系的反映，它的准确性和管理人员的能力、学识、经验、态度有极大关系，其结果不单是简单的信息描述，而是逻辑推理的产物，其推理可用于工程质量的事前控制。

**（三）质量问题技术处理方案的确定方法**

制定工程质量事故技术处理方案的目的是消除质量隐患，以达到建筑物的安全可靠和正常使用各项功能及寿命要求，并保证施工的正常进行。其一般处理原则是：正确确定事故性质，是表面性还是实质性、是结构性还是一般性；正确确定处理范围，包括直接发生部位和相邻影响作用范围。其处理基本要求是：满足设计要求和用户期望；安全可靠，不留隐患；技术上可行，满足经济合理原则。

1.确定质量缺陷技术处理方案的一般方法

（1）修补处理。这是最常用的一类处理方案。通常当工程的某个检验批、分项或分部的质量虽未达到规定的规范、标准或设计的要求，存在一定的缺陷，但通过修补或更换器具、设备后还可达到要求的标准，又不影响使用功能和外观要求，在此情况下，可以进行修补处理。如对混凝土构件表面裂缝以及不影响使用和外观的表面的蜂窝、麻面进行剔凿、抹灰等表面封闭处理；对梁、柱等构件的复位纠偏；因材料强度不足需要结构补强等。

需要指出的是，对较严重的质量问题，可能影响结构的安全性和使用功能，必须按一定的技术方案进行加固补强处理，这样往往会造成一些永久性缺陷，如改变结构外形尺寸，影响一些次要的使用功能等。但为了避免建筑物的整体或局部拆除，避免社会财富更大的损失，在不影响安全和主要使用功能的条件下，虽可按技术处理方案和协商文件进行验收，但责任方应按法律法规承担相应的经济责任和接受处罚。需要特别注意的是，这种方法不能作为降低质量要求、变相通过验收的一种出路。

（2）返工处理。当工程质量未达到规定要求，存在严重质量问题，对结构使用和安全构成重大影响，且无法通过修补处理的情况下，可对检验批、分项、分部甚至整个工程进行返工处理。例如预应力构件的预应力严重偏差，影响结构安全；构件定位偏离过大，不能满足正常使用要求等。有的工程，存在严重质量缺陷，若采用加固补强，处理费用比原工程的造价还高，也应进行整体拆除，全面返工。

（3）不做处理。某些工程质量缺陷虽然不符合规定的要求和标准，但视其严重程度，经过分析、论证、法定检测单位鉴定和设计等有关单位认可，对工程或结构使用及安全影响不大，也可不做专门处理，通常有以下几种情况。

① 不影响结构安全和正常使用。例如，有的建筑物出现放线定位偏差，且严重超过规范、标准的规定，若要纠正会造成重大经济损失，若经过分析、论证其偏差不影响生产工艺和正常使用，在外观上也无明显影响，可不做处理。

② 有些质量问题，经过后续工序可以弥补。例如，混凝土墙表面轻微麻面，可通过后续抹灰、喷涂或刷白等工序弥补，亦可不做专门处理。

③ 经法定检测单位鉴定合格。例如，某检验批混凝土试块强度值不满足规范要求，强度不足，在法定检测单位对混凝土实体采用非破损检验等方法测定其实际强度已达规范允许和设计要求值时，可不做处理。对经检测未达要求值，但相差不多，经分析论证，只要使用前经再次检测达到设计强度，也可不做处理，但应严格控制施工荷载。

④ 出现的质量缺陷，经检测鉴定达不到设计要求，但经设计单位核算，仍能满足结构安全和使用功能要求，可不做处理。例如，某一结构构件截面尺寸不足，或材料强度不足，影响结构承载力，但经按实际检测所得截面尺寸和材料强度复核验算，尚能满足设计的承载力，可不进行专门处理。这种处理方式实际上是挖掘了设计潜力，故需特别慎重，准确核算。

#### 2.确定工程质量缺陷处理方案的辅助方法

某些较为复杂的工程质量事故，其技术处理方案并非容易作出决策，采用的处理方案做到既经济合理，又不留有安全隐患，往往需要依靠下列辅助决策方法来进一步论证所作出的决策。

（1）试验验证。即对某些留有严重质量缺陷的事故，可采取合同规定的常规试验以外的试验方法进一步进行验证，以便确定缺陷的严重程度。例如，混凝土构件的试件强度低于要求的标准不大（例如10%以下）时，可进行加载试验，以证明其是否满足使用要求。可根据对试验验证结果的分析、论证，再研究选择最佳的处理方案。

（2）定期观测。有些工程，在发现质量缺陷时其状态可能尚未达到稳定，仍会继续发展，在这种情况下一般不宜过早作出决定，可以对其进行一段时间的观测，然后根据情况作出决定。如建筑物的基础在施工期间发生沉降超过预计的或规定的标准；混凝土表面发生裂缝，并处于发展状态等。有些有缺陷的工程，短期内其影响可能不十分明显，需要较长时间的观测才能得出结论。

（3）专家论证。对于某些工程质量事故，可能涉及的技术领域比较广泛，或问题很复杂，有时仅根据合同规定难以决策，这时可提请专家论证。而采用这种办法时，应事先做好充分准备，尽早为专家提供尽可能详尽的情况和资料，以便使专家能够进行较充分、全面和细致的分析、研究，提出切实的意见与建议。实践证明，采取这种方法，对于正确选择重大工程质量缺陷的处理方案十分有益。

（4）方案比较。这种方法较为常用。同类型和同一性质的事故可先设计多种处理方案，然后结合当地的资源情况、施工条件等逐项给出权重，做出对比，从而选择具有较高处理效果、便于施工的处理方案。例如，结构构件承载力达不到设计要求，可采用改变结构构造来减少结构内力、结构卸荷或结构补强等不同处理方案，可将每一方案按经济、工期、效果等指标列项并分配相应权重值，进行对比，辅助决策。

#### （四）发现出现施工质量缺陷时的处理

##### 1.质量缺陷处理程序

在工程施工过程中或完工以后发现质量缺陷，首先应判断其严重程度。一般按以下程序进行处理。

（1）发现质量缺陷后，项目监理机构签发监理通知单，责成施工单位进行处理。

（2）施工单位进行质量缺陷调查，分析质量缺陷产生的原因，并提出经设计等相关单位认可的处理方案。

（3）项目监理机构审查施工单位报送的质量缺陷处理方案，并签署意见。

（4）施工单位按审查合格的处理方案实施处理，项目监理机构对处理过程进行跟踪检查，对处理结果进行验收。

（5）质量缺陷处理完毕后，项目监理机构应根据施工单位报送的监理通知回复单对质量缺陷处理情况进行复查，并提出复查意见。

（6）处理记录并进行归档。

##### 2.质量缺陷处理后的验收要求

（1）经返工或返修的检验批应重新进行验收。

（2）经有资质的检测机构检测鉴定能够达到设计要求的检验批，应予以验收。这种情况通常出现在某检验批的材料试块强度不满足设计要求时。

（3）如经有资质的检测机构检测鉴定达不到设计要求，但经原设计单位核算认可能够安全和使用功能的检验批，可予以验收。

（4）经返修或加固处理的分项工程、分部工程，满足安全及使用功能要求时，可按技术处理方案和协商文件的要求予以验收。

（5）工程质量控制资料应齐全完整，当部分资料缺失时，应委托有资质的检测机构按有关标准进行相应的实体检测或抽样试验。

（6）经返修或加固处理仍不能满足安全或重要使用功能的分部工程及单位工程，严禁验收。

需要指出的是，当由于建设、勘察、设计、施工、监理等单位违反工程质量有关法律法规和工程建设标准，使工程产生结构安全、重要使用功能等方面的质量缺陷，造成人身伤亡或重大经济损失的，则为工程质量事故。出现这种情况，则需要按《生产安全事故报告和调查处理条例》和《关于做好房屋建筑和市政基础设施工程质量事故报告和调查处理工作的通知》（建质〔2010〕111号）的规定，按工程质量事故进行处理。

## 》》→ 课后练习 ......

**一、判断题（在括号内正确的打"√"，错误的打"×"）**

1.工程质量验收均应在施工单位自行检查评定的基础上进行。（　　）

2.涉及结构安全的试块、试件以及有关材料，应在监理单位或建设单位人员的见证下，由施工单位试验人员在现场取样，送至设在施工工地的试验室进行测试。（　　）

3.对进场材料的验收就是检查生产或经营单位提供的产品合格证、产品性能检测报告是否符合要求。（　　）

4.热轧钢筋的进场检验批为：按同牌号、同炉罐号、同规格、同交货状态，质量不大于60 t的钢筋为一个检验批。（　　）。

5.建筑装饰装修工程属于房屋建筑工程验收层次中的分部工程。（　　）

6.隐蔽工程在验收前，应由业主通知有关单位进行验收，并形成验收文件。（　　）

7.检验批的数量较多，不可能全部进行验收，因此可以进行随机抽样检验。（　　）

8.基础工程验收应由设计负责人组织进行。（　　）

9.某检验批的质量检验结果是：主控项目有90%的检查点达到相关规范的要求，一般项目有85%的检查点超过允许偏差值，但数值均未超过允许值的120%。故该检验批可被判定为合格。（　　）

10.某办公楼采用框架结构，由某建筑公司承接施工，由于第二层楼面板的混凝土养护不到位，出现细微的干缩裂缝，对于这一质量问题，适宜的处理方法是进行修补。（　　）

**二、选择题（选择一个正确答案）**

1.混凝土试件在混凝土的浇筑地点随机抽取。每次取样应至少留置一组标准养护试件，每组不少于（　　）个试件。

A.1　　　　　　　　B.2　　　　　　　　C.3　　　　　　　　D.4

2.地基与基础按照施工质量验收层次划分属于（　　）。

　　A.分部工程　　　　B.检验批　　　　　　C.分项工程　　　　D.单位工程

3.涂膜防水屋面中的找平层按照施工质量验收层次划分属于（　　）。

　　A.检验批　　　　　B.分项工程　　　　　C.分部工程　　　　D.单位工程

4.工程竣工验收过程中，参加验收各方对工程质量验收意见不一致时，应（　　）。

　　A.由工程质量监督机构最终裁定

　　B.由建设单位、监理单位协调处理

　　C.请当地建设行政主管部门或工程质量监督机构协调处理

　　D.由建设单位、设计单位协调处理

5.监理工程师对安装模板的稳定性、刚度、强度、结构物轮廓尺寸的检验应采用（　　）。

　　A.抽样检验　　　　B.普遍检验　　　　　C.二次检验　　　　D.随机检验

6.建筑工程施工质量验收中，经返工重做或更换器具、设备的检验批，应（　　）。

　　A.给予验收合格　　B.重新进行验收　　　C.必须鉴定后再验收　D.不予验收

7.根据分项工程质量验收的规定，下列说法欠妥当的是（　　）。

　　A.分项工程所含的检验批均符合合格质量的规定是分项工程质量验收合格的唯一条件

　　B.分项工程所含的检验批均符合合格质量的规定是分项工程质量验收合格的必备条件之一

　　C.分项工程所含的检验批不符合合格质量的规定，则分项工程不必组织验收

　　D.分项工程是一个统计过程，没有直接的现场验收内容

8.分部工程观感质量的验收，由各方验收人员根据主观印象判断，按（　　）给出综合质量评价。

　　A.合格、基本合格、不合格　　　　　　　B.基本合格、合格、良好

　　C.优、良、中、差　　　　　　　　　　　D.好、一般、差

9.下列关于单位工程质量验收的描述，不妥当的是（　　）。

　　A.单位工程质量验收，总体上讲是一个统计性的审核和综合性的评价

　　B.要对有关安全、功能检查资料、进行的必要的主要功能项目的复查及抽测

　　C.要核查分部工程验收质量控制资料

　　D.不需要组织人员到现场进行总体工程观感质量的查看

10.某住宅楼采用框架剪力墙结构，共20层，由某建筑公司承接施工，在第16层东部楼面框架梁的混凝土施工时，现场取样制作混凝土试块，经检测鉴定达不到设计要求，对于这一质量问题，下一步最适宜的处理方法是（　　）。

　　A.拆除这批梁，重做

　　B.加固

　　C.降低使用标准

　　D.视法定质检单位进行实物的实际强度检测结果再定

11.对质量缺陷的处理应由（　　）单位负责实施。

　　A.责任主体　　　　B.施工承包单位　　　C.监理单位　　　　D.业主

# 项目五　建筑工程安全管理基本常识

【素质目标】

　　(1) 具有社会责任感和爱岗敬业的价值观。

　　(2) 具有细致负责、一丝不苟的工作态度。

　　(3) 具有安全意识、责任意识。

　　(4) 具有高度的保障人民生命安全的责任心。

【知识目标】

　　(1) 了解建筑工程安全生产管理的特点和基本原则。

　　(2) 理解施工企业安全管理机构的职责及管理机构构成。

　　(3) 熟知建筑工程安全生产管理的各方责任。

　　(4) 熟悉建筑工程安全生产各项管理制度。

　　(5) 领会安全检查的目的、了解安全检查的方式和主要内容。

【能力目标】

　　(1) 在从事建筑工程生产活动中能自觉承担作为责任主体的相应责任。

　　(2) 能独立编制安全生产管理制度并在从事建筑工程生产活动中自觉遵守。

　　(3) 在从事建筑工程施工时具有辨识危险源的能力，评估危险源所带来的风险程度，并以此制定施工安全管理技术措施和安全管理方案。

　　(4) 在建筑工程生产活动中能准确辨识各种安全标志，并按要求主动实施安全防护。

【案例引入】

　　1.背景

　　某市政务服务中心办公大楼工程，地下为3层连体车库，地上24层，其中：裙房6层，檐高27 m，报告厅混凝土结构局部层高5 m，演艺厅钢结构层高5 m。框架剪力墙结构，基础埋深12 m。地下水位在底板以上2 m。由于现场场地开阔，故地勘报告和设计文件推荐基坑土方施工采用放坡大开挖。主楼脚手架采用分段悬挑式，裙房采用落地式钢管脚手架，核心筒剪力墙采用大钢模施工，装修采用吊篮施工，现场自制卸料平台。某施工总承包单位中标后成立了项目部组织施工。施工过程中发生了如下事件：

　　事件1：工程开工前，项目部编制了施工组织设计。明确施工单位项目负责人对该建设工程项目的安全负责。

　　事件2：工程开工前，项目部编制了安全措施计划。内容有工程概况；管理目标；组织机构与职责权限；规章制度。监理工程师提出了意见。

　　事件3：工程开工前，项目部采用专家调查法进行了危险源辨识。规定了施工现场采用危险源提问表时的设问范围，其中有在平地上滑倒（跌倒）；人员从高处坠落（包括从地平处坠入深坑）；工具、材料等从高处坠落；头顶以上空间不足；用手举起搬运工具、材料等有关的危险源；与装配、试车、操作、维护、改造、修理和拆除等有关的装置、机械的危险源；车辆危险源，包括场地运输和公路运输；火灾和爆炸；邻近高压线路和起重设备伸出界外；吸入的物质等10项内容。监理工程师提出了意见。

2.问题

(1) 事件1中，施工单位项目负责人的安全责任应有哪些？

(2) 事件2中，安全措施计划的主要内容还应有哪些？

(3) 事件3中，建筑工程施工安全危险源辨识方法还应有哪些？

(4) 事件4中，施工现场采用危险源提问表时的设问范围还应有哪些？

建筑业是一个高危险、事故多发行业，从全球范围来看，建筑业的事故率都要远远高于其他行业的平均水平，据有关数据，近年来全球建筑业事故占全球重大职业安全事故总数的比例达17%。我国建筑业安全生产形势同样非常严峻，事故发生率居高不下。每一次安全事故的后果都会造成不同程度的财产损失甚至人身伤亡。所以说，安全不仅涉及个人和家庭的欢乐，而且影响到整个社会的安稳。要减少和杜绝安全事故的发生，强化安全管理、落实安全措施至关重要。

# 任务1　建筑工程安全生产管理的特点和基本原则

## 一、安全与安全生产管理

国务院在1993年颁布的《关于加强安全生产工作的通知》中正式提出：我国实行"企业负责、行业管理、国家监察、群众监督"的安全生产管理原则。

"企业负责"是市场经济体制下安全工作体制的基础和根本，即企业在其生产经营活动中必须对本企业的安全生产负全面责任；"行业管理"，即各级行业主管部门对生产经营单位的安全生产工作应加强指导，进行管理；"国家监察"，就是各级政府部门对生产经营单位遵守安全生产法律、法规的情况实施监督检查，对生产经营单位违反安全生产法律、法规的行为实施行政处罚；"群众监督"，一方面，工会应当依法对生产经营单位的安全生产工作实行监督，另一方面，劳动者对违反安全生产及劳动保护法律、法规和危害生命及身体健康的行为，有权提出批评、检举和控告。

把综合治理充实到安全生产方针当中，有学者则进一步提出"政府监管与指导、企业负责和保障、员工权益与自律、社会监督与参与、中介服务与支持"的"五方结构"管理体制。

### （一）政府监管与指导

国家安全生产综合监管和专项监察相结合，各级职能部门合理分工、相互协调，实施

"监管－协调－服务"三位一体的行政执法系统。

由国家授权某政府部门对各类具有独立法人资格生产经营单位执行安全法规的情况进行监督和检查，用法律的强制力量推动安全生产方针、政策的正确实施；具有法律的权威性和特殊的行政法律地位。

安全监察必须依法进行，监察机构、人员依法设置；执法不干预企业内部事务；监察按程序实施。安全监察对象为重点岗位人员（厂、矿长；班组长；特种作业人员）、特种作业场所和有害工序、特殊产品的安全认证三大类。

### （二）企业负责与保障

企业全面落实生产过程安全保障的事故防范机制，严格遵守《中华人民共和国安全生产法》等安全生产法规的要求，落实安全生产保障。

### （三）员工权益与自律

员工权益与自律是指从业人员依法获得安全与健康权益保障，同时实现生产过程安全作业的"自我约束机制"，即所谓"劳动者遵章守纪"，要求劳动者在劳动过程中，必须严格遵守安全操作规程，珍惜生命，爱护自己，勿忘安全，广泛深入地开展不伤害自己、不伤害别人、不被他人伤害的"三不伤害"活动，自觉做到遵章守纪，确保安全。

### （四）社会监督与参与

形成工会、媒体、社区和公民广泛参与监督的"社会监督机制"。

### （五）中介支持与服务

与市场经济体制相适应，建立国家认证、社会咨询、第三方审核、技术服务、安全评价等功能的中介支持与服务机制。

## 二、建筑工程安全生产管理的特点

### （一）安全生产管理涉及面广、涉及单位多

由于建筑工程规模大、生产工艺复杂、工序多，在建造过程中流动作业多，高处作业多，作业位置多变，遇到的不确定因素多，所以安全管理工作涉及范围大，控制面广。安全管理不仅是施工单位的责任，建设单位、勘察设计单位、监理单位也要为安全管理承担相应的责任和义务。

### （二）安全生产管理动态性

（1）建筑工程项目的单件性。每项工程所处的条件不同，所面临的危险因素和防范措施也会有所改变，例如，员工在转移工地后，熟悉一个新的工作环境需要一定的时间，有些制度和安全技术措施会有所调整，员工同样需要熟悉适应。

（2）工程项目施工的分散性。因为现场施工是分散于施工现场的各个部位，尽管有各种规章制度和安全技术交底的环节，但是面对具体的生产环境时，仍然需要自己的判断和处理，有经验的人员还必须适应不断变化的情况。

（3）安全生产管理的交叉性。建筑工程项目是开放系统，受自然环境和社会环境影响很大，安全生产管理需要把工程系统和环境系统及社会系统相结合。

（4）安全生产管理的严谨性。安全状态具有触发性，安全管理措施必须严谨，一旦失控，就会造成损失和伤害。

## 三、建筑工程安全生产管理的基本原则

### （一）"管生产必须管安全"的原则

"管生产必须管安全"的原则是指建设工程项目各级领导和全体员工在生产过程中必须坚持在抓生产的同时抓好安全工作。这体现了安全与生产的统一，生产与安全是一个有机的整体，两者不能分割，更不能对立起来，应将安全寓于生产之中。

### （二）"安全具有否决权"的原则

"安全具有否决权"的原则是指安全生产工作是衡量建设工程项目管理的一项基本内容，要求在对项目各项指标进行考核、评优创先时，首先必须考虑安全指标的安全情况。若安全指标没有实现，而其他指标顺利完成，仍无法实现项目的最优化。因此，安全具有一票否决权。

### （三）职业安全卫生"三同时"的原则

"三同时"原则是指一切生产性的基本建设和技术改造建设工程项目，必须符合国家的职业安全卫生方面的法规和标准。职业安全卫生技术措施工程设施应与主体同时设计、同时施工、同时投产使用，以确保项目投产后符合职业安全卫生要求。

### （四）事故处理"四不放过"的原则

在处理事故时必须坚持和实施"四不放过"的原则，即：事故原因分析不清不放过；事故责任者和群众没受到教育不放过；没有整改措施和预防措施不放过；事故责任者和责任领导不处理不放过。

# 任务2　建筑工程安全生产管理机构

## 一、建筑施工企业安全生产管理机构层次

根据《中华人民共和国安全生产法》《建设工程安全生产管理条例》《安全生产许可证条例》及《建筑施工企业安全生产许可证管理规定》，住房和城乡建设部组织修订的《建筑施工企业安全生产管理机构设置及专职安全生产管理人员配备办法》的规定，建筑施工单位应设立安全生产管理机构，配备专职安全生产管理人员。目前，我国建筑企业包括施工总承包企业、专业承包企业和劳务分包企业三层企业结构体系。要使建设项目安全生产管理体系有序运行，建立多层次的安全生产管理机构是非常必要的。也就是说，除施工总承包企业有自己的安全生产管理机构外，专业分包、劳务分包企业也应成立各自的安全生产管理机构。建设项目存在专业承包和劳务分包的，应由施工总承包企业负责组建项目的安全生产管理机构，其中应包含专业承包和劳务分包企业的安全生产管理机构成员。

建筑施工企业安全生产管理机构如图5-1所示。

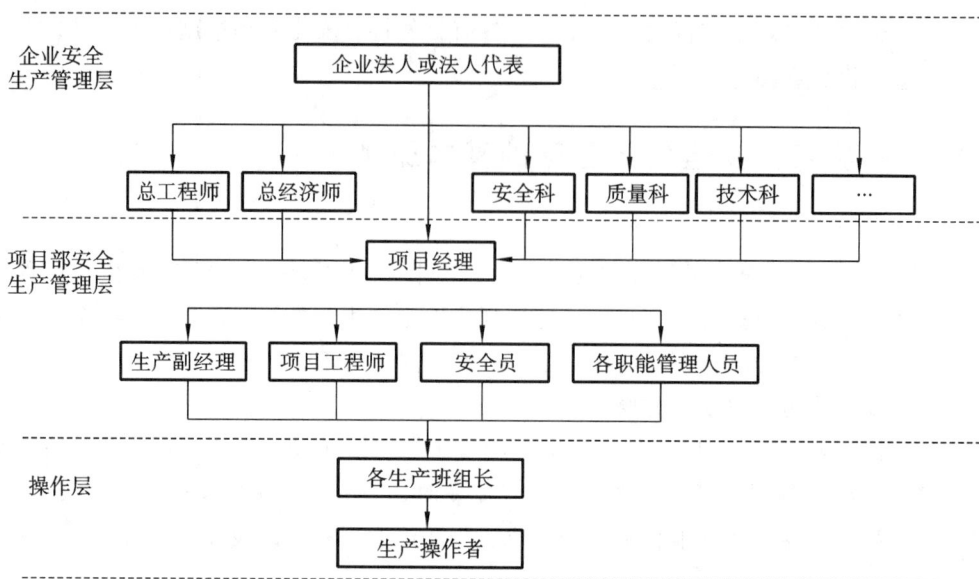

图5-1 建筑施工企业安全生产管理机构

## 二、机构成员构成

施工安全生产管理机构的成员，一般包括建筑施工企业主要负责人、项目负责人、专职安全生产管理人员，以及其他涉及安全责任的管理人员等。

建筑施工企业主要负责人是指对本企业的日常生产经营活动和安全生产工作全面负责、有生产经营决策权的人员，主要包括企业法人代表、经理、企业分管安全生产工作的副经理等。项目负责人是指由企业法定代表人授权，对建筑工程项目承担全面管理的项目经理或副经理。专职安全生产管理人员是指经建设主管部门或其他有关部门安全生产考核合格，并取得相应证书，从事安全生产管理工作的专职人员，包括企业层面和项目层面的专职安全生产管理人员。

## 三、机构人员配置

### （一）施工总承包企业配备项目专职安全生产管理人员应当满足的要求

1.建筑工程、装修工程

建筑工程、装修工程按照建筑面积配备：

（1）1万平方米及以下的工程不少于1人；

（2）1万～5万平方米的工程不少于2人；

（3）5万平方米以上的工程不少于3人，且按专业配备专职安全生产管理人员。

2.土木工程、线路管道、设备安装工程

土木工程、线路管道、设备安装工程按照工程合同价配备：

（1）5000万元及以下的工程不少于1人；

（2）5000万～1亿元的工程不少于2人；

（3）1亿元以上的工程不少于3人，且按专业配备专职安全生产管理人员。

**（二）分包企业配备项目专职安全生产管理人员应当满足的要求**

（1）专业承包企业应当配置至少1人，并根据所承担的分部分项工程的工程量和施工危险程度增加。

（2）劳务分包企业施工人员在50人以下的，应当配备1名专职安全生产管理人员；劳务分包企业施工人员在50～200人的，应当配备2名专职安全生产管理人员；劳务分包企业施工人员在200人及其以上的，应当配备3名及其以上专职安全生产管理人员，并根据所承担的分部分项工程施工危险实际情况增加，不得少于工程施工人员总人数的5‰。

（3）采用新技术、新工艺、新材料或致害因素多、施工作业难度大的工程项目，项目专职安全生产管理人员的数量应当根据施工实际情况，在以上规定的配备标准上增加。施工作业班组可以设置兼职安全巡查员，对本班组的作业场所进行安全监督检查。建筑施工企业应当定期对兼职安全巡查员进行安全教育培训。

安全生产许可证颁发管理机关颁发安全生产许可证时，应当审查建筑施工企业安全生产管理机构设置及其专职安全生产管理人员的配备情况。建设主管部门核发施工许可证或者核准开工报告时，应当审查该工程项目专职安全生产管理人员的配备情况。

# 任务3　建筑工程安全生产管理的各方责任

## 一、建设单位的安全责任

### （一）建设单位应当如实向施工单位提供有关施工资料

《建设工程安全生产管理条例》第6条规定，建设单位应当向施工单位提供施工现场及毗邻区域内供水、排水、供电、供气、供热、通信、广播电视等地下观测资料，相邻建筑物和构筑物、地下工程的有关资料，并保证资料的真实、准确、完整。这里强调了4个方面的内容：施工资料的真实性，不得伪造、篡改；施工资料的科学性，必须经过科学论证，数据准确；施工资料的完整性，必须齐全，能够满足施工需要；有关部门和单位应当协助提供施工资料，不得推诿。

### （二）建设单位不得向有关单位提出非法要求，不得压缩合同工期

《建设工程安全生产管理条例》第7条规定，建设单位不得对勘察、设计、施工、工程监理等单位提出不符合建设工程安全生产法律、法规和强制性标准规定的要求，不得要求压缩合同的工期。

（1）遵守建设工程安全生产法律、法规和安全标准，是建设单位的法定义务。进行建筑活动必须严格遵守法定的安全生产条件，依法进行建设施工。违法从事建设工程建设将要承担法律责任。

（2）勘察、设计、施工、工程监理等单位违法从事有关活动，必然会给建设工程带来重大结构性的安全隐患和施工中的安全隐患，从而造成事故的发生。因此，要求建设单位不得为了盲目赶工期，简化工序，粗制滥造，或者留下建设工程安全隐患。

（3）压缩合同工期必然带来事故隐患，必须禁止。压缩工期是建设单位为了过早发挥效益，迫使施工单位增加人力、物力，损害承包方利益，其结果是赶工期、简化工序和违规操作，诱发很多事故，或者遗留结构性安全隐患。确定合理工期是保证建设施工安全和

质量的重要措施，合理工期应经双方充分论证、协商一致确定，具有法律效力。要采用科学合理的施工工艺、管理方法和工期定额，保证施工质量和安全。

**（三）建设单位必须保证必要的安全投入**

《建设工程安全生产管理条例》第8条规定，建设单位在编制工程概算时，应当确定建设工程安全作业环境及安全施工所需要费用。这是对《中华人民共和国安全生产法》第23条规定的具体落实。要保证建设施工安全，必须要有相应的资金投入。安全投入不足的直接结果必然是降低工程造价，不具备安全生产条件，甚至导致建设施工事故的发生。工程建设改善安全作业环境，落实安全生产措施及其相应资金一般由施工单位承担，但是安全作业环境和施工措施所需费用应由建设单位承担。一是安全作业环境及施工措施所需费用是保证建设工程安全和质量的重要条件，该项费用已纳入工程总造价，应由建设单位支付；二是建设工程作业危险复杂，要保证安全生产，必须有大量的资金投入，应由建设单位支付，安全作业环境和施工措施所需费用应当符合《建设施工安全检查标准》的要求，建设单位应当据此承担安全施工措施费用，不得随意降低取费标准。

**（四）建设单位不得明示或者暗示施工单位购买不符合安全要求的设备、设施、器材和用具**

《中华人民共和国安全生产法》第38条规定，国家对严重危及生产安全的工艺、设备实行淘汰制度，具体目录由国务院应急管理部门会同国务院有关部门制定并公布。法律、行政法规对目录的制定另有规定的，适用其规定。省、自治区、直辖市人民政府可以根据本地区实际情况制定并公布具体目录，对前款规定以外的危及生产安全的工艺、设备予以淘汰。生产经营单位不得使用应当淘汰的危及生产安全的工艺、设备。《建设工程安全生产管理条例》第9条进一步规定，建设单位不得明示或者暗示施工单位购买、租赁、使用不符合安全施工要求的安全防护用具、机械设备、施工机具及配件、消防设施和器材。

为了确保工程质量和施工安全，施工单位应当严格按照勘察设计文件、施工工艺和施工规范的要求选用符合国家质量标准、卫生标准和环保标准的安全防护用具、机械设备、施工机具及配件、消防设施和器材。但实践中违反国家规定使用不符合要求的安全防护用具、机械设备、施工机具及配件、消防设施和器材，导致发生生产安全事故的现象屡见不鲜，其重要原因之一就是受利益驱使，建设单位干预施工单位。施工单位购买不安全的设备、设施、器材和用具对施工安全和建筑物安全构成极大威胁。为此，《建设工程安全生产管理条例》严禁建设单位明示或者暗示施工单位购买不符合安全要求的设备、设施、器材、用具，并规定了相应的法律责任。

**（五）建设单位开工前报送有关安全施工措施的资料**

《建设工程安全生产管理条例》第10条规定，建设单位在申请领取施工许可证时，应当提供建设工程有关安全施工措施的资料。依法批准开工报告的建设工程，建设单位应当自开工报告批准之日起15日内，将保证安全施工的措施报送建设工程所在地的县级以上人民政府建设行政主管部门或者其他有关部门备案。建设单位在申请领取施工许可证前，应当提供以下安全施工措施的资料：

（1）施工现场总平面布置图；

（2）临时设施规划方案和已搭建情况；

（3）施工现场安全防护设施（防护网、棚）搭设（设置）计划；

（4）施工进度计划，安全措施费用计划；

（5）施工组织设计（方案、措施）；

（6）拟进入现场使用的起重机械设备（塔式起重机、物料提升机、外用电梯）的型号、数量；

（7）工程项目负责人、安全管理人员和特种作业人员持证上岗情况；

（8）建设单位安全监督人员和工程监理人员的花名册。

## 二、施工单位的安全责任

### （一）主要负责人、项目负责人的安全责任

《建设工程安全生产管理条例》第21条规定：施工单位的主要负责人依法对本单位的安全生产工作全面负责。这里的"主要负责人"并不仅限于法定代表人，而是指对施工单位有生产经营决策权的人。该条第2款规定，施工单位的项目负责人对建设工程项目的安全负责。具体说，项目负责人应对所交付的工程的安全施工负责。

项目负责人的安全责任主要包括：

（1）落实安全生产责任制度、安全生产规章制度和操作规程；

（2）确保安全生产费用的有效使用；

（3）根据工程的特点组织制定安全施工措施，消除安全施工隐患；

（4）及时、如实报告生产安全事故。

### （二）施工单位依法应当采取的安全措施

1．编制安全技术措施、施工现场临时用电方案和专项施工方案

（1）编制安全技术措施。《建设工程安全生产管理条例》第26条规定，施工单位应当在施工组织设计中编制安全技术措施，《建设工程施工现场管理规定》的第11条规定了施工组织设计应当包括的主要内容。安全技术措施要有针对性，针对工程的特点、施工方法、机械设备、变配电设施、周边环境等实际情况来编制，力求细致、全面、具体，应贯穿全部施工工序。如果有工程更改等情况变化，安全技术措施也必须及时作相应补充完善。

（2）编制施工现场临时用电方案。《建设工程安全生产管理条例》第26条也规定，施工单位应当在施工组织设计中编制施工现场临时用电方案。临时用电方案直接关系到用电人员的安全，应当严格按照《施工现场临时用电安全技术规范》（JGJ 46—2005）进行编制，保障施工现场用电，防止触电和电气火灾事故的发生。

（3）编制专项施工方案。对下列达到一定规模的危险性较大的分部分项工程编制专项施工方案，并附具安全验算结果，由施工单位技术部门专业工程技术人员和监理单位专业工程师审核，经单位技术负责人、总监理工程师签字后实施，由专职安全生产管理人员进行现场监督：基坑支护与降水工程、土方开挖工程、模板工程、起重吊装工程、脚手架工程、拆除爆破工程，以及其他危险性较大的工程。对于实施分包的专项工程，其专项施工方案应先经分包公司单位技术负责人签字后，再报总承包公司按上述程序审核。对于超过一定规模的危险性较大的分部分项工程，施工单位应当组织专家对专项施工方案进行论证。

2.安全施工技术交底

《建设工程安全生产管理条例》第27条规定，建设工程施工前，施工单位负责项目管理技术人员应当对有关安全施工的技术要求向施工作业班组、作业人员作出详细说明，并由双方签字确认。施工前的安全施工技术交底就是让所有的安全生产从业人员都对安全生产有所了解，最大限度避免安全事故的发生。

3.施工现场设置安全警告标志

《建设工程安全生产管理条例》第28条第1款规定，施工单位应当在施工现场入口处、施工起重机械、临时用电设施、脚手架、出入通道口、楼梯口、电梯井口、孔洞口、桥梁口、隧道口、基坑边沿、爆破物及有害危险气体和液体存在放处等危险部位设置明显的安全警示标志。安全警示标志必须符合国家标准。

4.施工现场的安全防护

《建设工程安全生产管理条例》第28条第2款规定，施工单位应当根据不同施工阶段和周围环境及季节、气候的变化，在施工现场采取相应的安全施工措施。施工现场暂时停止施工的，施工单位应当做好现场防护，所需要费用由负责方承担，或者按照合同约定执行。

5.施工现场的布置应当符合安全和文明的要求

《建设工程安全生产管理条例》第29条规定，施工单位应当将施工现场的办公、生活区与作业区分开设置，并保持安全距离，办公、生活区的选址应当符合安全性要求，职工的膳食、饮水、休息场所等应当符合卫生标准，施工单位不得在尚未竣工的建筑物内设置员工集体宿舍。

6.对周边环境采取防护措施

工程建设不能以牺牲环境为代价，施工时必须采取措施减少对周边环境的不良影响。

《中华人民共和国建筑法》第41条规定，建筑施工企业应当遵守有关环境保护和安全生产的法律、法规的规定，采取控制和处理施工现场的各种粉尘、废气、废水、固体废物以及噪声、振动和施工照明对人和环境的污染和危害的措施。

《建设工程安全生产管理条例》第30条规定，施工单位对因建设工程施工可能造成损害的毗邻建筑物、构筑物和地下管线等应当采取专项防护措施。施工单位应当遵守有关环境保护法律、法规的规定，在施工现场采取措施，防止或者减少粉尘、废气、废水、固体废物、噪声、振动和施工照明对人和环境的危害和污染。在市区的建设工程，施工单位应当对施工现场实行封闭围挡。

《建设工程施工现场管理规定》第31、32条规定，施工单位应当采取下列防止环境污染的措施：妥善处理泥浆水、未经处理不得直接排入城市排水设施和河流；除设有符合规定的装置外，不得在施工现场熔融沥青或者焚烧油毡、油漆以及其他会产生有毒有害烟尘和恶臭气体的物质；使用密封式的圈筒或者采取其他措施处理高空废弃物；采取有效措施控制施工过程中的扬尘；禁止将有毒有害废弃物用作土方回填；对产生噪声、振动的施工机械，应采取有效控制措施，减轻噪声扰民。

7.其他相关制度

建立健全施工现场的消防安全措施，建立健全安全防护设备使用的管理制度。

### 三、勘察、设计单位的安全责任

建设工程具有投资规模大、建设周期长、生产环节多、参与主体多等特点。安全生产是贯穿工程建设的勘察、设计、工程监理及其他有关单位的活动。

1.勘察单位的安全责任

建设工程勘察是指根据工程要求，查明、分析、评价建设场地的地理环境特征和岩土工程条件，编制建设工程勘察文件的活动。

（1）勘察单位的注册资本、专业技术人员、技术装备和业绩应当符合规定，取得相应等级资质证书后，在许可范围内从事勘察活动。

（2）勘察必须满足工程强制性标准的要求。工程建设强制性标准是指工程建设标准中，直接涉及人民生命财产安全、人身健康、环境保护和其他公共利益的，必须强制执行的条款。只有满足工程强制性标准，才能满足工程对安全、质量、卫生、环保等多方面的要求。因此，必须严格执行。如房屋建筑部分的工程建设强制性标准主要由建筑设计、建筑防火、建筑设备、勘察和地质地基、结构设计、房屋抗震设计、结构鉴定和加固、施工质量和安全8个方面的相关标准组成。

（3）勘察单位提供的勘察文件应当真实、准确，满足安全生产的要求。工程勘察就是通过测量、测绘、观察、调查、钻探、试验、测试、鉴定、分析资料和综合评价等工作查明场地的地形、地貌、地质、岩型、地质构造、地下水条件和各种自然或者人工地质现象，并提出基础、边坡等工程设计准则和工程施工的指导意见，提出解决岩土工程问题的建议，进行必要的岩土工程的治理。

（4）勘察单位应当严格执行操作规程，采取措施保证各类管线、设施和周边建筑物、构筑物的安全。勘察单位应当按照国家有关规定，制定勘察操作规程和勘查钻机、精探车、经纬仪等设备和检测仪器的安全操作规程并严格遵守，防止生产安全事故的发生。勘察单位应当采取措施，保证现场各类管线、设施和周边建筑物、构筑物的安全。

2.设计单位的安全责任

（1）设计单位必须取得相应的等级资质证书，在许可范围内承揽设计业务。

（2）设计单位必须依法和标准进行设计，保证设计质量和施工安全。

（3）设计单位应当考虑施工安全和防护需要，对涉及施工安全的重点部位和环节，在设计文件中注明，并对防范生产安全事故提出指导意见。

（4）采用新结构、新材料、新工艺的建设工程以及特殊结构的工程，设计单位应当提出保障施工作业人员安全和预防生产安全事故的措施建议。

（5）设计单位和注册建筑师等注册执业人员应当对其设计负责。

### 四、工程监理单位的安全责任

（1）工程监理单位应当审查施工组织设计中的安全技术措施或者专项施工方案是否符合工程建设强制性标准。

（2）工程监理单位在实施监理过程中，发现事故隐患的，应当要求施工单位整改；情节严重的,应当要求施工单位停止施工,并及时报告建设单位。施工单位拒不整改或者不停止施工的,工程监理单位应当及时向有关主管部门报告。

(3) 工程监理单位和监理工程师应当按照法律、法规和工程建设强制性标准实施监理,对建设工程安全生产承担监理职责。

## 五、安全生产监督管理职责

根据《建设工程安全生产管理条例》第39条,国务院负责安全生产监督管理的部门依照《中华人民共和国安全生产法》对全国建筑工程安全生产工作实施综合监督管理。县级以上地方人民政府负责安全生产监督管理的部门依照《中华人民共和国安全生产法》对本行政区域内建筑工程安全生产工作实施综合监督管理。

《建设工程安全生产管理条例》第40条第1款规定,国务院建设行政主管部门主管全国建筑工程安全生产的行业监督管理工作,其主要职责是:

(1) 贯彻执行国家有关安全生产的法规和方针、政策,起草或者制定建筑安全生产管理的法规、标准;

(2) 统一监督管理全国工程建设方面的安全生产工作,完善建筑安全生产的组织保证体系;

(3) 制定建筑安全生产管理的中长期规划和近期目标,组织建筑安全生产技术的开发与推广应用;

(4) 指导和监督检查省、自治区、直辖市人民政府建筑行政主管部门开展建筑安全生产的行业监督管理工作;

(5) 统计全国建筑职工因工伤亡人数,掌握并发布全国建筑安全生产动态;

(6) 负责对申报资质等级一级企业和国家一、二级企业以及国家和部级先进建筑企业进行安全资格审查或者审批,行使安全生产否决权;

(7) 组织全国建筑安全生产检查,总结交流建筑安全生产管理经验,并表彰先进;

(8) 检查和督促工程建设重大事故的调查处理,组织或者参与工程建设特别重大事故的调查。

《建设工程安全生产管理条例》第40条第1款规定,国务院铁路、交通、水利等有关部门按照国务院规定的职责分工,负责有关专业建筑工程安全生产的监督管理。

《建设工程安全生产管理条例》第40条第2款规定,县级以上地方人民政府建设行政主管部门负责本行政区域建筑工程安全生产的行业监督管理工作,其主要职责是:

(1) 贯彻执行国家和地方有关安全生产的法规、标准和方针、政策,起草或者制定本行政区域建筑安全生产管理的实施细则或者实施办法;

(2) 制定本行政区域建筑安全生产管理的中、长期规划和近期目标,组织建筑安全生产技术的开发与推广应用;

(3) 建立建筑安全生产的监督管理体系,制定本行政区域建筑安全生产监督管理工作制度,组织落实各级领导分工负责的建筑安全生产责任制;

(4) 负责本行政区域建筑职工因工伤亡的统计和上报工作,掌握和发布本行政区域建筑安全生产动态;

（5）负责对申报晋升企业升级和报评先进企业的安全资格进行审查或者审批，行使安全生产否决权；

（6）组织或者参与本行政区域工程建设中人身伤亡事故的调查处理工作，并依照有关规定上报重大伤亡事故；

（7）组织开展本行政区域建筑安全生产检查，总结交流建筑安全生产管理经验，并表彰先进；

（8）监督检查施工现场、构配件生产车间等安全管理和防护措施，纠正违章指挥和违章作业；

（9）组织开展本行政区域建筑企业的生产管理人员、作业人员的安全生产教育、培训、考核及发证工作，监督检查建筑企业对安全技术措施费用的提取和使用；

（10）领导和管理建筑安全生产监督机构的工作。

《建设工程安全生产管理条例》第40条第2款规定，县级以上地方人民政府的交通、水利等有关部门在各自的职责范围内，负责本行政区域内的专业建筑工程安全生产的监督管理。

建筑工程安全生产监督机构根据同级人民政府建设行政主管部门的授权，依据有关的法规、标准，对本行政区域内建筑工程安全生产实施监督管理。

## 六、有关单位的安全责任

1. 提供机械设备和配件的单位的安全责任

为建设工程提供机械设备和配件的单位，应当按照安全施工的要求配备齐全有效的保险、限位等安全设施和装置。

2. 出租单位的安全责任

出租的机械设备、施工机具及配件，应当具有生产（制造）许可证、产品合格证。出租单位应当对出租机械设备、施工机具及配件的安全性能进行检测，在签订租赁协议时，应当出具检测合格证明。禁止出租检测不合格的机械设备、施工机具及配件。

3. 现场安装、拆除单位的安全责任

在施工现场安装、拆除施工起重机械和整体起升脚手架、模板等自升式架设设施，必须由具有相应资质的单位承担。安装、拆除起重机械、整体提升脚手架、模板等自升式架设设施，应当编制拆除方案、制定安全施工措施，并由专业技术人员现场监督。施工起重机械、整体提升脚手架、模板等自升式架设设施安装完毕后，安装单位应当自检，出具自检合格证明，并向施工单位进行安全使用说明，办理验收手续并签字。

4. 检验检测机构的安全责任

检验检测机构对检测合格的施工起重机械和整体提升脚手架、模板等自升式架设设施，应出具安全合格证明文件，并对检测结果负责。进行设备检验检测时发现严重事故隐患，应当及时告知施工单位，并立即向特种设备安全监督管理部门报告。

# 任务4   建筑工程安全生产管理制度

## 一、安全生产责任制度

安全生产责任制度是最基本的安全管理制度，是所有安全生产管理制度的核心。安全生产责任制度是按照安全生产管理方针和"管生产的同时必须管安全"的原则，将各级负责人员、各职能部门及其工作人员和各岗位生产工人在安全生产方面应做到的事及应负的责任加以明确规定的一种制度。

企业实行安全生产责任制必须做到在计划、布置、检查、总结、评比、生产的时候，同时计划、布置、检查、总结、评比安全工作。其内容大体分为纵向和横向两个方面：纵向方面是各级人员的安全责任制，即各类人员（从最高管理者、管理者代表到项目经理）的安全生产责任制；横向方面是各个部门的安全生产责任制，即各职能部门（如安全环保、设备、技术、生产等部门）的安全生产责任制（图5-2）。只有建立健全安全生产责任制，才能做到群防群治。

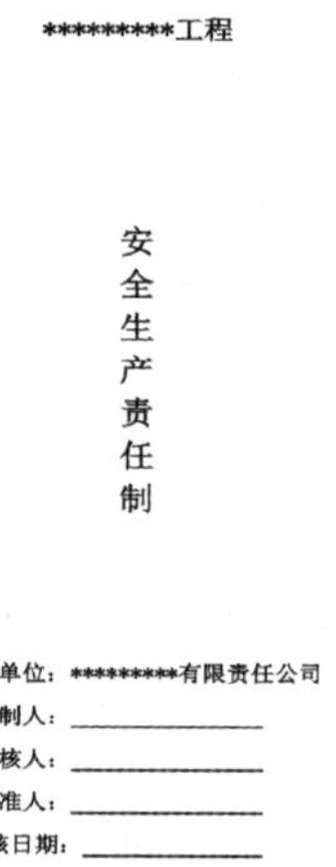

*********工程

安
全
生
产
责
任
制

编制单位：*********有限责任公司

编制人：_____

审核人：_____

批准人：_____

审核日期：_____

**图5-2   签订安全生产责任状**

## 二、安全教育制度

企业安全教育一般包括对管理人员、特种作业人员和企业员工的安全教育。

1.管理人员的安全教育

（1）企业领导。

企业法定代表人安全教育的主要内容包括：国家有关安全生产的方针、政策、法律、法规及有关规章制度；安全生产管理职责、企业安全生产管理知识及安全文化；有关事故案例及事故应急处理措施等。

（2）项目经理、技术负责人和技术干部。

项目经理、技术负责人和技术干部安全教育的主要内容包括：安全生产方针、政策和法律、法规；项目经理部安全生产责任；典型事故案例剖析；本系统安全及其相应的安全技术知识。

（3）行政管理干部。

行政管理干部安全教育的主要内容包括：安全生产方针、政策和法律、法规；基本的安全技术知识；本职的安全生产责任。

（4）企业安全管理人员。

企业安全管理人员安全教育内容包括：国家有关安全生产的方针、政策和法律、法规、安全生产标准；企业安全生产管理、安全技术、职业病知识、安全文件；员工伤亡事故和职业病统计报告及调查处理程序；有关事故案例及事故应急处理措施。

（5）班组长和安全员。

班组长和安全员的安全教育内容包括：安全生产法律、法规、安全技术及技能、职业病和安全文化的知识；本企业、本班组和工作岗位的危险因素、安全注意事项；本岗位安全生产职责；典型事故案例；事故抢救与应急处理措施。

2.特种作业人员的安全教育

（1）特种作业的定义。

对操作者本人，尤其对他人或周围设施的安全有重大危险因素的作业，称为特种作业。直接从事特种作业的人，称为特种作业人员。

（2）特种作业人员的范围。

《建筑施工特种作业人员管理规定》明确了特种作业人员的范围。建筑工程施工过程中特种作业人员有：建筑电工、建筑架子工、建筑起重信号司索工、建筑起重机械司机、建筑起重机械安装拆卸工、高处作业吊篮安装拆卸工，以及经省级以上人民政府建设主管部门认定的其他特种作业人员。

（3）特种作业人员的安全教育。

由于特种作业较一般作业的危险性更大，所以，特种作业人员必须经过安全培训和严格考核（图5-3）。对特种作业人员的安全教育应注意以下三点。

① 特种作业人员上岗作业前，必须进行专门的安全技术和操作技能的培训教育，这种培训教育要实行理论教学与操作技术训练相结合的原则，重点放在提高其安全操作技术和预防事故的实际能力上。

② 培训后，经考核合格方可取得操作证，并准许独立作业。

**图5-3　特种作业人员培训**

③ 取得操作证的特种作业人员，必须定期进行复审。复审期限除机动车辆驾驶按国家有关规定执行外，其他特种作业人员两年进行一次。凡未经复审不得继续独立作业。

**3.企业员工的安全教育**

企业员工的安全教育主要有新员工上岗前的三级安全教育、改变工艺和变换岗位时的安全教育、经常性安全教育三种形式。

（1）新员工上岗前的三级安全教育。

对建筑工程来说，三级安全教育具体是指企业（公司）、项目（或工区、工程处、施工队）、班组三级。如图5-4所示，企业新员工上岗前必须进行三级安全教育，企业新员工须按规定通过三级安全教育和实际操作训练，并经考核合格后方可上岗。

**图5-4 新员工三级安全教育**

（2）改变工艺和变换岗位时的安全教育。

企业（或工程项目）在实施新工艺、新技术或使用新设备、新材料时，必须对有关人员进行相应级别的安全教育，按新的安全操作规程教育和培训参加操作的岗位员工和有关人员，使其了解新工艺、新设备、新产品的安全性能及安全技术，以适应新的岗位作业的安全要求。

当遇到组织内部人员工发生从一个岗位调到另外一个岗位，或从某一工种改变为另一工种，或因放长假离岗一年以上重新上岗的情况，企业必须进行相应的安全技术培训和教育，以使其掌握现岗位安全生产特点和要求。

（3）经常性安全教育。

(a)安全培训教材    (b)集中安全教育

**图5-5 经常性安全教育**

无论何种教育都不可能是一劳永逸的，安全教育也同样如此，必须坚持不懈、经常不断地进行，这就是经常性安全教育，如图5-5所示。

在经常性安全教育中，安全思想、安全态度教育最重要。进行安全思想、安全态度教育，要通过采取多种多样形式的安全教育活动，激发员工搞好安全生产的热情，促使员工重视和真正实现安全生产。经常性安全教育的形式有：每天的上班前后会上说明安全注意事项；安全活动日；安全生产会议；事故现场会；张贴安全生产招贴画、宣传标语及标志等。

## 三、安全检查制度

安全检查制度是清除隐患、防止事故、改善劳动条件的重要手段，是企业安全生产管理工作的一项重要内容。通过安全检查可以发现企业及生产过程中的危险因素，以便有计划地采取措施，保证安全生产。

对安全检查的要求如下。

（1）根据检查内容配备力量，抽调专业人员，确定检查负责人，明确分工。

（2）应有明确的检查目的和检查项目、内容和检查标准、重点、关键部位。对大面积或数量多的项目可采取系统的观感和一定数量的测点相结合的检查方法。检查时尽量采用检测工具，用数据说话。

（3）对现场管理人员和操作工人不仅要检查其是否有违章指挥和违章作业行为，还应进行"应知应会"的抽查，以便了解管理人员及操作工人的安全素质。对于违章指挥、违章作业行为，检查人员可以当场指出，进行纠正。

（4）认真、详细地进行检查记录，特别是对隐患的记录必须具体，如隐患的部位、危险性程度及处理意见等。采用安全检查评分表的，应记录每项扣分的原因。

（5）对检查中发现的隐患应进行登记并发出隐患整改通知书，引起整改单位的重视，并作为整改的备查依据。对凡是有即发性事故危险的隐患，检查人员应责令其停工，被查单位必须立即整改。

（6）尽可能系统、定量地作出检查结论，进行安全评价，便于受检单位根据安全评价研究对策、进行整改、加强管理。

（7）检查后应对隐患整改情况进行跟踪复查，查被检单位是否按"三定"（定人、定期限、定措施）原则落实整改，经复查整改合格后，进行销案。

## 四、安全措施计划制度

安全措施计划制度是指企业进行生产活动时必须编制安全措施计划，它是企业有计划地改善劳动条件和安全卫生设施，防止工伤事故和职业病的重要措施之一，对企业加强劳动保护，改善劳动条件，保障职工的安全和健康，促进企业生产经营的发展都起着积极作用。

1.安全措施计划的依据

（1）国家发布的有关职业健康安全政策、法规和标准。

（2）在安全检查中发现的尚未解决的问题。

（3）造成伤亡事故和职业病的主要原因和所应采取的措施。

（4）生产发展需要所采取的安全技术措施。

（5）安全技术革新项目和员工提出的合理化建议。

2.编制安全技术措施计划的一般步骤

（1）工作活动分类。

（2）危险源识别。

（3）风险确定。

（4）风险评价。

（5）制定安全技术措施计划。

（6）评价安全技术措施计划的充分性。

3.安全措施计划的内容

安全措施计划的内容一般应包括：工程概况；管理目标；组织机构与职责权限；规章制度；风险分析与控制措施；安全专项施工方案；应急准备与响应；资源配置与费用投入计划；教育培训；检查评价、验证与持续改进。

## 五、安全监察制度

安全监察制度是指国家法律、法规授权的行政部门，代表政府对企业的生产过程实施职业安全卫生监察，以政府名义，运用国家权力对生产单位在履行职业安全卫生职责和执行职业安全卫生政策、法律、法规、标准的情况依法进行监督、检举和惩戒的制度。

安全监察具有特殊的法律地位。执行机构设在行政部门，设置原则、管理体制、职责、权限、监察人员任免均由国家法律法规确定。职业安全卫生监察机构与被监察对象没有上下级关系，只有行政执法机构和法人之间的法律关系。

职业安全卫生监察机构的监察活动是从国家整体利益出发，依据法律、法规对政府的法律负责，既不受行业部门或其他部门的限制，也不受用人单位的约束。职业安全卫生监察机构对违反职业安全卫生法律、法规、标准的行为，有权采取行政措施，并具有一定的强制特点。这是因为它是以国家的法律、法规为后盾，任何单位或个人必须服从，以保证法律的实施，维护法律尊严。

## 六、安全生产许可制度

1.安全生产许可证的申请

建筑施工企业从事建筑施工活动前，应当依照《建筑施工企业安全生产许可证管理规定》向省级以上建设主管部门申请领取安全生产许可证，如图5-6所示。

中央管理的建筑施工企业应当向国务院建设主管部门申请领取安全生产许可证。

前款规定以外的其他建筑施工企业，包括中央管理的建筑施工企业下属的建筑施工企业，应当向企业注册所在地省、自治区、直辖市人民政府建设主管部门申请领取安全生产许可证。

依据《建筑施工企业安全生产许可证管理规定》第6条，建筑施工企业申请安全生产

**图 5-6　安全生产许可证书**

许可证时，应当向建设主管部门提供下列材料：

（1）建筑施工企业安全生产许可证申请表；

（2）企业法人营业执照；

（3）与申请安全生产许可证应当具备的安全生产条件相关的文件、材料。

建筑施工企业申请安全生产许可证，应当对申请材料实质内容的真实性负责，不得隐瞒有关情况或者提供虚假材料。

2. 安全生产许可证的有效期

《安全生产许可证条例》第9条规定，"安全生产许可证的有效期为3年。安全生产许可证有效期满需要延期的，企业应当于期满前3个月向原安全生产许可证颁发管理机关办理延期手续。企业在安全生产许可证有效期内，严格遵守有关安全生产的法律法规，未发生伤亡事故的，安全生产许可证有效期届满时，经原安全生产许可证颁发管理机关同意，不再审查，安全生产许可证有效期延期3年"。

3. 安全生产许可证的变更与注销

建筑施工企业变更名称、地址、法定代表人等，应当在变更后10日内，到原安全生产许可证颁发管理机关办理安全生产许可证变更手续。

建筑施工企业破产、倒闭、撤销的，应当将安全生产许可证交回原安全生产许可证颁发管理机关予以注销。

建筑施工企业遗失安全生产许可证，应当立即向原安全生产许可证颁发管理机关报告，并在公众媒体上声明作废后，方可申请补办。

4. 安全生产许可证的管理

根据《安全生产许可证条例》和《建筑施工企业安全生产许可证管理规定》，建筑施工企业应当遵守如下强制性规定。

（1）未取得安全生产许可证的，不得从事建筑施工活动。建设主管部门在审核发放施工许可证时，应当对已经确定的建筑施工企业审查是否具有安全生产许可证，对没有取得安全生产许可证的，不得颁发施工许可证。

（2）企业不得转让、冒用安全生产许可证或者使用伪造的安全生产许可证。

（3）企业取得安全生产许可证后，不得降低安全生产条件，并应当加强日常安全生产管理，接受安全生产许可证颁发管理机构的监督检查。

## 七、特种作业人员持证上岗制度

特种作业人员必须按照国家有关规定经过专门的安全作业培训，并取得特种作业资格证书后，方可上岗作业。特种设备作业人员证书如图5-7所示。

图 5-7　特种设备作业人员证书

特种作业操作资格证书在全国范围内有效，离开特种作业岗位一定时间后，应当按照规定重新进行实际操作考核，经确认合格后方可上岗作业，对于未经培训考核即从事特种作业的，《建设工程安全生产管理条例》第62条规定了行政处罚；造成重大安全事故，构成犯罪的，对直接负责人员，依照刑法的有关规定追究刑事责任。

1.特种作业人员须具备的条件

（1）年龄满18周岁。

（2）身体健康、无妨碍从事相应工程的疾病。

（3）初中以上文化程度，具备相应工程的安全技术知识，参加国家规定的安全技术理论和实际操作考核并且成绩合格。

（4）符合相关工种作业特点需要的其他条件。

2.特种作业的考核、发证

（1）特种作业操作证由安全生产综合管理部门负责签发。

（2）特种作业操作证，每两年复审一次。连续从事本工种10年以上的，经用人单位进行知识更新教育后，复审时间可延长至每四年一次。

（3）离开特种作业岗位达6个月以上的特种作业人员，应当重新进行实际操作考核，经确认合格后方可上岗作业。

# 任务5　建筑工程安全生产管理控制

## 一、危险源辨识与风险评价

1.两类危险源

危险源是安全管理的主要对象，在实际生活和生产过程中的危险源是以多种多样的形式存在的。虽然危险源的表现形式不同，但从本质上说，能够造成危害后果的，均可归结为能量的意外释放或约束、限制能量和危险物质措施失控的结果。所以，存在能量、有害物质以及对能量和有害物质失去控制是危险源导致事故的根源和状态。

根据在事故发生发展中的作用把危险源分为两大类，即第一类危险源和第二类危险源。

（1）第一类危险源。能量和危险物质的存在是危害产生的最根本原因，通常把可能发生意外释放的能量或危险物质称为第一类危险源。第一类危险源是事故发生的物质本质，一般来说，系统具有的能量越大，存在的危险物质越多，则其潜在的危险性和危害性也就越大。例如，高处作业或吊起重物的势能、生产中需要的热能、机械和车辆的动能等。

（2）第二类危险源。造成约束、限制能量和危险物质措施失控的各种不安全因素称为第二类危险源。第二类危险源主要体现在设备故障或缺陷、人的不安全行为和管理缺陷等方面。它们之间互相影响，但大部分是随机出现的，具有渐变性和突发性的特点，很难准确判断它们何时、何地、以何种方式发生，是事故发生的条件和可能性的主要因素。

设备故障或缺陷极易产生安全事故，如电缆绝缘层破坏会造成人员触电；压力容器破裂会造成有毒气体或可燃气体泄漏，导致中毒或爆炸；脚手架扣件质量低劣易导致高处坠落事故发生；起重机钢绳断裂导致重物坠落伤人毁物等。

人的不安全行为大多是因为对安全不重视、态度不正确、技能或知识不足、健康或生理状态不佳和劳动条件不良等因素而造成的。人的不安全行为归纳为操作失误、忽视安全、忽视警告，造成安全装置失效；使用不安全设备；用手代替工具操作；物体存放不当；冒险进入危险场所；攀、坐不安全位置；在吊物下作业、停留；在机器运转时进行加油、修理、检查、调整、焊接、清扫等工作；有分散注意力的行为；在必须使用个人防护用品用具的作业或场合中，忽视其使用；不安全装束；对易燃、易爆等危险物品处理错误等行为。

管理缺陷则会引起设备故障或人员失误，许多事故的发生都是管理不到位而造成的。

### 2.危险源辨识

（1）危险源类型。

在平地上滑倒；人员从高处坠落；工具和材料等从高处坠落；头顶以上空间不足；用手举起、搬运工具、材料等有关的危险源；与装配、试车、操作、维护、改造、修理和拆除等有关的装置、机械的危险源；车辆危险源，包括场地运输和公路运输等；火灾和爆炸；临近高压线路和起重设备伸出界限；可吸入的物质；可伤害眼睛的物质或试剂；可通过皮肤接触和吸收而造成伤害的物质；可通过摄入而造成伤害的物质；有害能量；由于经常性的重复动作而造成的与工作有关的上肢损伤；不适的热环境；照度；易滑、不平坦的场地；不合适的楼梯护栏和扶手等。以上所列类型并不全面，应根据工程项目的具体情况，提出各自的危险源提示表。

（2）危险源辨识方法。

① 专家调查法。专家调查法是一类通过向有经验的专家咨询、调查、辨识、分析和评价危险源的方法。其优点是简单、易行，而缺点是受专家的知识、经验和占有资料的限制，可能出现遗漏。常用的有头脑风暴法和德尔菲法。其中，头脑风暴法是通过专家创造性的思考，从而产生大量观点、问题和议题的方法；而德尔菲法是采用背对背的方式对专家进行调查，其特点是避免了集体讨论中的从众倾向，更代表专家的真实意见。要求对调查的各种意见进行汇总统计处理，再反馈给专家反复征求意见。

② 安全检查表法。安全检查表实际上就是实施安全检查和诊断项目的明细表。运用已编制好的安全检查表，进行系统的安全检查，辨识工程项目存在的危险源。检查表的内容一般包括分类项目、检查内容及要求、检查以后处理意见等。可以用"是""否"回答或"√""×"符号标记，同时注明检查日期，并由检查人员和被检单位同时签字。

此处危险源辨识方法还有现场调查法、工作任务分析法、危险与可操作性研究法、事件树分析法和故障树分析法等。

3.风险评价

（1）风险评价的目的。

风险评价是评估危险源所带来的风险大小和确定风险是否可容许的全过程。根据评价结果对风险进行分级，按不同级别的风险有针对性地采取风险控制措施。

（2）风险等级评价方法。

①风险大小的计算。

根据风险的概念，用某一特定危险情况发生的可能性以及可能导致后果的严重程度的乘积表示风险的大小，可以用以下公式表达：

$$R = P \times f \tag{5-1}$$

式中，$R$ 为风险的大小；$P$ 为危险情况发生的可能性；$f$ 为发生危险造成后果的严重程度。

②风险等级的划分。

根据上述公式计算风险的大小，可以用近似的方法估计。首先把危险发生的可能性 $P$ 分为"很大""中等"和"极小"3个等级，然后把发生危险可能产生后果的严重程度 $f$ 分为"轻度损失""中度损失""重大损失"3个等级；$P$ 和 $f$ 的乘积就是风险的大小 $R$，可以近似按级别分为"可忽略风险""可容许风险""中度风险""重大风险"和"不容许风险"5级，如表5-1所示。

表5-1　风险等级 $R$ 评估表

| 可能性 $P$ | 后果 $f$ | | |
|---|---|---|---|
| | 轻度损失 | 中度损失 | 重大损失 |
| 很大 | Ⅲ | Ⅳ | Ⅴ |
| 中等 | Ⅱ | Ⅲ | Ⅳ |
| 极小 | Ⅰ | Ⅱ | Ⅲ |

注：Ⅰ为可忽略风险；Ⅱ为可容许风险；Ⅲ为中度风险；Ⅳ为重大风险；Ⅴ为不容许风险。

4.风险控制策划原则

风险评价后，应分别列出所找出的所有危险源和重大危险源清单。有关单位和项目部一般需要对已经评价出的不容许的和重大风险进行优先排序，由工程技术主部门的有关人员制定危险源控制措施和管理方案。对于一般危险源可以通过如下日常管理程序来实施控制：

（1）尽可能完全消除有不可接受风险的危险源，如用安全品取代危险品；

（2）如果是不可能消除有重大风险的危险源，应努力采取降低风险的措施，如使用低压电器等；

（3）在条件允许时，应使工作适合人，如考虑降低人的精神压力和体能消耗；

（4）应尽可能利用技术进步来改善安全控制措施；

（5）应考虑保护每个工作人员的措施；

（6）将技术管理与程序控制结合起来；

（7）应考虑引入诸如机械安全防护装置的维护计划的要求；

（8）在各种措施还不能绝对保证安全的情况下，作为最终手段，还应考虑使用个人防护用品；

（9）应有可行、有效的应急方案；

（10）预防性测定指标应符合监视控制措施计划的要求。

## 二、制定施工安全管理技术措施

1.施工安全控制

（1）施工安全控制的特点。

①控制面广。由于建筑工程规模较大，生产工艺复杂、工序多，在建造过程中流动作业多，高处作业多，作业位置多变，遇到的不确定因素多，安全控制工作涉及范围大，控制面广。

②控制的动态性。

a.由于建筑工程项目的单件性，每项工程所处的条件不同，所面临的危险因素和防范措施也会有所改变，员工在转移工程后，熟悉一个新的工作环境需要一定的时间，有些工作制度和安全技术措施也会有所调整，员工同样有个熟悉的过程。

b.因为现场施工分散于施工现场的各个部位，尽管有各种规章制度和安全交底的环节，但是面对具体的生产环境时，仍然需要自己的判断和处理，有经验的人员还必须适应不断变化的情况。

③控制系统交叉性。建筑工程项目是开放系统，受自然环境和社会环境影响很大，同时也会对社会和环境造成影响，安全控制需要把工程系统、环境系统及社会系统结合起来。

④控制的严谨性。由于建筑工程施工的危害因素复杂、风险程度高、伤亡事故多，所以预防控制措施必须严谨，如有疏漏就可能发展到失控，进而酿成事故，造成损失和伤害。

（2）施工安全控制程序。

施工安全控制程序包括确定每项具体建筑工程项目的安全目标、安全技术措施计划的编制、落实和实施，安全技术措施计划的验证、持续改进等。

2.施工安全技术措施的一般要求

（1）施工安全技术措施必须在工程开工前制定。

施工安全技术措施是施工组织设计的重要组成部分，应在工程开工前与施工组织设计一同编制，为保证各项安全设施的落实，在工程图纸会审时，应特别注意考虑安全施工的问题，并在开工前制定好安全技术措施，使用于该工程的各种安全设施有较充足的时间进行采购、制作和维护等准备工作。

（2）施工安全技术措施要有全面性。

按照有关法律法规的要求，在编制工程施工组织设计时，应当根据工程特点制定相应的施工安全技术措施。对于大中型工程项目、结构复杂的重点工程，除必须在施工组织设计中编制施工安全技术措施外，还应编制专项工程施工安全技术措施，详细说明有关安全方面的防护要求和措施，确保单位工程或分部分项工程的施工安全。对爆破、拆除、起重吊装、水下、基坑支护和降水、土方开挖、脚手架、模板等危险性较大的作业，必须编制专项安全施工技术方案。

（3）施工安全技术措施要有针对性。

施工安全技术措施是针对每项工程的特点而制定的，编制安全技术措施的技术人员必须掌握工程概况、施工方法、施工环境、条件等一手资料，熟悉安全法规、标准等。

（4）施工安全技术措施要力求全面、具体、可靠。

施工安全技术措施应力求全面、具体、可靠，将可能出现的各种不安全因素考虑周全，这样才能真正做到预防事故的发生。但是，全面具体不等于罗列一般的操作工艺、施工方法以及日常安全工作制度、安全纪律等。这些制度性规定在安全技术措施中不需要再作抄录，但必须严格执行。

（5）施工安全技术措施必须包括应急预案。

由于施工安全技术措施是在相应的工程施工实施之前制定的，所涉及的施工条件和危险情况大都建立在可预测的基础上，而建筑工程施工过程是开放的，施工期间经常发生变化，还可能出现预测不到的突发事件或灾害。所以，施工技术措施计划必须包括面对突发事件或紧急状态的各种应急设施、人员逃生和救援预案，以便在紧急情况下能及时启动应急预案，减少损失，保护人员安全。

（6）施工安全技术措施要具有可行性和可操作性。

施工安全技术措施应能够在每个施工工序之中得到贯彻实施，既要考虑保证安全要求，又要考虑现场环境条件和施工技术条件。

## 三、实施安全检查

实施各类安全检查，不仅可以了解安全生产状态，发现问题，暴露隐患，以便及时采取有效措施，还可以增强领导和群众的安全意识，落实各项安全生产规章制度，保障安全生产，如图5-8所示。

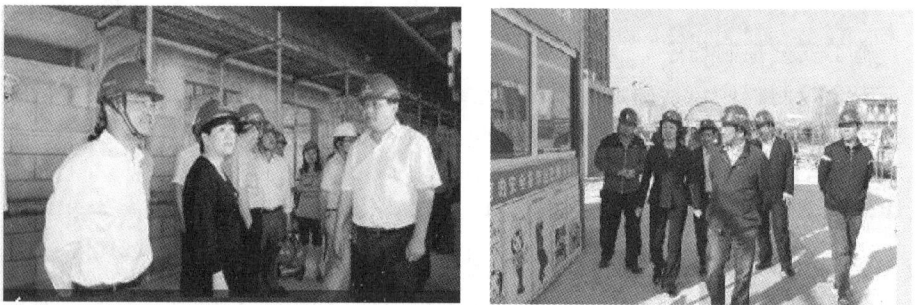

**图5-8 安全检查**

1.安全检查的主要内容

（1）查思想。检查企业领导和员工对安全生产方针的认识程度，建立健全安全生产管理和安全生产规章制度。

（2）查管理。主要检查安全生产管理是否有效，安全生产管理和规章制度是否真正得到落实。施工安全生产规章制度一般应包括：安全生产奖励制度；安全值班制度；各种安全技术操作规程；危险作业管理审批制度；易燃、易爆、剧毒、放射性、腐蚀性等危险物品生产、储运使用的安全管理制度；防护物品的发放和使用制度；安全用电制度；加班加点审批制度；危险场所动火作业审批制度；防火、防爆、防雷、防静电制度；危险岗位巡回检查制度；安全标志管理制度。

（3）查隐患。主要检查生产作业现场是否符合安全生产要求。检查人员应深入作业现场，检查工人的劳动条件、卫生设施、安全通道、零部件的存放、防护设施状况、电气设备、压力容器、化学用品的储存、粉尘及有毒有害作业部位点的达标情况、车间内的通风照明设施、个人劳动防护用品的使用是否符合规定等。要特别注意加强对一些重要部位和设备的检查，如锅炉房，变电所，各种剧毒、易燃、易爆等场所。

（4）查整改。主要检查对那些过去提出的安全问题、发生生产事故以及安全隐患是否采取安全技术措施和安全管理措施，检查整改后的效果。

（5）查事故处理。检查伤亡事故是否及时报告，责任人是否已经做出了严肃处理。在安全检查中必须成立一个适应安全检查工作需要的检查组，配备适当的人力、物力。检查结束后，应编写安全检查报告，说明已达标项目和未达标项目，以及存在的问题，分析原因，并给出纠正和预防措施的相关建议。

2.安全检查的主要方式

安全检查的形式多样，主要有上级检查、定期检查、专业性检查、经常性检查、季节性检查和自行检查等，见表5-2。

表5-2　施工项目安全检查方式

| 检查方式 | 检查内容 |
| --- | --- |
| 上级检查 | 上级检查是指各级主管部门对下属单位进行的安全检查。这种检查能发现本行业安全施工存在的共性和主要问题，具有针对性、调查性，也有批评性。同时通过检查总结，扩大（积累）安全施工经验，对基层推动作用较大 |
| 定期检查 | 建筑公司内部必须建立定期安全检查制度。公司级定期安全检查可每季度组织1次，工程处可每月或每半月组织一次检查，施工队要每周检查一次。每次检查都要由主管安全的领导带队，同工会、安全、动力设备、保卫等部门一起，按照事先计划的检查方式和内容进行检查。定期检查属于全面性和考核性的检查 |
| 专业性检查 | 专业性安全检查应由公司有关业务分管部门单独组织，有关人员针对安全工作存在的突出问题，对某项专业（如施工机械、脚手架、电气、塔吊、锅炉、防尘防毒等）存在的普遍性安全问题进行单项检查。这类检查针对性强，能有的放矢，对帮助提高某项专业安全技术水平有很大作用 |
| 经常性检查 | 经常性的安全检查主要是要提高大家的安全意识，督促员工时刻牢记安全，在施工中安全操作，及时发现安全隐患，消除隐患，保证施工的正常进行。经常性安全检查有：班组进行班前、班后岗位安全检查；各级安全员及安全值班人员日常巡回安全检查；各级管理人员在检查施工的同时检查安全等 |
| 季节性检查 | 季节性和节假日前后的安全检查。季节性安全检查是针对气候特点（如夏季、冬季、风季、雨季等）可能给施工安全和施工人员健康带来危害而组织的安全检查。节假日（如元旦、劳动节、国庆节）前后的安全检查，主要是防止施工人员在这一段时间因思想放松、纪律松懈而发生事故。检查应由单位领导组织有关部门人员进行 |
| 自行检查 | 施工人员在施工过程中还要经常进行自检、互检和交接检查。自检是施工人员工作前、后对自身所处的环境和工作程序进行安全检查，以随时消除安全隐患。互检是指班组之间、员工之间开展的安全检查，以便互相帮助，共同预防事故。交接检查是指上道工序完毕，交给下道工序使用前，在工地负责人组织工长、安全员、班组及其他有关人员参加情况下，由上道工序施工人员进行安全交底并一起进行安全检查和验收，确认合格后才能交给下道工序使用 |

3.安全检查的主要方法

（1）"听"：听基层安全管理人员或施工现场安全员汇报安全生产情况、安全工作经验、存在的问题及今后努力的方向。

（2）"问"：对涉及安全方面的常识和现场安全意识、安全措施等进行提问考查。

（3）"看"：主要查看管理记录、执证上岗、现场标识、交接验收资料、"三宝"使用情况、"洞口""临边"防护情况、设备防护装置等。

（4）"量"：主要用尺实测实量。

（5）"测"：用仪器、仪表实地进行测量。

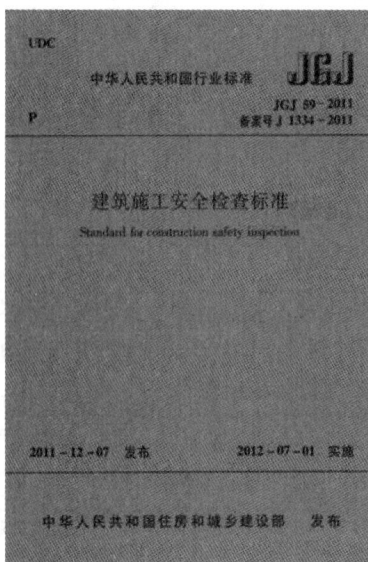

图5-9　建筑施工安全检查标准

（6）"运转试验"：由司机对各种限位装置进行实际运行验证，检验其灵敏及可靠程度。

4.安全检查标准

为科学评价建筑施工现场安全生产，预防安全生产事故的发生，保障施工人员的安全和健康，提高施工管理水平，实现安全检查工作的标准化，现行《建筑施工安全检查标准》（JGJ 59—2011）如图5-9所示，它将安全检查由传统的定性评价上升到定量评价，使安全检查进一步规范化、标准化。安全管理检查评定分保证项目和一般项目。保证项目包括：安全生产责任制、施工组织设计及专项施工方案、安全技术交底、安全检查、安全教育、应急救援。一般项目包括：分包单位安全管理、持证上岗、生产安全事故处理、安全标志。安全检查应按此标准进行检查评分。

# 任务6　安全防护与安全标志

## 一、安全防护

建筑施工现场是高危险的作业场所，由于建筑行业的特殊性，高处作业中发生的高处坠落、物体打击事故的比例最大。许多事故案例都说明，由于正确佩戴了安全帽、安全带或按规定架设了安全网，从而避免了伤亡事故，所以要求进入施工现场人员必须戴安全帽，登高作业必须系安全带，安全防护必须按规定架设安全网。事实证明，安全帽、安全带、安全网是减少和防止高处坠落和物体打击这类事故发生的重要措施。建筑工人称安全帽、安全带、安全网为救命"三宝"。目前，这三种防护用品都有产品标准，在使用时，也应选择符合建筑施工要求的产品。

1.安全帽

安全帽是对人体头部受外力伤害（如物体打击）起防护作用的帽子，如图5-10所示。使用时要注意如下事项。

（1）进入施工现场者必须戴安全帽，施工现场的安全帽应分色佩戴。

（2）安全帽应符合《头部防护 安全帽》（GB 2811－2019）标准，选用经有关部门检验合格，其上有"安鉴"标志的安全帽。

（3）使用戴帽前先检查外壳是否破损，有无合格帽衬，帽带是否齐全，如果不符合要求立即更换。不准使用缺衬及破损的安全帽。

（4）正确使用安全帽。调整好帽衬，帽衬与帽壳之间应有一定空隙，不能紧贴，系好帽带，女员工的发辫要盘在安全帽内。

图 5-10　安全帽

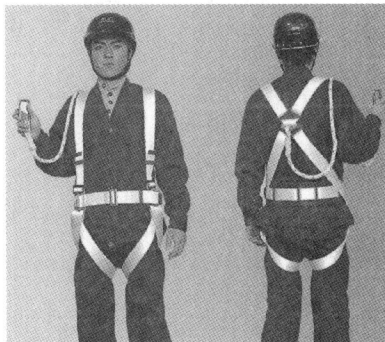

图 5-11　安全带

**2.安全带**

安全带（图 5-11）是高处作业人员预防坠落伤亡的防护用品，建筑施工中的攀登作业、独立悬空作业，如搭设脚手架、吊装混凝土构件、钢构件及设备等，都属于高空作业，操作人员都应系安全带。使用时要注意如下事项。

（1）选用经有关部门检验合格的安全带，并保证在使用有效期内。

（2）安全带严禁打结、续接。

（3）使用中，安全带要可靠地挂在牢固的地方，高挂低用，且要防止摆动，安全带上的各种部件不得任意拆掉，避免明火和刺割。

（4）2 m 以上的悬空作业，必须使用安全带。

（5）安全带使用两年以后，使用单位应按购进批量的大小，选择一定比例的数量，作一次抽检，用 50 kg 的砂袋做自由落体试验，若未破断可继续使用，但抽检的样带应更换新的挂绳才能使用；若试验不合格，购进的这批安全带就应报废。

（6）安全带外观有破损或发现异味时，应立即更换。

（7）安全带使用 3～5 年即应报废。

（8）在无法直接挂设安全带的地方，应设置挂安全带的安全拉绳、安全栏杆等。

**3.安全网**

安全网是用来防止人、物坠落或用来避免、减轻坠落及物体打击伤害的网具，如图 5-12 所示。目前，建筑工地所使用的安全网按形式及作用可分为平网和立网两种。由于这两种网使用中的受力情况不同，因此它们的规格、尺寸和强度要求等也有所不同。平网的安装平面平行于水平面，主要用来承接人和物的坠落；立网的安装平面垂直于水平面，主要用来阻止人和物的坠落。

图 5-12　安全网

（1）安全网的材料。

安全网以化学纤维为主要材料。同一张安全网上所有的网绳，都要采用同一材料，所有材料的湿干强度百分比不得低于 75%。此外，只要符合国家有关规定的要求，也可采用棉、麻、棕等植物材料做原料。不论用何种材料，每张安全平网的质量一般不宜超过 15 kg，并要能承受 800 N 的冲击力。

（2）密目式安全网。

自 1999 年 5 月 1 日老版《建筑施工安全检查标准》（JGJ 59—1999）实施后，P3×6 的大网眼的安全平网就只能在电梯井里、外脚手架的跳板下面、脚手架与墙体间的空隙等处使用。用密目式安全网对在建工程外围及外脚手架的外侧进行全封闭，就使得施工现场实现了全封闭式防护。

密目式安全网的目数为在网上任意一处 10 cm×10 cm 的面积上大于 2000 目。对密目式安全网，施工单位采购时除对外观、尺寸、重量、目数等进行检查以外，还要做以下两项试验：

① 贯穿试验，将面积为 1.8 m×6 m 的安全网与地面成 30°夹角放好，四边拉直固定。在网中心的上方 3 m 的地方，用一根 $\phi48×3.5$ m 的 5 kg 重的钢管自由落下，网不贯穿，即为合格；网贯穿，即为不合格。

② 冲击试验。将密目式安全网水平放置，四边拉紧固定。在网中心上方 1.5 m 处，将一个 100 kg 重的砂袋自由落下，网边撕裂的长度小于 200 mm，即为合格。

（3）安全网使用。

① 高处作业点下方必须设安全网。凡无外架防护的施工，必须在高度 4~6 m 处设一层水平投影外挑宽度不小于 6 m 的固定安全网，每隔四层楼再设一道固定的安全网，并同时设一道随墙体逐层上升的安全网。

② 施工现场应积极使用密目式安全网，架子外侧、楼层邻边井架等处用密目式安全网封闭栏杆，安全网放在杆件里侧。

③ 单层悬挑架一般只搭设一层脚手板为作业层，故须在紧贴脚手板下部挂一道平网作防护层，当在脚手板下挂平网有困难时，也可沿外挑斜立杆的密目网里侧斜挂一道平网，作为人员坠落的防护层。

④ 单层悬挑架包括防护栏杆及斜立杆部分，全部用密目网封严。多层悬挑架上搭设的脚手架，用密目网封严。

⑤ 架体外侧用密目网封严。

⑥ 安全网作防护层必须封挂严密牢靠，密目网用于立网防护，但水平防护时必须采用平网，不准用立网代替平网。

⑦ 安全网与架体连接应绷平紧、扎牢拼接严密，但不宜用力绷得太紧，系结点要沿边分布均匀、绑牢。

⑧ 安全网必须有产品生产许可证和质量合格证，不准使用无证的不合格产品。安全网若破损、老化应及时更换。

## 二、安全标志

1. 施工标牌（六牌两图与两栏一报）

（1）六牌两图。如图5-13所示，六牌两图是指通常在主出入口处应设工程概况牌、管理人员名单和监督电话牌、消防保卫牌、安全生产牌、文明施工牌、入场须知牌，以及施工现场平面图、施工现场立面图。工程概况牌要标明工程规模、性质、用途、发包人、设计人、承包人、监理单位名称和开、竣工日期、施工许可证批准文号。另外，施工现场周围设围挡，并涂刷宣传画或标语。

**图5-13　六牌两图　（部分）**

（2）两栏一报。两栏一报是指在工地显要位置处应设宣传栏、读报栏、黑板报，要针对施工现场情况，并适当更换内容，确实起到鼓舞士气、表扬先进的作用。

2. 安全标志

（1）安全标志的内容。

安全标志是指提醒人们注意的各种标牌、文字、符号以及灯光等，如图5-14所示。

一般来说，安全警示标志包括安全色和安全标志。安全色分为红、黄、蓝、绿四种颜色，分别表示禁止、警告、指令、提示；安全标志分禁止标志、警告标志、指令标志和提示标志。安全标志的图形、尺寸、颜色、文字说明和制作材料等，均应符合国家标准规定。

（2）安全标志的设置与悬挂。

根据国家有关规定，施工现场入口处、施工起重机械、临时用电设施、脚手架、出入通道口、楼梯口、电梯井口、孔洞口、桥梁口、隧道口、基坑边沿、爆破物及有害危险气体和液体存放处等属于危险部位，应当设置明显的安全警示标志。应当根据危险部位的性质，设置不同的安全标志（图5-15）。安全标志设置后应当进行统计记录，并填写施工现场安全标志登记表。

禁止吸烟　禁止触摸　禁止跨越　禁止烟火

禁止攀登　禁止跳下　禁止启动　禁止乘人

紧急出口　注意安全　当心火灾　当心触电

必须戴安全帽　必须戴防护手套　必须系安全带

进入施工现场
必须戴安全帽

当心爆炸

图 5-14　常见的安全标志

安全通道

图 5-15　安全标志的设置与悬挂

# 课后练习

一、判断题（在括号内正确的打"√"，错误的打"×"）

1.政府监管机构应对建筑施工企业生产经营活动中的安全生产负全面责任。（　　）

2.政府监管由国家授权某政府部门对各类具有独立法人资格生产经营单位执行安全法规的情况进行监督和检查，具有法律的权威性和特殊的行政法律地位。（　　）

3.工程监理单位应当审查施工组织设计中的安全技术措施或者专项施工方案是否符合工程建设强制性标准。（　　）

4.从事了10年电焊岗位工作的小王，因一年前被安排从事钢筋工岗位，现重新回到电焊工岗位，因熟悉本岗位的安全技术，故上岗前不必再参加相应的安全技术培训和教育。（　　）

5.对现场管理人员和操作工人的安全检查，不仅要检查其是否有违章指挥和违章作业行为，还应进行"应知应会"的抽查。（　　）

6.某一级施工企业有从事建筑施工的资质和营业执照，但安全生产许可证已过时失效，不能从事建筑施工活动。（　　）

7.离开塔吊起重工作业岗位7个月的刘工，现重新回到已累计干了8年的该岗位，上岗前没必要再参加实际操作考核。（　　）

8.高处作业或吊起重物产生的势能属于第一类危险源。（　　）

9.通过向有经验的专家咨询、调查、辨识、分析和评价危险源是危险源辨识方法之一。（　　）

10.危险源风险大小只与特定危险情况发生的可能性有关，与可能导致后果的严重程度无关。（　　）

11.施工安全技术措施并不是施工组织设计的组成部分，不必与施工组织设计一同编制。（　　）

12.安全检查的主要方法中包括由作业人员进行"现场操作"的实际运行验证。（　　）

13.正确使用安全帽的要求：帽衬与帽壳之间应紧贴，系好帽带，女员工的发辫要盘在安全帽内。（　　）

14.2 m以上的悬空作业，必须使用安全带。（　　）

15.密目网用于立网防护，但水平防护时必须采用平网，不准用立网代替平网。（　　）

**二、选择题（选择一个或多个正确答案）**

1.下列（　　）项不属于建筑施工企业安全生产管理机构专职安全生产管理人员在施工现场检查过程中应尽的职责。

A.查阅在建项目安全生产有关资料、核实有关情况

B.监督现场劳动纪律

C.监督项目专职安全生产管理人员履责情况

D.监督作业人员安全防护用品的配备及使用

2.下列（　　）项不是政府安全监管机构进行安全监察的重点对象。

A.塔机操作人员　　　　　　　　　B.高大模板工程性

C.脚手架支设　　　　　　　　　　D.混凝土的检测结果

3.下列（　　）项中，不属于在处理事故时应坚持和实施的"四不放过"原则。

A.事故原因分析不清不放过　　　　B.事故责任者不赔偿损失不放过

C.没有整改措施和预防措施不放过　　　　D.事故责任者和责任领导不处理不放过

4.某3万平方米的建筑工程项目，按照建筑面积确定，至少需配置（　　）名专职安全生产管理机构人员。

A.1　　　　　　　　B.2　　　　　　　　C.3　　　　　　　　D.4

5.下列关于建设单位的安全责任的描述中不妥当的是（　　）。

A.应当向施工单位提供施工现场及毗邻区域内的相邻建筑物和构筑物、地下工程的有关资料

B.有权根据项目投入使用的需要压缩合同的工期

C.建设单位在编制工程概算时，应当包括建设工程安全作业环境及安全施工所需要费用

D.应指定施工单位购买、租赁、使用安全防护用具、机械设备、施工机具及配件、消防设施和器材

6.下列关于施工单位的安全责任的描述中不正确的是（　　）。

A.项目负责人应对所交付的工程的安全施工负责。

B.对达到一定规模的危险性较大的分部分项工程编制专项施工方案

C.在申请领取施工许可证时，应当提供建设工程有关安全施工措施的资料

D.在尚未竣工的建筑物内设置员工集体宿舍时要采取必要的安全措施

7.安全生产管理制度的核心是（　　）。

A.安全生产责任制　B.安全教育　　　　C.安全检查　　　　D.安全措施计划

8.安全生产许可证的有效期为（　　）年，有效期满需要延期的，企业应当于期满前3个月向原安全生产许可证颁发管理机关办理延期手续。

A.2　　　　　　　　B.3　　　　　　　　C.4　　　　　　　　D.5

9.下列危险源中属于第一类危险源的是（　　）。

A.电缆绝缘层破坏　　　　　　　　　　B.起重机钢绳断裂

C.施工机械的运行动能　　　　　　　　D.脚手架扣件质量低劣

10.施工安全技术措施必须包括（　　）。

A.应急预案　　　　B.操作工艺　　　　C.施工方法　　　　D.安全纪律

11.下列不属于经常性安全检查事项的是（　　）。

A.班组进行班前、班后岗位安全检查

B.各级安全员及安全值班人员巡回安全检查

C.各级管理人员在检查施工同时检查安全

D.上级主管部门对下属单位进行的安全检查

12.建筑工人称为救命"三宝"的不包括（　　）。

A.安全帽　　　　　B.安全带　　　　　C.安全鞋　　　　　D.安全网

13.P3×6网眼的安全网不允许使用的部位为（　　）。

A.电梯井里　　　　　　　　　　　　　B.外脚手架的跳板下面

C.脚手架与墙体间的空隙　　　　　　　D.外脚手架的外侧

14.六牌两图中的六牌不包括（　　）。

A.工程概况牌　　　B.消防保卫牌　　　C.质量标准牌　　　D.入场须知牌

15.安全标志分四种颜色区分，其中黄色的代表（    ）标志。

A.禁止标志　　　　B.警告标志消　　　　　　C.指令标志　　　　　　D.提示标志

16.安全标志牌⊗表示（    ）。

A.禁止启动　　　　B.禁止攀登　　　　　　C.禁止跳下　　　　　　D.禁止跨越

17.安全专项施工方案应由施工企业（    ）编制。

A.专业工程技术人员　　　　　　　　B.项目安全总监

C.项目总工程师　　　　　　　　　　D.项目经理

18.项目安全生产责任制规定，（    ）为项目安全生产的第一责任人。

A.项目经理　　　　B.项目安全总监　　　　C.公司负责人　　　　D.公司安全总监

# 项目六　建筑施工现场安全措施

【素质目标】

(1) 具有社会责任感和爱岗敬业的价值观。

(2) 具有细致负责、一丝不苟的工作态度。

(3) 具有安全意识、责任意识。

(4) 具有高度的保障人民生命安全的责任心。

【知识目标】

(1) 了解拆除工程施工安全措施。

(2) 熟悉土方工程开挖、基坑支护安全技术措施。

(3) 掌握主体结构工程中的脚手架工程、砌体工程、模板工程、钢筋工程、混凝土工程、钢结构安装工程等施工过程的安全技术措施。

(4) 熟悉高处作业、临边及洞口作业的安全防护。

(5) 熟悉施工现场临时用电以及施工机械使用的安全措施。

【能力目标】

(1) 能阅读和审查土石方工程施工专项施工方案；能编制安全施工交底资料，能参加安全技术交底活动。

(2) 能阅读和参与编写脚手架工程、砌体工程、模板工程、钢筋工程、混凝土工程、钢结构安装工程等专项施工方案，在上述工程的安全技术交底活动中提出自己的见解和意见，并能记录和收录安全技术交底活动的有关安全管理档案资料。

(3) 能根据现行《建筑施工安全检查标准》(JGJ 59—2011)参加施工现场安全状况检查和进行合理评分。

【案例引入】

1.背景

某企业新建厂区办公楼，建筑面积2605 m²，为3层框架结构，由混凝土空心砌块砌筑。现结构及砌筑工程均已施工完毕，外墙抹灰已完，按经监理审核通过的施工方案拆除外脚手架，然后用吊篮进行外墙饰面防水涂料涂刷。

脚手架拆除作业：本建筑平面形状为细长条，脚手架按东、南、西、北四个立面分片进行拆除，先拆除南、北面积比较大的两个立面，再拆除东、西两个立面。由于架子不高，同时为了快速拆除架体，工人先将连墙件挨个拆除后，再一起拆除架管。拆除的架管、脚手板直接顺着架体溜下后斜靠在墙根，等累积一定数量后一次性清运出场。

脚手架拆除完毕后，涂饰工人在休息室内开始调料操作，并提前打开所有门窗，确保通风顺畅。

屋顶为上人屋面，正在进行屋顶周边钢管护栏的施工。安全总监详细核查高处作业人员的身体状况及以往病史，确认安全后才允许临边施工作业。

　　2.问题

　　（1）本案例中，脚手架拆除作业存在哪些不妥之处？并简述正确做法。

　　（2）涂饰工人做法有何不妥？并简述调料作业时调料人员应注意的事项。

　　（3）患有哪些疾病的人员不宜从事如本案例中屋顶护栏施工等高处作业活动？

　　（4）简述临边作业的安全控制要点有哪些？

　　建筑施工多为露天、高处作业，施工环境和作业条件较差，以及生产的流动性、建筑产品的单件性和类型多样性、施工生产过程的复杂性、工作环境多变性都决定施工现场容易发生安全事故。为贯彻"安全第一、预防为主"的方针，在工程现场施工的过程中，应该对可能发生的事故隐患和可能发生安全问题的环节进行预测，从管理和技术上采取有效措施，控制好人的不安全行为和物的不安全状态，这也是预防事故发生的关键性因素。本项目分别对建筑施工现场从事的拆除工程施工、土方与基础工程施工、主体结构施工、高处作业、施工现场临时用电、施工机械使用等安全事故多发的关键环节需采取的安全技术措施进行重点讨论。

# 任务1　拆除工程安全措施

## 一、拆除工程的施工方法

　　拆除工程的施工方法有人工拆除、机械拆除、人工与机械相结合、爆破拆除。这些拆除方法的基本特征见表6-1。

表6-1　常用拆除方法的基本特征

| 拆除方法 | 施工特征 | 优缺点 | 适用范围 |
|---|---|---|---|
| 人工拆除 | 人工用简单的工具，如撬棍、铁锹、瓦刀等。砖墙一般采用自上而下拆除，如果必须采用推倒或拉倒的方法，必须有人统一指挥，待人员全部撤离到墙倒范围之外方可进行。拆屋架时可用简单的起重设备、三木塔 | 施工人员必须亲临拆除点操作，进行高空作业，危险性大；劳动强度大，拆除速度慢，工期长；气候影响大；易于保留部分建筑物 | 适用于砖木结构、混合结构以及上述结构的分离和部分保留的拆除 |
| 机械拆除 | 使用大型机械如挖掘机、镐头机、重锤机等对建筑物实施解体和破碎 | 施工人员无须直接接触拆除点，无须高空作业，危险性小；劳动强度大，拆除速度快，工期短；作业时扬尘较大，必须采取湿作业法 | 适用于混合结构、框架结构、板式结构等高度不超过30 m的建筑物、构筑物及各类基础和地下构筑物 |

| 拆除方法 | | 施工特征 | 优 缺 点 | 适用范围 |
|---|---|---|---|---|
| 人工与机械相结合 | | 人工与机械配合，人工剔凿，用机械将楼板、梁等构件吊下去。人工拆砖墙、用机械吊运砖 | 具有人工拆除与机械拆除的共同特点，具有较强的选择性 | 适用于混合结构多层楼房 |
| 爆破拆除 | 控制爆破 | 通过合理的设计和精心施工，严格控制爆破能量和规模，将爆破声响、飞石、振动、冲击波、破坏区域以及破碎体的散坍范围和方向控制在规定的限度内 | 不需要复杂的专用设备，也不受环境限制，能在爆破禁区内爆破，具有施工安全、迅速、不受破坏等优点 | 适用于拆除房屋、构筑物、基础、桥梁 |
| | 静态爆破 | 将一种含有铝、镁、钙、铁、硅、磷、钛等元素的无机盐粉末状破碎剂，经水化后产生巨大膨胀压力（可达 $30\sim50$ MPa），将混凝土或岩石胀裂、破碎 | 破碎剂非易燃、易爆危险品、运输、保管、使用安全；爆破无振动、声响、烟尘、飞石等公害；操作简单，不需要炮孔，不用雷管，不需要点炮等操作；但钻孔较多，破碎效果受气温影响大，开裂时间不易控制，成本稍高 | 适用于混凝土、钢筋混凝土、砖石结构物的破碎拆除或做二次破碎，但不适用于多孔体和高耸结构 |
| | 近人爆破（高能燃烧剂爆破） | 采用金属氧化物（二氧化锰、氧化铜）和金属还原剂（铝粉）按一定的比例组成的混合物，将其装入炮孔内，用电阻丝引燃，发生氧化—还原反应，产生高温膨胀气体，达到切割破坏的目的 | 爆破声响较小、振动轻微，飞石、烟尘少；切割面比较整齐，保留部分不受损坏 | 适用于一般混凝土基础、柱、梁、板等的拆除及石料的开采，不宜用于不密实结构及存在空隙的结构 |

一般说来，房屋由屋顶板或楼板、屋架或梁、砖墙或柱、基础四大部分组成。其传力路线为：屋顶板或楼板→屋架或梁→砖墙或柱→基础。为了保证安全拆除，必须先了解拆除对象的结构，弄清组成房屋的各部分结构构件的传力关系，合理地确定拆除顺序和方法。

拆除的顺序，原则上就是按受力的主次关系，或者说按传力关系的次序来确定。即先拆最次要的受力构件，然后拆次要受力构件，最后拆最主要受力构件，即拆除顺序为屋顶板→屋架或梁→承重砖墙或柱基础。如此由上至下，一层一层地拆除。至于不承重的围护结构，如不承重的砖墙、隔断墙可以最先拆，但是砖墙虽不承重，但起到木柱的支撑作用，这种情况就不急于先拆砖墙，可以等到拆木柱时一起拆。

采用什么样的拆除方法，要根据待拆除的建筑物的实际情况来判定，首先要考虑安全，然后考虑经济、节约人力、速度和扰民问题及尽量保存有用的建筑材料等因素。

## 二、拆除工程的安全技术

1.拆除工程的准备工作
（1）技术准备工作。

① 熟悉被拆除建筑物（或构筑物）的竣工图纸，弄清楚建筑物的结构情况、建筑情况，水电及设备管道情况。

② 学习有关规范和安全技术文件。

③ 调查周围环境、场地、道路、危房情况。

④ 编制拆除工程施工组织设计。施工组织设计是指导拆除工程施工准备和施工全过程的技术经济文件，必须由负责该项目拆除工程的主管领导，组织有关技术、生产、安全、材料、机械、劳资、保卫等部门人员讨论编制，报上级主管部门审批。

⑤ 向进场施工人员进行安全技术教育。

（2）现场准备。

① 清除拆除倒塌范围内的物资、设备。

② 疏通运输道路及接通施工中临时用水、电源。

③ 切断被拆建筑物的水、电、煤气、暖气管道等。

④ 检查周围危旧房，必要时进行临时加固。

⑤ 向周围群众出安民告示，在拆除危险区设置警戒标志。

（3）机械设备材料的准备：拆除的工具机器、起重运输机械和爆破拆除所需的全部爆破器材，以及爆破材料危险品临时库房。

（4）组织和劳动力准备：成立组织领导机构、组织劳动力。

（5）编制拆除工程预算。

2．拆除工程的安全技术规定

（1）建筑拆除工程必须编制专项施工组织设计并经审批备案后方可施工，其内容应包括下列各项：对作业区环境（包括周围建筑、道路、管道、架空线路）准备采取的措施说明；被拆除建筑的高度、结构类型以及结构受力简图；拆除方法设计及其安全措施；垃圾废弃物的处理；减少对环境影响的措施，包括噪声、粉尘、水污染的控制措施等；人员、设备、材料计划；施工总平面布置图。

（2）拆除工程的施工，必须在工程负责人的统一指挥和监督下进行。工程负责人要根据施工组织设计和安全技术规程向参加拆除的工作人员进行详细的交底。

（3）拆除工程在施工前，应该将电线、瓦斯煤气管道、上下水管道、供热设备等管道、干线及连通该建筑物的支线切断或迁移。

（4）拆除区周围应设立围栏，挂警告牌，并派专人监护，严禁无关人员逗留。

（5）拆除过程中，现场照明不得使用被拆除建筑物中的配电线，应另外设置配电电路。

（6）拆除作业人员应站在脚手架或稳固的结构上操作。

（7）拆除建筑物的栏杆、楼梯和楼板等，应该和整体拆除进度相配合，不能先行拆除。建筑物的承重支柱和横梁，要等待它所承担的全部结构和荷重拆掉后才可以拆除。

（8）高处拆除安全技术。

① 高处拆除施工的原则是按建筑物建设时相反的顺序进行。应先拆高处，后拆低处；先拆非承重构件，后拆承重构件；屋架上的屋面板拆除，应由跨中向两端对称进行。不得数层同时进行交叉拆除。当拆除某一部分时，应保持未拆除部分的稳定，必要时应先加固后拆除。

② 高处拆除作业人员必须站在稳固的结构部位上，当条件不能满足时，应搭设工作平台。

③ 高处拆除石棉瓦等轻型屋面工程时，严禁踩在石棉瓦上操作。应使用移动式挂梯，挂牢后操作。

④ 高处拆除时楼板上不得有多人聚集，也不得在楼板上堆放大量的材料和被拆除的构件。

⑤ 高处拆除时拆除的散料应从设置的溜槽中滑落，较大或较重的构件应使用吊绳或起重机吊下。严禁向下抛掷。

⑥ 高处拆除中每班作业休息前，应拆除至结构的稳定部位。

（9）拆除建筑物一般不采用推倒方法，用推倒方法时，必须遵守下列规定：

① 砍切墙根的深度不能超过墙厚的 1/3，墙的厚度小于两块半砖时，不许进行掏掘；

② 为防止墙壁向掏掘方向倾倒，在掏掘前，要用支撑撑牢；

③ 建筑推倒前，应发出信号，待所有人员远离建筑物高度 2 倍以上的距离后，方可进行；

④ 在建筑物倒塌范围内有其他建筑物时，严禁采用推倒法。

（10）采用控制爆破方法进行拆除工程（图 6-1）应按满足下列要求：

① 严格遵守《土方与爆破工程施工及验收规范》（GB 50201—2012）关于拆除爆破的规定。

② 在人口稠密地区、交通要道等爆破建筑物，应采用电力或导爆索起爆，不得采用火花起爆。当采用分段起爆时，应采用毫秒雷管起爆。

③ 采用微量炸药的控制爆破，可大大减少飞石，但不能绝对控制飞石，仍采用适当保护措施，如对低矮建筑物采用适当护盖，对高大建筑物爆破设一定安全区，避免对周围建筑物和人身的危害；爆破时，对原有蒸汽锅炉和空压机房等高压设备，应将其压力降到 $1\sim2$ atm（atm 为大气压单位，$10^5$ Pa$\approx$0.987 atm）。

④ 爆破各道工序要认真细致地操作、检查与处理，杜绝各种不安全事故发生。爆破要设临时指挥机构，便于分别负责爆破施工与起爆等有关安全工作。

⑤ 用爆破方法拆除建筑物部分结构时，应该保证其他结构部分的状况良好，爆破后，如果发现保留的结构部分有危险征兆，应采取安全措施后再进行工作。

**图 6-1　爆破拆除**

## 任务2 土方与基础工程施工安全措施

### 一、土方开挖

（1）在施工组织设计中，要有单项土方工程施工方案，对施工准备、开挖方法、放坡、排水、边坡支护，应根据有关规范要求进行设计，边坡支护要有设计计算书。

（2）土石方作业和基坑支护的设计、施工应根据现场的环境、地质与水文情况，针对基坑开挖深度、范围大小，综合考虑支护方案、土方开挖、降排水方法以及对周边环境应采取的保护措施。

（3）根据土方工程开挖深度和工程量的大小，选择机械、人工挖土或机械挖土方案。挖掘应自上而下进行，严禁先挖坡脚。软土基坑无可靠措施时，应分层均衡开挖，层高不宜超过1m。坑（槽）沟边1m以内不得堆土、堆料，不得停放机械。

（4）基坑工程应贯彻先设计后施工、先支撑后开挖、边施工边监测、边施工边治理的原则。严禁坑边超载，相邻基坑施工应有防止相互干扰的技术措施。

（5）挖土方前要认真检查周围环境，不能在危险岩石或建筑物下作业。

（6）人工挖基坑时，操作人员之间要保持一定的安全距离，一般要大于2.5m。多台机械开挖时，挖土机间距应大于10m。

（7）多台机械同时开挖土方时，应验算边坡稳定性，并根据规定和验算确定挖土机离边坡的安全距离。

（8）如开挖的基坑（槽）比邻近建筑物基础深，开挖应保持一定距离和坡度，以免在施工时影响邻近建筑物的稳定，如不能满足要求，应采取边坡支撑加固措施，并在施工过程中进行沉降和位移观测。

（9）当基坑深度超过2m时，坑边应按照高处作业的要求设置临边防护，作业人员上下应有专用梯道。当深基坑施工中形成立体交叉作业时，应合理布局基位、人员、运输通道，并设置防止落物伤害的防护层。

（10）为防止基坑底的土被扰动，基坑挖好后要尽量减少暴露时间，及时进行下一道工序的施工。如不能立即进行下一道工序，要预留15～30cm厚的覆盖土层，待基础施工时再挖去。

（11）应加强基坑工程的监测和预报工作，包括对支护结构、周围环境及沿途变化的监测。应通过监测分析及时预报并提出建议，实现信息化施工，防止隐患扩大。

（12）弃土应及时运出，如需要临时堆土或留作回填土，堆土坡脚至坑边距离应按挖坑深度、边坡坡度和土的类别来确定，在边坡支护设计时应考虑堆土附加的侧压力。

（13）运土道路的坡度、转弯半径要符合有关安全规定。

（14）爆破土方要遵守爆破作业安全有关规定。

### 二、基坑支护

1.基坑（槽）边坡的稳定性

为了防止塌方，保证施工安全，开挖土方深度超过一定限度时，边坡均应做成一定坡度。土方边坡的坡度用其高度 $H$ 与底 $B$ 之比表示。

土方边坡的大小与土质、开挖深度、开挖方法、边坡留置时间的长度、排水情况、附近堆积荷载等有关。开挖的深度愈深，留置时间越长，边坡应设计得平缓一些，反之则可陡一些，用井点降水时边坡可陡一些。边坡可以做成如图6-2（a）、（b）所示的斜坡式，也可根据施工需要做成如图6-2（c）所示的踏步式。

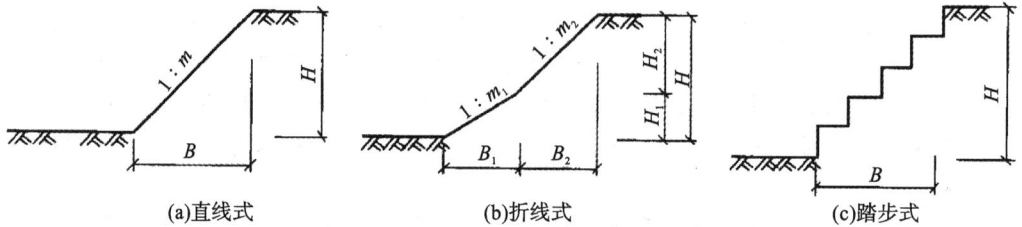

(a)直线式      (b)折线式      (c)踏步式

**图6-2 边坡形式**

（1）基坑（槽）边坡的规定。

当地质情况良好，土质均匀、地下水位低于基坑（槽）或管沟底面标高时，挖方深度在5 m以内，不加支撑的边坡最陡坡度应符合表6-2中的规定。

**表6-2 基坑（槽）边坡的最陡坡度规定**

| 土的类别 | 边坡坡度（高：宽） | | |
| --- | --- | --- | --- |
| | 坡顶无荷载 | 坡顶有荷载 | 坡顶有动载 |
| 中密砂土 | 1：1.00 | 1：1.25 | 1：1.50 |
| 中密的碎石类土（充填物砂土） | 1：0.75 | 1：1.00 | 1：1.25 |
| 硬塑的黏质粉土 | 1：0.67 | 1：0.75 | 1：1.00 |
| 中密的碎石类土（充填物为黏性土） | 1：0.50 | 1：0.67 | 1：0.75 |
| 硬塑的粉质黏土、黏土 | 1：0.33 | 1：0.50 | 1：0.67 |
| 老黄土 | 1：0.10 | 1：0.25 | 1：0.33 |
| 软土（经井点降水后） | 1：1.00 | — | — |

注：1.静载指堆土或材料等，动载指机械挖土或汽车运输作业等。在挖方边坡上侧堆土或材料以及移动施工机械时，应与挖方边缘保持一定距离，以保证边坡的稳定，当土质良好时，堆土或材料距挖方边缘0.8 m以外，高度不宜超过1.5 m。

2.若有成熟的经验或科学理论计算并经实验证明者可不受本表限制。

（2）基坑（槽）无边坡垂直开挖高度规定。

①无地下水或地下水位低于基坑（槽）或管沟底面标高且土质均匀时，其挖方边坡可做成直立壁不加支撑，挖方深度应根据土质确定，但不宜超过表6-3的规定。

**表6-3 基坑（槽）做成直立壁不加支撑的深度规定**

| 土的类别 | 挖方深度/m |
| --- | --- |
| 密实、中密的砂土和碎石类土（充填物为砂土） | 1.00 |
| 硬塑、可塑的粉土及粉质黏土 | 1.25 |

续表

| 土的类别 | 挖方深度/m |
|---|---|
| 硬塑、可塑的黏土和碎石类土（充填物为黏性土） | 1.50 |
| 坚硬的黏土 | 2.00 |

②天然冻结的速度和深度能确保施工挖方的安全，在深度为4 m以内的基坑（槽）开挖时，允许采用天然冻结法垂直开挖而不设支撑，但在干燥的砂土中应严禁采用冻结法施工。

采用直立壁挖土的基坑（槽）或管沟挖好后，应及时进行地下结构和安装工程施工，在施工过程中，应经常检查坑壁的稳定情况。

若挖方深度超过表6-3中的规定，则应按表6-2中的规定放坡或直立壁加支撑（图6-3）。

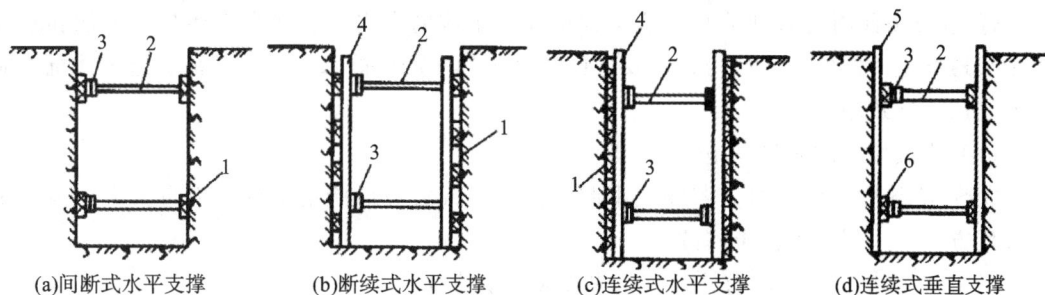

(a)间断式水平支撑　　(b)断续式水平支撑　　(c)连续式水平支撑　　(d)连续式垂直支撑

**图6-3　横撑式支撑**

1—水平挡土板；2—横撑木；3—木楔；4—竖楞木；5—垂直挡土板；6—横楞木

**2.滑坡与边坡塌方的原因与防治措施**

1）滑坡的原因与防治措施

（1）滑坡的原因。

①震动的影响。如工程中采用大爆破而触发滑坡。

②水的作用。多数滑坡都与水的参数有关，水能增大土体重量，降低土的抗剪强度和内聚力，产生静水和动水压力，因此，滑坡多发生在雨季。

③土体（或岩体）本身层理发达，破碎严重，或内部夹有软泥弱层受水浸或震动滑坡。

④土层下岩层或夹层倾斜度较大，上表面堆土或堆材料较多，增加了土体重量，致使土体与夹层之间、土体与岩石之间的抗剪强度降低，从而引发滑坡。

⑤不合理的开挖或加荷，如在开挖破脚或在山坡上加荷过大，破坏原有的平衡而产生滑坡。如路堤、土坝筑于尚不稳定的古滑坡体上，或是易滑动的土层上，则使重心改变，产生滑坡。

（2）滑坡的防治措施。

①应使边坡有足够的坡度，并尽量将土坡削成较平缓的坡度或做成台阶形，使中间具有数个平台以增加稳定性。土质不同时，可按不同土质削成不同坡度，一般可使坡度角

小于土的内摩擦角。

② 禁止在滑坡范围以外的水流入滑坡区域以内，对滑坡范围以内的地下水，应设置排水系统疏干或引出。

③ 施工地段或危及建筑安全的地段应设置抗滑结构，如抗滑桩、抗滑挡墙、锚杆挡墙等。这些结构物的基础底必须设置在滑动面以下的稳定土层或岩基中。

④ 削去不稳定的陡坡部分，以减轻滑坡体重量，减少滑坡体的下滑力，从而达到滑体的静力平衡。

⑤ 严禁随意切割滑坡体的坡脚，同时也切忌在坡体被动区挖土。

2）边坡塌方的原因与防治措施

（1）边坡塌方的原因。

① 边坡太陡，土体本身的稳定性不够而发生塌方。

② 气候干燥，基坑暴露时间过长，土质松软或黏土中的夹层因浸水而产生润滑作用，以及饱和的细沙、粉砂受振动而液化等原因引起土体内抗剪强度降低，从而发生塌方。

③ 边坡顶面附近有动荷载，或下雨增加了土体的含水量，使得土体自重增加和水在土中渗透产生一定的动水压力，以及土体裂缝中的水产生静水压力，从而引起土体抗剪应力的增加，导致塌方。

（2）边坡塌方的防治措施。

① 开挖基坑（槽）时，若场地限制不能放坡或放坡后所增加的土方量太大，为防止边坡塌方，可采用设置挡土支撑方法。

② 严格控制坡顶护道内的静荷载或较大的动荷载。

③ 防止地表水流入坑槽内和渗入土坡体。

④ 对开挖深度大、施工时间长、坑边要停放机械等现象，应按规定的允许坡度适当放平缓些。当基坑（槽）附近有主要建筑物时，基坑边坡的最大坡度为 $1:1～1:1.5$。

3. 基坑挡土桩安全技术措施

我国高层建筑、构筑物深基础工程施工常用的支护结构有型钢桩横挡板支护（图6-4）和钢筋混凝土钻孔桩支护（图6-5）等，根据具体情况可选择使用。

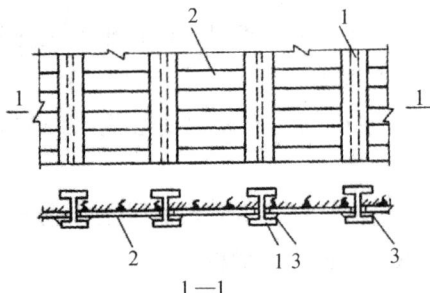

图 6-4　型钢桩横挡板支护

1—型钢桩；2—横向挡土板；3—木楔

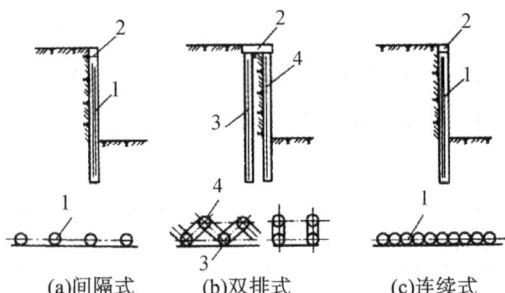

(a)间隔式　　(b)双排式　　(c)连续式

图 6-5　钢筋混凝土钻孔桩支护

1—挡土灌注桩；2—连续梁；3—前排桩；4—后排桩

（1）在施工组织设计中，各类挡土桩必须要有单项设计和详细的结构计算书，其内容应包括下列方面，且在施工前必须逐一检查。

① 绘制挡土桩设计图，设计图应包括桩位布置图，桩的施工详图（包括桩长、标高、

断面尺寸、配筋以及预埋件详图），锚杆以及支撑钢梁布置与详图，节点详图（包括锚杆的标高、位置、平面布置、锚杆长度、断面、角度、支撑钢梁的断面及锚杆与支撑钢梁的节点大样），顶部钢筋混凝土圈梁或斜角拉梁的施工详图等。设计图应有材料要求说明、锚杆灌浆养护及预应力张拉的要求等。

②根据挖土施工方案和挡土桩各类荷载，来计算或验算挡土桩结构。挡土桩的计算书应包括下列项目计算：

a.桩的入土深度计算，以确保桩的稳定；

b.计算桩最危险截面处的最大弯矩和剪力，验算桩的强度和刚度，以确保桩的承载能力；

c.计算在最不利荷载情况下锚杆的最大拉力，验算锚杆的抗拉强度，土层锚杆非锚固段长度和锚固段长度，以保证锚杆抗拔力；

d.桩顶设拉锚，除验算拉锚杆强度外，还应验算锚桩的埋设深度，以及检查锚桩是否埋设在土体稳定区域内。

③明确挡土桩的施工顺序、锚杆施工与挖土工序之间的时间安排、锚杆与支撑梁施工说明、多层锚杆施工过程中的预应力调整等。

④挡土桩的主要施工方法。

⑤施工安全技术措施以及估计可能发生的问题。

（2）机械打桩安全措施。

打桩前，对邻近施工范围内的已有建筑物、驳岸、地下管线等，必须认真检查，针对具体情况采取有效加固和隔震措施，对危险而又无法加固的建筑应征得有关方面同意后方可进行拆除，以确保施工安全和邻近建筑物及人身安全。机器进场，要注意危桥、陡坡、限地和防止碰撞电杆、房屋等。打桩场地必须平整压实，必要时宜铺设道砟，经压路机碾压密实，场地四周应挖排水沟，以利于排水。在打桩过程中，若遇到地坪隆起或下陷，应随时对机器的路轨调平或整平。

（3）钻孔灌注桩安全措施。

钻机操作时，应注意钻机固定平整，防止钻架突然倾倒或钻具突然下落而造成事故，已钻成的孔在尚未灌混凝土前，必须用盖板封严。

4.坑（槽）壁支撑施工安全措施

（1）一般坑壁支撑都应进行设计计算，并绘制施工详图，比较浅的基坑（槽）若确有成熟可靠的经验，可根据经验绘制简明的施工图。

（2）采用锚杆支撑时，锚杆的锚固段应埋在稳定性较好的土层或岩层中，并用水泥浆灌注密实。锚固须计算或试验确定，不得锚固在松软土层中，应合理布置锚杆的间距和倾角，锚杆上下间距不宜小于2.0 m，水平间距不得小于1.5 m，锚杆倾角宜为15°～25°，且不应大于45°。最上一道锚杆覆盖土厚不得小于4 m。

（3）挡土桩顶埋深的拉锚应用挖沟方式埋设，沟宽应尽可能小，不能采取全部开挖回填方式，扰动土体固结状态。拉锚安装后应按设计要求的预拉应力进行拉紧。

（4）当采用悬臂式结构支护时，基坑深度不宜大于6 m。基坑深度超过6 m时，可选用单支点和多支点的支撑结构。地下水位低的地区和保证降水施工时，也可采用土钉支护。

（5）施工中应该经常检查支撑和观测邻近建筑物的稳定和变形，如发现支撑有松动、变形、位移等现象，应及时采取加固措施。

（6）支撑的拆除应按回填顺序依次进行，多层支撑应自下而上逐层拆除，拆除一层，经回填压实后，再拆上层。拆除支撑应注意防止附近建筑物或构筑物产生下沉或裂缝，必要时采取加固措施。

# 任务3 主体结构施工安全措施

## 一、脚手架工程

脚手架工程是建筑施工中必不可少的临时设施。例如砖墙的砌筑、墙面的抹灰、装饰和粉刷，结构构件的安装等，都需要在其近旁搭设脚手架，以便在脚手架上进行施工操作、堆放施工用料或必要时进行短距离水平运输。脚手架对建筑施工速度、工作效率、工程质量以及工人的人身安全有着直接影响。如果脚手架搭设不及时，势必会拖延工程进度；脚手架搭设不符合施工要求，工人操作就不方便，质量得不到保证，功效得不到提高；脚手架搭设不牢固、不稳定，就容易造成施工中的伤亡事故，因此脚手架的选型和构造、搭设质量等绝不可以疏忽大意、轻率处理。

1.脚手架的材质要求

（1）木脚手架。

① 主材。木脚手架立杆、纵向水平杆、斜撑、剪刀撑、连墙件应选用剥皮杉、落叶松木杆，横向水平杆应选用杉木、落叶松、柞木、水曲柳。立杆有效部分的小头直径不得小于70 mm，纵向水平杆有效部分的小头直径不得小于80 mm。

② 绑扎材料。绑扎木脚手架时一般采用8号镀锌钢丝，某些受力不大的地方也可用10号镀锌钢丝。

（2）竹脚手架。

① 主材。一般采用三年以上的楠竹，青嫩、枯黄、黑斑、虫蛀以及裂纹连通两节以上的竹竿不能使用。使用竹脚手架时，其立杆、斜杆、顶撑、大横杆的小头直径一般不小于75 mm，小横杆的小头直径不小于90 mm。

② 绑扎材料。一般竹脚手架均采用竹篾绑扎。竹篾要求质地新鲜、坚韧带青，厚度为0.6～0.8 mm，宽度为5 mm左右。也可由塑料纤维编织成带状的塑竹篾代替竹篾，一般宽度为10～15 mm，厚约1 mm，应具有出厂合格证和力学性能数据。

（3）钢管脚手架。

这里主要介绍常见的扣件式钢管脚手架，它由钢管、扣件、脚手板和底座组成，如图6-6所示。

① 钢管。一般采用符合《碳素结构钢》（GB/T 700—2006）要求的Q235钢，外表平直光滑，无裂纹、分层、变形扭曲、打洞截口，锈蚀程度小于0.5 mm，钢管必须具有生产厂家的产品检验合格证。各杆件均应优先采用外径为48 mm、壁厚为3～3.5 mm的焊接钢管，也可采用同种规格的无缝钢管或外径为50～51 mm、壁厚为3～4 mm的焊接钢管。用于立杆、大横杆和斜杆的钢管长度以4～4.5 m为宜，用于小横杆的钢管长度则以2.1～2.3 m为宜。

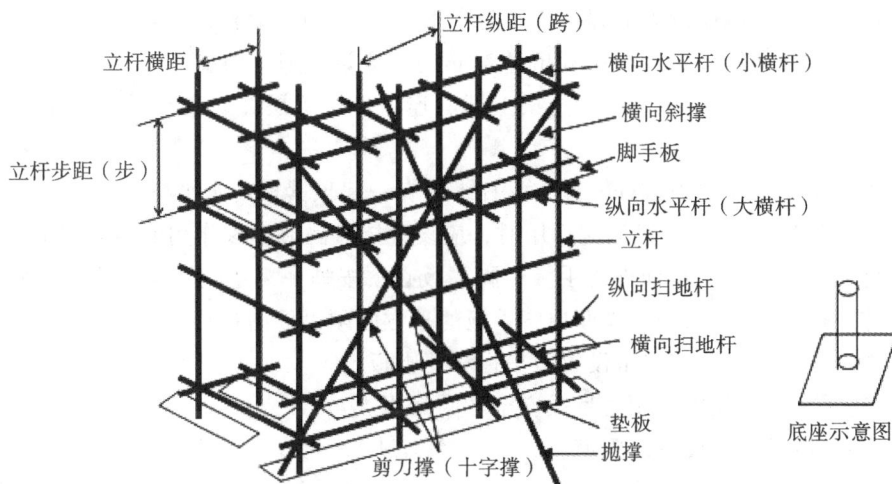

**图 6-6 扣件式钢管脚手架示意图**

（图中未绘出挡脚板、栏杆、连墙件及各种扣件）

② 扣件。扣件是专门来连接钢管脚手架杆件的，它有如图 6-7 所示的直角（"十"字）、回转和对接（"一"字）3 种形式。扣件应采用可锻铸铁制成，其技术要求应符合《钢管脚手架扣件》（GB/T 15831—2023）的规定，严禁使用有变形、裂纹、滑丝、砂眼等疵病的扣件，所使用的扣件还应具有出厂合格证明或租赁单位的质量保证证明。在使用时，直角扣件和回转扣件不允许沿轴心方向承受拉力，直角扣件不允许沿十字轴方向承受扭力，对接扣件不宜承受拉力，当用于竖向节点时只允许承受压力。扣件螺栓的紧固力矩应控制在 40～50 N·m，使用直角和回转扣件紧固时，钢管端部应伸出扣件盖板边缘不小于 1 mm。

(a)直角扣件 (b)回转扣件 (c)对接扣件

**图 6-7 扣件形式图**

**2. 脚手架的安全技术措施**

脚手架应进行安全计算。采用极限状态设计法，要分别进行承载能力极限状态的计算和正常使用极限状态的验算。当计算承载能力的极限状态时，应采用荷载的设计值；当验算正常使用的极限状态时，应采用荷载的标准值。荷载的设计值等于荷载标准值乘以荷载的分项系数，其中，恒载的分项系数为 1.2，活载的分项系数为 1.4。多立杆式脚手架大、小横杆的允许挠度，一般暂定为杆件长度的 1/150，桥式架的允许挠度暂定为 1/200。

脚手架除按要求进行安全计算外，尚应满足下列构造要求。

（1）单、双排脚手架的立杆纵距及水平杆步距不应大于 2.1 m，立杆横距不应大于 1.6 m。

（2）应按规定的间隔采用连墙件（或连墙杆）与建筑结构连接，在脚手架使用期间不得拆除。

（3）沿脚手架外侧应设置剪刀撑，并随脚手架同步搭设和拆除。

（4）双排扣件式钢管脚手架高度超过24 m时，应设置横向斜撑。

（5）门式钢管脚手架设置顶层门架上部、连墙件设置层、防护棚设置处必须设置水平架。

（6）竹脚手架应设置顶撑杆，并与立杆绑扎在一起顶紧横向水平杆。

（7）架高超过40 m且有风涡流作用时，应设置抗风涡流上翻作用的连墙措施。

（8）施工层应连续三步铺设脚手板，脚手板必须按脚手架宽度铺满、铺稳，脚手板与墙面的间隙不应大于200 mm，作业层脚手板的下方必须设置防护层。

（9）作业层外侧，应按规定设置防护栏和挡脚板。

（10）脚手架应按规定采用密目式安全立网封闭。

（11）各类脚手架搭设高度限值：

① 钢管脚手架中扣件式单排架不宜超过24 m，扣件式双排架不宜超过50 m，门式架不宜超过60 m；

② 木脚手架中单排架不宜超过20 m，双排架不宜超过30 m；

③ 竹脚手架中不得搭设单排架，双排架不宜超过35 m。

3.脚手架安全作业基本要求

（1）脚手架的搭设。

① 脚手架搭设安装前应先验收基础等架体承重部分，搭设安装后应分段验收，特殊脚手架需由企业技术部门会同安全、施工管理部门验收合格后才能使用。验收要定量与定性相结合，验收合格后，应在脚手架上悬挂合格牌，且在脚手架标示使用单位、监护管理单位和负责人。施工阶段转换时，脚手架应重新进行验收手续。

② 施工层脚手架部分与建筑物之间实施密闭，当脚手架和建筑物之间的距离大于20 cm时，还应自上而下做到四步一隔离。

③ 操作层必须设置高为1.2 m的栏杆和高为180 mm的挡脚板，挡脚板应与立杆固定，并有一定的机械强度。

④ 架体外侧必须要用密目式安全网封闭，网体与操作层不应有大于10 mm的缝隙，网间不应有大于25 mm的缝隙。

⑤ 钢管脚手架必须有良好的接地装置，接地电阻不大于4Ω，雷电季节应按规范设置避雷装置。

⑥ 从事架体搭设作业人员应是专业架子工，且取得劳动部门核发的特殊工种操作证。架子工应定期进行体检，凡患有不适合高处作业病症的人员不准上岗作业。架子工工作时必须戴好安全帽、安全带和穿防滑鞋。

（2）脚手架的使用。

① 操作人员上下脚手架必须要有安全可靠的斜道或挂梯。当斜道坡度走人时，斜道坡度不大于1∶3，运料时，其斜道坡度不大于1∶4，坡面每30 cm应设一防滑条，防滑条不能采用无防滑作用的竹条等材料。在构造上，当架高小于6 m时，可采用椅子形斜道，当架高大于6 m时，应采用之字形斜道，斜道的杆件应单独设置。挂梯可用钢筋预制，其位置不应在脚手架通道的中间，也不应垂直贯通。

② 通常应每月对脚手架进行一次专项检查。脚手架的各种杆件、拉结及安全防护设

施不能随意拆除，如确需拆除，应事先办理拆除申请手续。有关拆除加固方案应经工程技术负责人和原脚手架工程安全技术措施审批人书面同意后，方可实施。

③ 严禁在脚手架上堆放钢模板、木料以及施工多余的物料等，确保脚手架畅通和防止超载。

④ 脚手架上的使用荷载不超过相关规定。脚手架的使用荷载是以脚手板上实际作用荷载为准。一般规定，结构用的里、外承重脚手架，均布荷载不超过 2700 N/m²，即在脚手架上，堆砖只准单行侧放三层；用于装修工程的脚手架，均布荷载不超过 2000 N/m²。而桥式、吊挂和挑式等架子的使用荷载必须经过计算和试验确定。

⑤ 遇到 6 级以上的大风或大雾、雨、雪、等恶劣天气时，应暂停在脚手架上作业。

（3）脚手架的拆除。

① 在脚手架搭设和拆除之前，均应由单位工程负责人召集有关人员进行书面交底。

② 脚手架拆除时应划分作业区，周围设绳绑围栏或竖立警戒标志，地面应设专人指挥，禁止非作业人员入内。

③ 脚手架拆除时，要统一指挥。上下呼应，动作协调，当解开与另一个人有关的解扣时，应先通知对方，以防坠落。

④ 脚手架拆除时，要严禁撞破脚手架附近电源线，以防止事故发生。

⑤ 脚手架拆除时，不能撞破到门窗、玻璃、水落管、房檐瓦片、地下阴沟等。

⑥ 在脚手架拆除过程中，不能中途换人，必须换人时，应将拆除情况交代清楚后方可离开。

⑦ 拆除顺序应遵守由上而下、先搭后拆、后搭先拆的原则。先拆栏杆、脚手架、剪刀撑、斜撑，再拆小横杆、大横杆、立杆等，并按一步一清的原则依次进行，严禁上下同时拆除。

⑧ 拆脚手架的高处作业人员应佩戴安全帽、系安全带、扎裹脚、穿软底鞋，才允许上架作业。

⑨ 拆立杆时，要先抱住立杆再拆开后两个扣，拆除大横杆、斜撑、剪刀撑时，应先拆中间扣，然后托住中间，再解端头扣。

⑩ 连墙杆应随拆除进度逐层拆除，拆抛撑前，应用临时支撑柱，然后才能拆抛撑。

⑪ 大片架子拆除后所预留的斜道、上料平台、通道等，应在大片架子拆除前先进行加固，以便拆除后确保其完整、安全和稳定。

⑫ 拆除烟囱、水塔外架时，禁止架料碰断缆风绳，同时拆至缆风绳处方可解除该处缆风绳，不能提前解除。

⑬ 拆下的材料应用绳索拴住，利用滑轮徐徐放下，严禁抛掷。运至地面的材料应按指定地点，随拆随运，分类堆放。钢类最好放置在室内，若堆放在室外应加以掩盖。对扣件、螺栓等零星小构件应清洗干净，装箱、袋分类存放室内以备再用。弯曲变形的钢构件应调直，损坏的应及时修复并刷漆以备再用，不能修复的应集中报废处理。

## 二、砌体工程

### 1. 砌筑砂浆工程

（1）砂浆搅拌机械必须符合《建筑机械使用安全技术规程》（JGJ 33—2012）及《施

工现场临时用电安全技术规范》（JGJ 46－2005）的有关规定，施工中应定期对其进行检查、维修，保证机械使用安全。

（2）落地砂浆应及时回收，回收时不得夹有杂物，并应及时运至拌和地点，掺入新砂浆中拌和使用。

**2. 砖砌工程**

（1）建立健全安全环保责任制度、技术交底制度、奖惩制度等各项管理制度。

（2）现场施工用电严格按照《施工现场临时用电安全技术规范》（JGJ 46－2005）执行。

（3）施工机械严格按照《建筑机械使用安全技术规程》（JGJ 33－2012）执行。

（4）现场各施工面安全防护设施齐全有效，个人防护用具使用正确。

**3. 砌块砌体工程**

（1）根据工程实际及所需用机械设备等情况采取可行的安全防护措施：吊放砌块前应检查吊索及钢丝绳的安全可靠程度，不灵活或性能不符合要求的严禁使用；堆放在楼层上的砌块重量，不得超过楼板允许承载力；所使用的机械设备必须安全可靠、性能良好，同时设有限位保险装置；机械设备用电必须符合"三相五线制"及三级保护的规定；操作人员必须戴好安全帽，佩戴劳动保护用品等；作业层周围必须进行封闭围护，同时设置防护栏及张挂安全网；楼层内的预留孔洞、电梯口、楼梯口等，必须进行防护，采取栏杆搭设的方法进行围护，预留洞口采取加盖的方法进行围护。

（2）砌块中的落地灰及碎砌块应及时清理成堆，装车或装袋运输，严禁从楼上或架子上抛下。

（3）吊装砌块和构件时应注意重心位置，禁止用起重拔杆托运砌块，不得起吊有破裂、脱落、危险的砌块。起重拔杆回转时，严禁将砌块停留在操作人员上空或在空中整修、加工砌块。吊装较长构件时应加稳绳。

（4）安装砌块时，不准站在墙上操作和在墙上设置受力支撑、缆绳等，在施工过程中，对稳定性较差的窗间墙、独立柱应加稳定支撑。

（5）当遇到下列情况时，应停止吊装工作：

① 因刮风，使砌块和构件在空中摆动不能停稳时；

② 噪声过大，不能听清楚指挥信号时；

③ 起吊设备、索具、夹具有不安全因素而没有排除时；

④ 大雾天气或照明不足时。

**4. 石砌体工程**

（1）操作人员应戴安全帽和帆布手套。

（2）搬运石块时应检查搬运工具及绳索是否牢固，抬石应用双绳。

（3）在架子上凿石应注意打凿方向，避免飞石伤人。

（4）用锤打石时，应先检查铁锤有无破裂，锤柄是否牢固。打锤要按照石纹走向落锤，锤口要平，落锤要准，同时要看清附件情况有无危险，然后落锤，以免伤人。

（5）不准在墙顶或脚手架上修改石材，以免震动墙体影响质量或石片掉下伤人。

（6）砌筑时，脚手架上堆石不宜过多，应随砌随运。

（7）堆放材料必须离开槽、坑、沟边沿 1 m 以外，堆放高度不得高于 0.5 m；往槽、坑、沟内运石料及其他物质时，应用溜槽或吊运，下方严禁有人停留。

（8）墙身砌体高度超过地坪1.2 m时，应搭设脚手架。

（9）石块不得往下掷。运石上下时，脚手架要钉装防滑条及扶手栏杆。

（10）砌筑时用的脚手架和防护栏板应经检查验收，方可使用，施工中不得随意拆除或改动。

5.填充墙砌体工程

（1）砌体施工脚手架要搭设牢固。

（2）外墙施工时，必须有外墙防护及施工脚手架，墙与脚手架间的间隙应封闭，防高空坠物伤人。

（3）严禁站在墙上做画线、吊线、清扫墙面、支设模板等施工作业。

（4）现场施工机械应根据《建筑机械使用安全技术规程》（JGJ 33−2012）检查各部件工作是否正常，确认运转合格后方能投入使用。

（5）现场临时用电必须按照施工方案布置完成，并根据《施工现场临时用电安全技术规范》（JGJ 46−2005）检查合格后方能投入使用。

（6）在脚手架上，堆放普通砖不得超过2层。

（7）现场实行封闭化施工，有效控制噪声、扬尘、废物、废水等的排放。

（8）操作时精神要集中，不得嬉戏打闹，以防止意外事故发生。

# 三、模板工程

模板工程，就其材料用量、人工、费用及工期来说，在混凝土结构工程施工中是十分重要的组成部分，在整个建筑施工中也占有相当重要的地位。据统计，每平方米竣工面积需要配置0.15 m²模板。模板工程的劳动用工约占混凝土工程总用工的1/3。特别是近年来城市建设高层建筑增多，现浇钢筋混凝土结构数量增加，据测算占全部混凝土工程的70%以上，模板工程的重要性更为突出。

1.模板安全的构造与设计

模板结构必须经过计算设计，并绘制模板施工图，制定相应的施工安全技术措施。

进行模板结构设计时，必须要求模板结构能承受作用于该结构上的所有垂直荷载和水平荷载。在所有可能产生的荷载中要选择最不利的荷载组合验算模板整体结构和构件及配件的强度、稳定性和刚度，并且首先必须保证模板结构形成空间稳定的结构体系。

模板一般通常由三部分组成：模板面、支撑结构和连接配件。从保证模板安全而言，其构造必须满足以下要求。

（1）各种模板的支架应自成体系，严禁与脚手架进行连接。

（2）模板支架立杆在安装的同时，应加设水平支撑，立杆高度大于2 m时，应设两道水平支撑，每增高1.5～2 m，再增设一道水平支撑。

（3）满堂模板立杆除必须在四周及中间设置纵、横双向水平支撑外，当立杆高度超过4 m时，尚应每隔两步设置一道水平剪刀撑。

（4）模板支架立杆底部应设置垫板，不得使用砖及脆性材料铺垫。并应在支架的两端和中间部分与建筑结构进行连接。

（5）当采用多层支模时，上下各层立杆应保持在同一垂直线上。

（6）需进行二次支撑的模板，当安装二次支撑时，模板上不得有施工荷载。

（7）应严格控制模板上堆料及设备荷载，当采用小推车运输时，应搭设小车运输通道，将荷载传给建筑结构。

（8）模板支架的安装应按照设计图纸进行，安装完毕浇筑混凝土前，经验收确认符合要求。

2.模板安全作业基本要求

1）模板工程安全作业的一般要求

（1）模板工程的施工方案必须经过上一级技术部门批准。

（2）模板施工前现场负责人要认真审查施工组织与设计中关于模板的设计资料，其模板设计资料的主要内容如下。

① 绘制模板设计图，包括细部构造大样图和节点大样，注明所选材料的规格、尺寸和连接方法，绘制支撑系统的平面图和立面图，并注明间距及剪刀撑的设置。

② 根据施工条件确定荷载，并按所有可能产生的荷载中最不利组合验算模板整体结构和支撑系统的强度、刚度和稳定性，并有相应的计算书。

③ 制定模板的制作、安装和拆除等施工程序、方法。应根据混凝土输送方法制定模板工程的有针对性的安全措施。

（3）模板施工前的准备工作。

① 模板施工前，现场施工负责人应认真向有关工作人员进行安全交底。

② 模板构件进场后，应认真检查构件和材料是否符合设计要求。

③ 做好模板垂直运输的安全施工准备工作，排除模板施工中现场的不安全因素。

（4）支撑模板立柱宜采用钢材，材料的材质应符合有关的专门规定。当采用木材时，其树种可根据各地实际情况选用，立杆的有效尾径不得小于8 cm，立杆要直顺，接头数量不得超过30%，且不应集中。

2）模板安装时的安全措施

（1）基础及地下工程模板的安装，应先检查基坑土壁边坡的稳定情况，发现有塌方的危险时，必须采取加固安全措施后，才能开始作业。

（2）混凝土柱模板支撑时，四周必须设牢固支撑或用钢筋、钢丝绳拉结牢固，避免柱模整体歪斜甚至倾斜。

（3）安装混凝土墙模板时，应从内、外墙角开始，向相互垂直的两个方向拼装，连接模板的U形卡要正反交替安装，同一道墙（梁）的两侧模板应同时组合，以便确保模板安装时的稳定。

（4）单梁或整体楼盖支模，应搭设牢固的操作平台，设防护栏。

（5）支圈梁模板需有操作平台，不允许在墙上操作。支阳台模板的操作地点要设防护栏、安全网。底层阳台的支撑立柱支撑在散水的回填土上时，一定要夯实并垫垫板，否则雨季下沉、冬季冻胀都可能造成事故。

（6）模板支撑不能固定在脚手架或门窗上，避免发生倒塌或模板位移。

（7）竖向模板和支架的立柱部分，当安装在基土上时应加设垫板，且基土必须坚实并有排水措施，对湿陷性黄土，还应有防水措施；对冻胀性土，必须有防冻融措施。

（8）当极少数立柱长度不足时，应采用相同材料加固接长的方法，不得采用垫砖增高的方法。

（9）当支柱高度小于4 m时，应设上下两道水平撑和垂直剪刀撑。以后支柱每增高2 m再增加一道水平撑，水平撑之间还需要增加一道剪刀撑。

（10）当楼层高度超过10 m时，模板的支柱应选用长料，同一支柱的连接接头不宜超过2个。

（11）主梁及大跨度梁的立杆应由底到顶整体设置剪刀撑，与地面成45°～60°夹角。设置间距不大于5 m，若跨度大于5 m，应连接设置。

（12）各排立柱应用水平杆纵横拉结，每高2 m拉结一次，使各排立柱杆形成一个整体，剪刀撑、水平杆的设置应符合设计要求。

（13）大模板立放易倾倒，应采取支撑、围系、绑箍等防倾倒措施，视具体情况而定。长期存放的大模板，应用拉杆连接绑牢。存放在楼层时，须在大模板横梁上挂钢丝绳或花篮螺栓钩在楼板吊钩或墙体钢筋上。没有支撑或自稳角不足的大模板，要存放在专用的堆放架上或卧倒平放，不应靠在其他模板或构件上。

（14）2 m以上高处支撑或拆除要搭设脚手架，满铺架板，使操作人员有可靠的立足点，并应按高处作业、悬空和临边作业的要求采取防护措施。不准站在拉杆、支撑杆上操作，也不准在梁底模上行走操作。

（15）走道垫板应铺设平稳，垫板两端应用镀锌铁丝扎紧，或用压条扣紧，牢固不松动。

（16）作业面孔洞及临边必须设置牢固的盖板、防护栏杆、安全网或其他坠落的防护设施，具体要求应符合《建筑施工高处作业安全技术规范》（JGJ 80—2016）的有关规定。

（17）模板安装时，应先内后外，单面模板就位后，用工具将其支撑牢固。双面板就位后，用拉杆和螺栓固定，未就位和未固定前不得摘钩。

（18）里外角模板和临时悬挂的面板与大模板必须连接牢固，防止脱开和断裂坠落。

（19）支撑应按规定的作业程序进行，模板未固定前不得进行下一道工序。严禁在连接件和支撑件上攀登，并严禁在上下同一垂直面安装、拆模板。

（20）支设高度在3 m以上的柱模板，四周应设斜撑，并应设立操作平台，低于3 m的可用马凳操作。

（21）支设悬挑形式的模板时，应有稳定的立足点。支设临空构建物模板时，应搭设支架。模板上有预留洞时，应在安装后将洞口覆盖。混凝土板上拆模后形成的临边或洞口，应按规定进行防护。

（22）在架空输电线路下面安装和拆除组合钢模板时，吊机起重臂、吊物、钢丝绳、外脚手架和操作人员等与架空线路的最小安全距离应符合有关规范的要求。当不能满足最小安全距离要求时，要停电作业；不能停电时，应有隔离防护措施。

（23）楼层高度超过4 m或二层及二层以上的建筑物，安装和拆除模板时，周围应设安全网或搭设脚手架和加设防护栏杆。在临街及交通要道地区，尚应设警示牌，并设专人维持安全，防止伤及行人。

（24）现浇多层房屋和构筑物，应采取分层分段支模方法，并应符合下列要求。

① 下层楼板混凝土强度达到1.2 MPa以后，才能上料具。料具要分散堆放，不得过分集中。

② 下层楼板结构的强度要达到能承受上层模板、支撑系统和新浇筑混凝土的重量时，方可进行上层模板支撑、浇筑混凝土。否则下层楼板结构的支撑系统不能拆除，同时上层支架的立柱应对准下层支架的立柱，并铺设木垫板。

③ 如采用悬吊模板、桁架支模方法，其支撑结构必须要有足够的强度和刚度。

（25）烟囱、水塔及其他高大特殊的构筑物模板工程要进行专门设计，制定专项安全技术措施，并经安全技术主管部门审批。

3）模板使用时的安全措施

（1）模板工程验收要求。模板工程应按楼层，用模板分项工程质量检验评定表和施工组织设计有关内容检查验收，并由班、组长和项目经理部施工负责人签字，手续齐全，验收内容包括模板分项工程质量检验评定表的保证项目、一般项目和允许偏差项目以及施工组织设计的有关内容。

（2）浇灌作业时的安全措施。楼层梁、柱混凝土，一般应设浇灌运输道，整体现浇楼面支底模后，浇捣楼面混凝土，不得在底模上用手推车或人力运输混凝土，应在底模上设置混凝土的走道垫板，防止底模松动。

（3）操作人员上下通行时的安全措施。上下通行时不许攀登模板或脚手架，不许在墙顶、独立梁及其他狭窄且无防护栏的模板面上行走。

（4）材料堆放安全措施。堆放在模板上的建筑材料要均匀，如集中堆放，荷载集中会导致模板变形，影响构件质量。

（5）高处作业安全措施。模板工程作业高度在 2 m 和 2 m 以上时，应根据高空作业安全技术规范要求进行操作和防护，在 4 m 以上或二层及二层以上的建筑物周围应设安全网和防护栏杆。

（6）交叉作业时的安全措施。各工种进行上下立体交叉作业时，不得在同一垂直方向上操作。下层作业的位置，必须处于依上层高度确定的可能坠落范围半径外。不符合以上条件时，应设置安全防护隔离层。

（7）特殊天气时的安全措施。冬季施工，应事先清除操作地点和人行交通的冰雪；雨季施工，对高耸结构的模板作业应安装避雷设施；五级以上大风天气，不宜进行大块模板的拼装和吊装作业；遇六级以上大风天气时，应暂停室外的高处作业。

4）模板拆除的安全措施

（1）拆除前的安全措施。

① 现浇梁柱侧模拆除时要确保梁、柱边角的完整，施工班组长应向项目经理部施工负责人口头报告，经同意后再拆除。

② 工作前，应检查所使用的工具是否牢固，扳手等工具必须用绳索系挂在身上，工作时思想要集中，防止钉子扎脚和从空中滑落。

③ 现浇或预制梁、板、柱混凝土模板拆除前，应有 7 d 和 28 d 龄期强度报告，达到强度要求后，再拆除模板。

（2）拆除中的安全措施。

① 拆除的顺序和方法。模板拆除工作应根据模板设计的规定进行，如无具体规定，应按先支的后拆，先拆非承重的模板，后拆承重的模板和支架的顺序进行。模板拆除应按区域逐块进行，定型钢模板拆除不得大面积撬落。拆除薄壳模板从结构中心向四周均匀放

松，向周边对称进行。拆除较大跨度梁下支柱模板时，应先从跨中开始，分别向两端拆除。拆除多层楼板支柱时，应确认上部施工荷载不需要传递的情况下方可拆除下部支柱。当水平支撑超过二道以上时，应先拆除二道以上水平支撑，然后同时拆除最下一道大横杆与立杆。

② 大模板拆除时要先用起重机垂直吊牢，然后进行拆除。

③ 拆除模板一般采用长撬杠，严禁操作人员站在正拆除的模板下。在拆除楼板模板时，要注意防止整块模板掉下，尤其是定型模板做平台模板时，更要注意防止模板突然全部掉下伤人。

④ 严禁站在悬臂结构上面敲拆底模。严禁在同一垂直平面上操作。

⑤ 拆模高处作业，应配置登高用具或搭设支架，必要时应系安全带。

⑥ 拆模时必须设置警戒区域，并派人监护。拆模必须干净彻底，不得留有悬空模板。

⑦ 拆模间歇时，应将已活动的模板、牵杆、支撑等运走或妥善堆放，防止因踏空、扶空而坠落。

⑧ 混凝土墙体、平板上有预留洞时，应在模板拆除后，随即在墙洞上做好安全护栏，或将板的洞盖严。

（3）拆除后的安全措施。

① 拆下的模板不准随意向下抛掷，应及时清理。临时堆放处离楼层边沿不应小于1 m，堆放高度不得超过1 m，楼层边口、通道、脚手架边缘严禁堆放任何拆下的物件。

② 拆模后模板或木方上的钉子应及时拔除或敲平，防止钉子扎脚。

③ 模板拆除后，在清扫和涂刷隔离剂时，模板要临时固定好，板面相对停放之间应留出50～60 cm宽的人行通道，模板上方要用拉杆固定。

④ 各种模板若露天存放，其上应垫高30 cm以上，防止受潮。不论存放在室内或室外，应按不同的规格堆码整齐，用麻绳或镀锌铁丝系稳。模板堆放不得过高，以免倾倒。

⑤ 木模板堆放、安装场地附近严禁烟火，须在附近进行电、气焊时，应有可靠的防火措施。

## 四、钢筋工程

### 1.钢筋制作安全要求

（1）钢筋加工机械应保证安全装置齐全有效。钢筋加工机械的安装必须坚实稳固，保持水平。固定式机械应有可靠的基础，移动式机械作业时应楔紧行走轮。

（2）钢筋加工场地应由专人看管，各种加工机械在作业人员下班后拉闸断电，非钢筋加工制作人员不得擅自进入钢筋加工场地。外作业时应设置机棚，机旁应有堆放原料、半成品的场地。

（3）钢筋在运输和存储时，必须保留标牌，并按批分别堆放整齐，避免锈蚀和污染。钢筋堆放要分散、稳当，防止倾倒和塌落。

（4）现场人工断料，所用工具必须牢固，注意扔锤区域内的人和物体。切断小于30 cm的短钢筋，应用钳子夹牢，禁止用手把扶，并在外侧设置防护箱笼罩或朝向无人区。

（5）钢筋冷拉时，冷拉卷扬机前应设置防护板，操作时要站在防护挡板后，没有挡板时，应将卷扬机与冷拉方向成90°，并且应用封闭式导向滑轮。冷拉线两端必须装置防护设施。冷拉时严禁在冷拉线两端站人，或跨越、触动正在冷拉的钢筋。冷拉钢筋要上好夹具，人员离开后再发开车信号。发现滑动或其他问题时，要先行停车，放松钢筋后，才能重新进行操作。

2.钢筋机械安全技术要求

（1）切断机。

钢筋切断机有GQ12、GQ20、GQ25、GQ12、GQ32、GQ35、GQ40、GQ50、GQ65型，型号的数字表示可切断钢筋的最大公称直径。其外形如图6-8所示。其安全操作规程如下。

① 机械运转正常，方准断料。断料时，手与刀口距离不得少于15 cm。动刀片前进时禁止送料。

② 切断钢筋禁止超过机械的负载能力。切断低合金钢等特种钢筋，应用高硬度刀片。

③ 切长钢筋应有专人扶住，操作时动作要一致，不得任意拖拉。切短钢筋用套管或钳子夹料，不得用手直接送料。

④ 切断机旁应设放料台，机械运转中严禁用手直接清除刀口附近的断头和杂物。在钢筋摆动范围和刀口附近，非操作人员不得停留。

图6-8　钢筋切断机外形

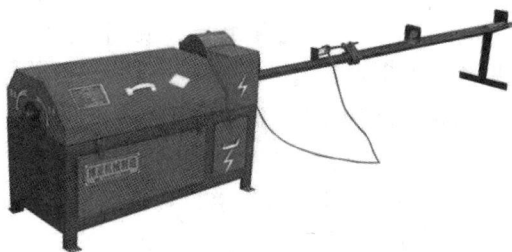

图6-9　钢筋调直机外形

（2）调直机。

常用型号有GT1.6/4、GT3/8、GT6/12，工地上常用的是GT3/8型，外形如图6-9所示。其安全操作规程如下。

① 机械上不准堆放物件，以防机械振动落入机体。

② 钢筋装入压滚，手与滚筒应保持一定距离，机器运转中不得调整滚筒。严禁戴手套操作。

③ 钢筋调直到末端时，操作人员必须躲开，以防钢筋甩动伤人。

（3）弯曲机。

钢筋弯曲机通常用弯曲钢筋最大公称直径来表示型号。最常用的是GW40型，如图6-10所示。此外还有GW12、GW20、GW25、GW32、GW50、GW65等。其安全操作规程如下。

① 钢筋要贴紧挡板，注意放入插头的位置和回转方向，不得开错。

② 弯曲长钢筋，应有专人扶住，并站在钢筋弯曲方向的外面，互相配合，不得拖拉。

③ 调头弯曲，防止碰撞人和物，更换插头、加油和清理，必须停机后进行。

（4）冷拔丝机。

图6-11所示为干式冷拔丝机的外形，其安全操作规程如下。

① 先用压头机将钢筋头部压小，站在滚筒的一侧操作，与工作台应保持50 cm。禁止用手直接接触钢筋和滚筒。

② 钢筋的末端将通过冷拔的模子时，应立即踩脚闸分开离合器，同时用工具压住钢筋端头防止回弹。

③ 冷拔过程中，注意放线架、压辊架和滚筒三者之间的运行情况，发现故障应立即停机修理。

图6-10　钢筋弯曲机外形

图6-11　钢筋冷拔丝机外形

3. 钢筋焊接安全要求

（1）操作前应首先检查焊机和工具，确认安全合格方可作业。

① 焊机应设在干燥的地方，平稳牢固，要有可靠的接地装置，导线绝缘良好。

② 焊接前，应根据钢筋截面调整电压，发现焊头漏电，应立即更换，禁止使用。

③ 工作棚要用防火材料搭设。棚内严禁堆放易燃、易爆物品，并备有灭火器材。

④ 对焊机断路器的接触点、电板（铜头），要定期检查修理。冷却水管保持畅通，不得漏水和超过规定温度。

（2）电焊作业现场周围10 m范围内不得堆放易燃易爆物品。电焊机一次侧电源线应穿管保护，长度一般不应超过5 m，焊把线长度一般不应超过30 m并不应有接头，一、二次侧接线端柱外应有防护罩。

（3）焊工必须穿戴防护衣具。电弧焊焊工要戴防护面罩。焊工应站在干燥木板或其他绝缘垫上。

（4）室内电弧焊时，应有排气通风装置。焊工操作地点相互之间应设挡板，以防弧光刺伤眼睛。

（5）焊接时二次线必须双线到位，严禁借用金属管道、金属脚手架、轨道及结构钢筋作回路地线。

（6）焊接过程中，如焊接发生不正常响声，变压器绝缘电阻过小导致破裂、漏电等，均应立即停机进行检修。

（7）大量焊接时，焊接变压器不得超负荷，变压器升温不得超过60 ℃，为此，要特别注意遵守焊机暂载率规定，以免焊机过分发热而损坏。

4. 钢筋安装安全要求

（1）对从事钢筋挤压连接施工的各有关人员应经常进行安全教育，防止发生人身和设备安全事故。

（2）在高处进行挤压操作，必须遵守国家现行标准《建筑施工高处作业安全技术规范》的规定。

（3）多人合运钢筋，起、落、转、停动作要一致，人工上下传送不得在同一直线上。

（4）起吊钢筋骨架时，下方禁止站人，待骨架降落至距安装标高 1 m 以内方准靠近，就位支撑好后，方可摘钩。吊运短钢筋应使用吊笼，吊运超长钢筋应加横担，捆绑钢筋应使用钢丝绳千斤头，双条绑扎，禁止用单条千斤头或绳索绑吊，在楼层搬运、绑扎钢筋，应注意不要靠近和碰撞电线，并注意与裸露电线的安全距离（1 kV 以下≥4 m，1~10 kV≥6 m）。

（5）绑扎基础钢筋时，应按施工设计规定摆放钢筋支架或马凳架起上部钢筋，不得任意减少支架或马凳。

（6）绑扎立柱、墙体钢筋，不得站在钢筋骨架上和攀登骨架上下，柱筋在 4 m 以内，重量不大，可在地面或楼面上绑扎，整体竖起；柱筋在 4 m 以上，应搭设工作台。柱梁骨架应用临时支撑拉牢，以防倾倒。

（7）绑扎高层建筑的边梁、挑檐、外墙、边柱钢筋，应搭设外架或安全网。绑扎时挂好安全带。

（8）夜间施工灯光要充足，不准把灯具挂在竖起的钢筋上或其他金属构件上，导线应架空。

（9）雨、雪、风力六级以上（含六级）天气不得露天作业。雨雪后应清除积水、积雪后方可作业。

## 五、混凝土工程

### 1.混凝土安全生产的准备工作

混凝土的施工准备工作，主要是模板、钢筋检查、材料、机具、运输道路准备。安全生产准备工作主要是对各种安全设施认真进行检查，检查其是否安全可靠及有无隐患，尤其是模板支撑、脚手架、操作台、架设运输道路及指挥、信号联络等。对于重要的施工部件，其安全要求应详细交底。

### 2.混凝土搅拌

（1）机械操作人员必须经过安全技术培训，经考试合格，持有"安全作业证"者，才准独立操作。机械必须检查，并经试车，确定机械运转正常后，方能正式作业。搅拌机必须安置在坚实的地方用支架或支脚筒架稳，不准用轮胎代替支撑。

（2）起吊爬斗以及爬斗进入料仓前，必须发出信号示警。进料斗机升起时严禁人员在料斗下面通过或停留，工作完毕后料斗用挂钩挂牢固。搅拌机开动前应检查离合器、制动器、齿轮、钢丝绳等是否良好，滚筒内不得有异物。

（3）搅拌站内必须按规定设置良好的通风与防尘设备，空气中的粉尘含量不超过国家规定的标准。

（4）清理爬斗坑时，必须停机，固定好爬斗，锁好开关箱，再进行清理。

### 3.混凝土运输

（1）机械水平运输，司机应遵守交通规定，控制好车辆。用井架、龙门架运输时，车把不得超出吊盘之外，车轮前后要挡牢，稳起稳落。用塔吊运送混凝土时，小车必须焊有牢固的吊环，吊点不得少于4个并保持车身平衡，使用专用吊斗时吊环应牢固可靠，吊索钢筋绳应符合起重机械安全规程要求。操纵皮带运输机时，必须正确使用防护用品，禁止一切人员在输送机上行走和跨越；机械发生事故时，应立即停车检修，查明情况。

（2）混凝土泵送设备的放置，距离机坑不得小于2 m；设备的停车制动和锁紧制动应同时使用；泵送系统工作时，不得打开任何输送管道和液压管道。用输送泵输送混凝土时，管道接头、安全阀必须完好，管架必须牢固，输送前必须试送，检修时必须卸压。

（3）使用手推车运混凝土时，其运输通道应合理布置，使浇灌地点形成回路，避免车辆拥挤阻塞造成事故，运输通道应平坦牢固，遇钢筋过密时可用马凳支撑，马凳间距一般不超过2 m。在架子上推车运送混凝土时，两车之间必须保持一定距离，并右道通行。车道板单车行走不小于1.4 m宽，双车来回不小于2.8 m宽，在运料时，前后应保持一定车距，不准奔走、抢道或超车。到终点卸料时，双手应扶牢车柄倒料，严禁双手脱把，防止翻车伤人。

4.混凝土现浇作业安全技术

（1）施工人员应严格遵守混凝土作业安全操作规程，振捣设备安全可靠，以防发生触电事故。

（2）浇筑混凝土若使用溜槽，溜槽必须牢固，若使用串筒，串筒节间应连接牢靠。在操作部位应设防护栏杆，严禁直接站在溜槽帮上操作。

（3）预应力灌浆，应严格按照规定压力进行，输浆管应畅通，阀门接头应严格牢固。

（4）浇筑预应力框架、梁、柱、雨篷、阳台的混凝土时，应搭设操作平台，并有安全防护措施，严禁站在模板或支撑上操作。

5.混凝土机械的安全规定

（1）混凝土搅拌机的安全规定。

混凝土搅拌机按其搅拌原理分为自落式搅拌机和强制式搅拌机两类，分别如图6-12、图6-13所示。

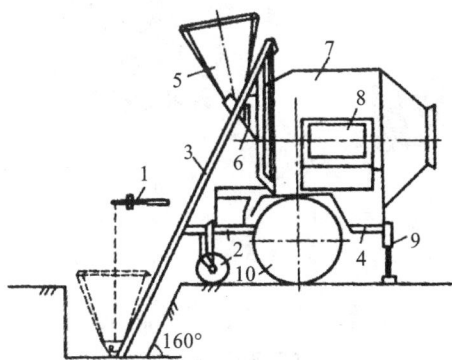

图6-12　自落式双锥反转出料搅拌机
1—牵引架；2—前支轮；3—上料架；4—底盘；
5—料斗；6—中间料斗；7—搅拌筒；
8—电气箱；9—支腿；10—行走轮

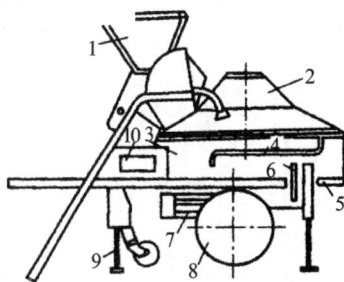

图6-13　强制式搅拌机
1—进料斗；2—拌筒罩；3—搅拌筒；4—水表；
5—出料口；6—操纵手柄；7—传动机构；
8—行走轮；9—支腿；10—电气工具箱

混凝土搅拌机的安全操作规定如下。

① 混凝土搅拌机进料时，严禁将头或手伸入料斗与机架之间察看或探摸进料情况，

运转中不得用手或工具等物伸入搅拌筒内扒料、出料。

② 搅拌机料斗升起时，严禁在料斗下方工作或穿行。料坑底部要设料斗枕垫，清理料坑时必须将料斗用链条扣牢。

③ 向搅拌筒内加料应在运转中进行；添加新料必须先将搅拌机内原有的混凝土全部卸出才能进行，不得中途停机或在满载时启动搅拌机，但反转出料除外。

④ 搅拌机作业中，如发生故障不能继续运转，应立即切断电源，将筒内的混凝土清除干净，然后进行检修。

（2）混凝土泵送设备作业的安全要求。

① 混凝土泵支腿应全部伸出并支固，未支固前不得启动布料杆。布料杆升离支架后方可回转。布料杆伸出应按顺序进行，严禁用布料杆起吊或拖拉物件。

② 当布料杆处于全伸状态时，严禁移动车身。作业中需要移动时，应将上段布料杆折叠固定，移动速度不超过 10 km/h。布料杆不得使用超过规定直径的配管，装接的软管应系防脱安全绳。

③ 应随时监视混凝土泵各种工作仪表和指示灯，发现不正常应及时调整或处理。如出现输送管道堵塞，应进行逆向运转使混凝土返回料斗，必要时应拆管排除堵塞。

④ 泵送工作应连续作业，必须暂停时，应每隔 5～10 min（冬季施工时 3～5 min）泵送一次，若停止较长时间后泵送，应逆向运转一至二个行程，然后顺向泵送。泵送时料斗内应保持一定量的混凝土，不得吸空。

⑤ 应保持储满清水，发现水质浑浊并有较多砂粒时应及时检查处理。

⑥ 泵送系统受压力时，不得开启任何输送管道和液压管道，液压系统的安全阀不得任意调整，蓄能器只能充入氮气。

（3）混凝土振捣器的安全作业规定。

混凝土振捣器有插入式、平板式、附着式等，如图 6-14 所示。

(a)插入式      (b)平板式      (c)附着式

图 6-14　混凝土振捣器

振捣器的安全作业规定如下。

① 混凝土振捣器使用前应检查各部件是否连接牢固，旋转方向是否正确。

② 振捣器不得放在初凝的混凝土、地板、脚手架、道路和干硬的地面上进行试振，维修或作业间断时，应切断电源。

③ 插入式振捣器软轴的弯曲半径不得小于 50 cm，并不多于两个弯，操作时振动棒自然垂直地沉入混凝土，不得用力硬插、斜推或使钢筋夹住棒头。

④ 振捣器应保持清洁，不得有混凝土黏在电动机外壳上妨碍散热。

⑤ 作业转移时，电动机的导线应保持有足够的长度和松度。严禁用电源线拖拉振捣器。

⑥ 用绳拉平板振捣器时，绳应干燥绝缘，移动或转向不得用脚踢电动机。

⑦ 平板振捣器的振捣器与平板应连接牢固，电源线必须固定在平板上，电器开关应装在手把上。

⑧ 在一个构件同时使用几台附着式振捣器工作时，所有振捣器的频率必须相同。

⑨ 操作人员必须戴绝缘手套。

⑩ 作业后，必须做好清洗、保养工作。振捣器要放在干燥处。

## 六、钢结构工程

### 1.钢零件及钢部件加工

（1）一切机械、砂轮、电动工具、气电焊等设备都必须设有安全防护装置。

（2）焊接、切割、气刨前，应清除现场的易燃易爆物品。离开操作现场前，应切断电源，锁好闸箱。

（3）焊接、切割金属部件时，应采取防毒措施。接触焊件，必要时应用橡胶绝缘板或干燥的木板隔离，并隔离容器内的照明灯具。

（4）机械和工作台等设备的布置应便于安全操作，通道宽度不得小于1 m。

（5）带电体与地面、带电体之间，带电体与其他设备和设施之间均需要保持一定的安全距离。如常用的开关设备的安装高度应为1.3～1.5 m；起重吊装的索具、重物等与导线的距离不得小于1.5 m（电压在4 kV及其以下）。

（6）在现场进行射线探伤时，周围应设警戒区，并挂"危险"标志牌，现场操作人员应背离射线10 m以外，在30°投射角范围内，人员要远离50 m以上。

（7）构件就位时应用撬棍拨正，不得用手扳或站在不稳固的构件上操作，严禁在构件下面操作。

（8）用尖头扳子拨正配合螺栓孔时，必须插入一定深度方能撬动构件，如发现螺栓孔不符合要求，不得用手指塞入进行检查。

（9）用撬棍拨正物体时，必须手压撬杠，禁止骑在撬杠上，不得将撬杠放在肋下，以免回弹伤人。在高空使用撬杠不能向下使劲过猛。

（10）电气设备和电动工具必须保证绝缘良好，在使用电气设备时，首先应检查是否保护接地，接好保护接地后再进行操作。另外，电线的外皮、电焊钳的手柄，以及一些电动工具都要保证良好的绝缘。露天电气开关要设防雨箱并加锁。

（11）工地或车间的用电设备，一定要按要求设置熔断器、断路器、漏电开关等器件。如熔断器的熔丝熔断后，必须查明原因，由电工更换，不得随意加大熔丝断面或用铜丝代替。

（12）推拉闸刀开关时，一般应戴好干燥的皮手套，头不要偏斜，以防推拉开关时被电火花灼伤。

（13）手持电动工具，必须加装漏电开关，在金属容器内施工必须采用安全低电压。

（14）使用电气设备时操作人员必须穿胶底鞋和戴胶皮手套，以防触电。

### 2.钢结构焊接工程

钢结构焊接方法有焊条电弧焊（图6-15）、二氧化碳气体保护焊（图6-16），自保护电弧焊、埋弧焊、电渣焊、气电立焊、栓钉焊等，都需要使用相应的电焊机。通常的安全技术措施如下。

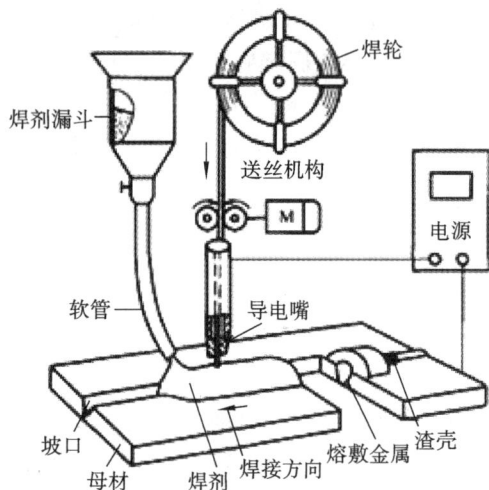

图 6-15 焊条电弧焊

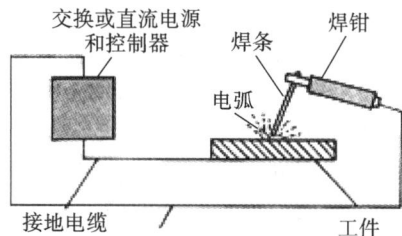

图 6-16 气体保护焊

（1）必须在易燃易爆气体或液体扩散区施焊时，应经有关部门检试许可后，方可施焊。

（2）电焊机器设单独的开关，开关应放在防雨的闸箱内，拉合闸时应戴手套侧向操作。

（3）焊接预热工件时，应有石棉布或挡板等隔热材料。

（4）焊钳与把线必须绝缘良好、连接牢固，更换焊条应戴手套。在潮湿地点工作，应站在绝缘胶板或木板上。

（5）把线、地线禁止与钢丝绳接触，更不得用钢丝绳或机电设备代替零线。所有地线接头必须连接牢固。

（6）更换场地移动把线时，应切断电源，并不得手持把线爬梯登高。

（7）多台焊机在一起集中施焊时，焊接平台或焊件必须接地，并应有隔光板。

（8）施焊场地周围应清除易燃易爆物品，或进行覆盖、隔离。

（9）清除焊接、采用电弧气刨清根时，应戴防护眼镜或面罩，以防止铁渣飞溅伤人。

（10）雷雨时，应停止露天焊接工作。

（11）工作结束后，应切断焊机电源，并检查操作地点，确认无起火危险后，方可离开。

3. 钢结构安装工程

（1）防止高空坠落。

① 吊装人员应戴安全帽，高空作业人员应系好安全带，穿防滑鞋，带工具袋。

② 吊装工作区应有明显标志，并设专人警戒，与吊装无关的人员严禁入内。起重机工作时，起重臂杆旋转半径范围内，严禁站人。

③ 高空作业施工人员应站在操作平台或轻便梯子上工作。严禁在运输、吊装的构件上站人指挥和放置材料、工具。吊装屋架应在上弦设临时安全防护栏杆或采取其他安全措施。

④ 登高用梯子、吊篮、临时操作台应绑扎牢靠，梯子与地面夹角以 $60°\sim 70°$ 为宜，操作台跳板应铺平绑扎，严禁出现挑头板。

（2）防物体落下伤人。

① 高空往地面运输物件时，应用绳捆好吊下，吊装时，不得在构件上堆放或悬挂零星物件。零星材料和物件必须用吊笼或钢丝绳、保险绳捆扎牢固，才能吊运和传递，不得随意抛掷材料物件、工具，防止滑脱伤人或意外事故发生。

② 构件必须绑扎牢固，起吊点应通过构件的重心位置，吊升时应平稳，避免振动或摆动。

③ 起吊构件时，速度不应太快，不得在高空停留过久，严禁猛升猛降，以防构件脱落。

④ 构件就位后临时固定前，不得松钩、解开吊装索具。构件固定后，应检查连接牢固和稳定情况，当确定连接安全可靠时，方可拆除临时固定工具和进行下步吊装。

⑤ 风雪天、霜雾天和雨季吊装，高空作业应采取必要的防滑措施，如在脚手架、走道、屋面铺麻袋或草垫，夜间作业应有充分照明。

（3）防止起重机倾翻。

① 起重机行驶的道路，必须平整、坚实、可靠，停放地点必须平坦。

② 吊装时，应有专人负责统一指挥，指挥人员应该选择恰当地点，并能清楚看到吊装的全过程。起重机驾驶人员必须熟悉信号，并按指挥人员的各种信号进行操作，遵守现场秩序，服从命令听指挥。指挥信号应事先统一规定，发出的信号要鲜明、准确。

③ 起重机停止工作时，应刹住回转和行走机构，关闭和锁好司机室门。吊钩上不得悬挂构件，并升到高处，以免摆动伤人和造成吊车失稳。

④ 在风力等于或大于六级时，禁止露天进行桅杆组立或拆除。

（4）防止吊装结构失稳。

① 构件吊装应按规定的吊装工艺和程序进行，未经计算和可靠的技术措施，不得随意改变或颠倒工艺程序安装结构构件。

② 构件吊装就位，应经初校和临时固定或连接可靠后方可卸钩，最后固定后才能拆除临时固定工具。高宽比很大的单个构件，未经临时或最后固定组成一稳定单元体系前，应设溜绳或斜撑拉（撑）固。

③ 构件固定后不得随意撬动或移动位置，如需重校，必须回钩。

4. 压型金属板工程

压型金属板工程主要是指采用厚度 0.4～1.6 mm 的金属薄板经辊压冷弯成波形、V形、U形、W形及其他形状的金属板材屋面。压型金属板具有质轻、高强、色泽丰富、施工方便快捷、抗震、防火、防雨、寿命长、免维护等特点，现已被广泛应用于工业与民用建筑、仓库、特种建筑、大跨度钢结构房屋的屋面，如图 6-17 所示。

（1）压型钢板施工时两端要同时拿起，轻拿轻放，避免滑动或翘头，施工剪切下来的料头要放置稳妥，随时收集，避免坠落。非施工人员禁止进入施工楼层，避免焊接弧光灼伤眼睛或晃眼造成摔伤，焊接辅助施工人员应戴墨镜配合施工。

（2）施工时下一楼层应有专人监控，防止其他人员进入施工区，或因焊接火花坠落造成失火。

（3）施工中人员不可聚集，以免集中荷载过大，造成板面损坏。

（4）施工作业人员不得在屋面奔跑、打闹、抽烟和乱扔垃圾。

图 6-17　压型金属板屋面施工

（5）吊装中不要将彩板与脚手架、柱子、砖墙等碰撞和摩擦。

（6）当天吊至屋面上的板材应安装完毕，如果有未安装完的板材应做临时固定，以免被风刮下，造成事故。

（7）现场切割过程中，切割机械的底面不宜与彩板面直接接触，最好垫以薄三合板材。

（8）在屋面上施工的工人应穿胶底不带钉子的鞋。当屋面有露水或潮湿时，应特别注意采取防滑措施。

（9）操作工人携带的工具等应放在工具袋中，放在屋面上时应放在专用的布或其他片材上。

（10）电动工具的连接插座应加防雨措施，避免造成事故。

（11）不得将其他材料散落在屋面上或污染板材。如板面在切割和钻孔中会产生铁屑，这些铁屑必须及时清除，不可过夜。因为铁屑在潮湿空气条件下或雨天会立即锈蚀，在彩板面上形成一片片红色的锈斑，附着于彩板面上，现场很难清除。此外，切除的彩板尾料、螺钉以及铝合金拉铆钉拉断的铁杆等也应及时清理。

5. 钢结构涂装工程

（1）配制使用乙醇、苯、丙酮等易燃材料的施工现场，应严禁烟火和使用电炉等明火设备，并应配置消防器材。

（2）配制硫酸溶液时，应将硫酸注入水中，严禁将水注入硫酸中；配制硫酸乙酯时，应将硫酸慢慢注入酒精中，并充分搅拌，温度不得超过 60 ℃，以防酸液飞溅伤人。

（3）防腐涂料的溶剂，容易挥发出易燃易爆的蒸气，当达到一定浓度后，遇火易引起燃烧或爆炸，施工时应加强通风，降低积聚浓度。

（4）涂料施工现场要有良好的通风设备，在通风条件不好的环境涂漆时，必须安装通风设备。

（5）使用机械除锈工具清除锈层、工业粉尘、旧漆膜时，要佩戴防护眼镜和防护口罩，以避免眼睛沾污或受伤和呼吸道被感染。

（6）在喷涂硝基漆或其他挥发性、易燃性较大的涂料时，严禁使用明火，应严格遵守防火规则，以免失火或引起爆炸。

（7）高空作业时要系好安全带，双层作业时要戴安全帽；要仔细检查跳板、脚手杆子、吊篮、云梯、绳索、安全网等施工用具有无损坏、捆扎是否牢固，有无腐蚀或搭接不良等隐患；每次使用之前均应在平地上做起重实验，以防造成事故。

（8）施工场所的电线，要按防爆等级的规定安装；电动机的启动装置与配电设备，应该是防爆式的，要防止漆雾飞溅在照明灯泡上。

（9）不允许把盛装涂料、溶剂或用剩的漆罐开口放置。浸染涂料或溶剂的破布及废棉纱等物，必须及时清除；涂漆环境或配料房要保持清洁，出入畅通。

（10）在涂装对人体有害的漆料时，需要戴上防毒口罩、封闭式眼罩等防护用品。

# 任务4　高处作业安全措施

## 一、高处作业

凡在坠落高度基准面2 m以上（含2 m）有可能坠落的高处进行作业均称为高处作业（图6-18），其含义有两个：一是相对概念，可能坠落的底面高度大于或等于2 m，就是说不论在单层、多层还是高层建筑作业，即使是在平地，只要作业处的侧面有可能导致人员坠落的坑、井、洞或空间，其高度达到2 m及以上的就属于高处作业；二是高低差距标准定为2 m，一般情况下，当人在2 m以上的高度坠落时，就很可能造成重伤、残废或甚至死亡。因此，在开工之前，须特别注意高处作业的安全技术措施。

**图6-18　建筑施工高处作业**

1.一般规定

（1）安全技术措施和所需材料用具要完整地列入施工计划。

（2）应进行安全技术教育和现场技术交底。

（3）施工前应对所有安全标志、工具和设备等逐一进行检查。

（4）应做好对高处作业人员的培训考核。

2.高处作业级别

高处作业的级别可分为四级。即高处作业在2～5 m时为一级；在5～15 m时为二级；在15～30 m时为三级，大于30 m时为特级。高处作业又分为一般高处作业和特殊高处作业，其中特殊高处作业又分为以下8类：

（1）在阵风风力6级（风速10.8 m/s）以上时进行高处作业的，称强风高处作业；

（2）在高温或低温环境下进行高处作业的，称为异温高处作业；

（3）降雪时进行高处作业的，称为雪天高处作业；

（4）降雨时进行高处作业的，称为雨天高处作业；

（5）室外完全采用人工照明时进行高处作业的，称为夜间高处作业；

（6）在接近或接触带电体条件下进行高处作业的，称为带电高处作业；

（7）在无立足点或无牢靠立足点的条件下进行高处作业的，称为悬空高处作业；

（8）对突然发生的各种灾害事故进行抢救高处作业的，称为抢救高处作业。

一般高处作业是指除特殊高处作业以外的高处作业。

3.高处作业的标记

高处作业的分级，以级别、类别和种类标记。一般高处作业标记时，写明级别和种类；特殊高处作业标记时，写明级别和类别，种类可省略不写。

4.高处作业时的安全防护技术措施

（1）凡是进行高处作业施工的，应使用脚手架、平台、梯子、防护围栏、挡脚板、安全带和安全网等。作业前应认真检查所用的安全设施是否牢固、可靠。

（2）凡从事高处作业人员应接受高处作业安全知识的教育；特殊高处作业人员应持证上岗，上岗前应依据有关规定进行专门的安全技术交底。采用新工艺、新技术、新材料和新设备的，应按规定对作业人员进行相关安全技术教育。

（3）高处作业人员应经过体检，合格后方可上岗。施工单位应为作业人员提供合格的安全帽、安全带等必备的个人安全防护用具，作业人员应按规定正确佩戴和使用。

（4）施工单位应按类别，有针对性地将各类安全警示标志悬挂于施工现场各相应部位，夜间应设红灯示警。

（5）高处作业所用工具、材料严禁投掷，上下立体交叉作业确有需要时，中间须设隔离设施。

（6）高处作业应设置可靠扶梯，作业人员应沿着扶梯上下，不得沿着立杆与栏杆攀登。

（7）在雨雪天应采取防滑措施，当风速在 10.8 m/s 以上和雷电、暴雨、大雾等气候条件下，不得进行露天高处作业。

（8）高处作业上下应设置联系信号或通信装置，并指定专人负责。

（9）高处作业前，工程项目部应组织有关部门验收安全防护设施，经验收合格签字后方可作业。需要临时拆除或变动安全设施的，应经项目技术负责人审批签字，并组织有关部门验收，经验收合格签字后方可实施。

5.高处作业时应注意事项

（1）发现安全措施有隐患时，立即采取措施，消除隐患，必要时停止作业。

（2）遇到各种恶劣天气时，必须对各类安全设施进行检查、校正、修理，使之完善。

（3）现场的冰霜、水、雪等均须清除。

（4）搭拆防护棚和安全设施，须设警戒区、专人防护。

## 二、临边作业

在建筑工程施工中，施工人员大部分时间处在未完成的建筑物的各层各部位或构件的边缘处作业。当工作面的边沿没有围护设施或围护设施的高度低于80 cm时的作业称为临边作业。例如在沟、坑、槽边、深基础周边、梯段侧边、平台或阳台边、屋面周边等地方施工。要保证临边作业安全必须做好以下几方面的工作。

1.临边防护

进行临边作业时设置的安全防护设施主要为防护栏杆和安全网。

2.防护栏杆

这类防护设施形式和构造较简单，所用材料为施工现场常用材料，不需要专门采购，可节省费用，更重要的是效果较好，如图6-19所示。

(a)基坑周边防护栏杆　　　　　　　　(b)楼梯临边防护栏杆

**图6-19　临边作业防护栏杆**

以下四种情况必须设置防护栏杆。

(1)基坑周边、尚未安装栏板的阳台、料台与各种挑平台周边、雨篷与挑檐边、无外脚手架的屋面和楼层边，以及水箱与水塔周边等处，都必须设置防护栏杆。

(2)分层施工的楼梯口和梯段边，必须安装临边防护栏杆；顶层楼梯口应随工程结构的进度安装正式栏杆或者临时栏杆；梯段旁边亦应设置两道栏杆，作为临时护栏。

(3)垂直运输设备，如井架、施工用电梯等与建筑物相连接的通道两侧边，亦需加设防护栏杆。栏杆的下部还必须加设挡脚板、挡脚竹笆或者金属网片。

(4)各种垂直运输接料平台，除两侧设防护栏杆外，平台口还应设安全门或活动防护栏杆。

3.防护栏杆的选材和构造要求

临边防护用的栏杆由栏杆立柱和上下两道横杆组成，上横杆称为扶手。栏杆的材料应按规范标准的要求选择，选材时除需要满足力学条件外，其规格尺寸和连接方式还应符合构造上的要求，应紧固而不动摇，能够承受突然冲击，阻挡人员在可能状态下的下跌和防止物料的坠落，还要有一定的耐久性。

搭设临边防护栏杆的要求如下。

(1)上杆离地高度为1.0～1.2 m，下杆离地高度为0.5～0.6 m，坡度大于1∶2.2的屋面，其防护栏杆应高1.5 m，并加挂安全网。除经设计计算外，横杆长度大于2 m时，必须加栏杆立柱。

(2)栏杆柱的固定应符合下列要求。

当在基坑四周固定时，可采用钢管并打入地面50～70 cm深。钢管离边口的距离不应小于50 cm。当基坑周边采用板桩时，钢管可打在板桩外侧。

当在混凝土楼面、屋面或墙面固定时，可用预埋件与钢管或钢筋焊牢，采用竹、木栏杆时，可在预埋件上焊接30 cm长的∟50×5角钢，其上下各钻一孔，然后用10 mm螺栓与竹、木杆件拴牢。

当在砖或砌块等砌体上固定时，可预先砌入规格相适应的80×6弯转扁钢作预埋铁的混凝土块，然后用上述方法固定。

栏杆柱的固定及其横杆的连接，其整体构造应使防护栏杆在上杆任意处都能经受任何方向的1000 N外力。当栏杆所处位置有发生人群拥挤、车辆冲击或物件碰撞等可能时，应加大横杆截面或加密柱距。

防护栏杆必须自上而下用安全立网封闭。

4. 防护栏杆的计算

临边作业防护栏杆主要用于防止人员坠落，能够经受一定的撞击或冲击，在受力性能上耐受1000 N的外力，所以除结构构造上应符合规定外，还应该经过一定的计算，方能确保安全。此项计算应纳入施工组织设计。

## 三、洞口作业

建筑工程施工现场往往存在着各式各样的洞口，在洞口旁的作业称为洞口作业。在水平方向的楼面、屋面、平台等上面短边小于25 cm（大于2.5 cm）的称为孔，短边等于或大于25 cm的称为洞；在垂直于楼面、地面的垂直面上，高度小于75 cm的称为孔，而高度等于或大于75 cm，其宽度大于45 cm的均称为洞。凡深度在2 m及2 m以上的桩孔、人孔、沟槽与管道等孔洞边沿上的高处作业都属于洞口作业范围。如因特殊工序需要而产生使人与物有坠落危险及危及人身安全的各种洞口，都应该按洞口作业加以防护，否则就会造成安全事故。

洞口作业的防护措施主要包括设置防护栏杆、栅门、格栅及架设安全网等多种方式。不同情况下的防护设施也有所不同。

（1）楼板面的洞口。短边边长为50～150 cm的洞口，必须设置以扣件扣接钢管而成的网络，并在其上满铺竹笆或脚手架。也可采用贯穿混凝土的钢筋构成防护网，钢筋网络间距不得大于20 cm；边长在150 cm以上的洞口，四周设防护栏杆，洞口下张设安全平网（图6-20）。

（2）墙面等处的竖向洞口，凡落地的洞口应加装开关式、工具式或固定式的防护门，门栅网络的间距不应大于15 cm，也可采用防护栏杆，下设挡脚板（笆）。

（3）下边沿至楼板或底面低于80 cm的窗台等竖向的洞口，如侧边落地大于2 m应加设1.2 m高的临时护栏。

（4）电梯井口。根据具体情况设防护栏或固定栅门与工具式栅门，电梯井内每隔两层或最多10 m设一道安全平网。也可以按当地习惯，在井口设固定的格栅（图6-21）或采取砌筑坚实的矮墙等措施。

（5）钢管桩、钻孔桩等桩孔口，杯形、条形基础上口，未填土的坑、槽口，以及天窗、地板门和化粪池等处，都要作为洞口采取符合规范的防护措施。

图6-20　楼板面的洞口安全防护（栏杆加安全平网）

图6-21　电梯井口安全防护

（6）在施工现场与场地通道附近的各类洞口与深度在2 m以上的敞口等处，除设置防护设施与安全标志外，夜间还应设红灯示警。

（7）物料提升机上料口，应装设有联锁装置的安全门。同时采用断绳保护装置或安全停靠装置；通道口走道板应平行于建筑物满铺并固定牢靠。两侧边应设置符合要求的防护栏杆和挡脚板，并用密目式安全网封闭两侧。

# 任务5　施工现场临时用电安全管理

## 一、临时用电安全管理基本要求

施工现场临时用电应按《建筑施工安全检查标准》（JGJ 59—2011）的要求，从用电环境、接地接零、配电线路、配电箱及开关、照明等安全用电方面进行安全管理和控制，在技术和制度上确保施工现场临时用电安全。

1.编制施工现场临时用电施工组织设计

（1）编制条件。

按照现行《施工现场临时用电安全技术规范》（JGJ 46—2005）的规定，临时用电设备在5台及5台以上或设备总容量在50 kW及50 kW以上者，应编制临时用电施工组织设计，临时用电设备在5台以下和设备总容量在50 kW以下者，应制定安全用电技术措施及电气防火措施。

（2）审批要求。

①施工现场临时用电施工组织设计必须由施工单位的电气工程技术人员编制，技术负责人审核。封面上要注明工程名称、施工单位、编制人并加盖单位公章。

②施工单位所编制的施工组织设计的内容，必须符合《施工现场临时用电安全技术规范》（JGJ 46—2005）中的有关规定。

③临时用电组织设计必须在开工前15天内报上级部门审核，批准后方可进行临时用电施工，施工时要严格执行审核后的施工组织设计，按图施工。当需要变更施工组织设计时，应补充有关图纸资料，同样需要上报主管批准，待批准后，按照修改前、后的临时用电施工组织设计对照施工。

（3）执行要求。

施工现场临时用电施工组织设计的任务是为现场施工设计一个完备的临时用电工程，制定一套安全用电技术措施和电气防火措施。这是施工现场临时用电的实施依据、规范、程序，也是施工现场所有施工人员必须遵守的用电准则，是施工现场用电安全的保证，必须严格地、不折不扣地遵守。

**2. 电工及用电人员要求**

（1）电工必须经过国家现行标准考核合格后，持证上岗工作；其他用电人员必须通过相关安全教育培训和技术交底，考核合格后方可上岗工作。

（2）安装、巡视、维修或拆除临时用电设备和线路，必须由电工完成，并应有人监护。

（3）电工等级应同工程的难易程度和技术复杂性相适应。

（4）各类用电人员应掌握安全用电基本知识和所用设备的性能。

（5）使用电气设备前必须按规定穿戴和配备好相应的劳动防护品，并应检查电气装置和保护设施，严禁设备带"缺陷"运转。

（6）现场暂时停用设备的开关箱必须分断电源隔离开关，并应关门上锁。

（7）用电人员移动电气设备时，必须经电工切断电源并做妥善处理后进行。

**3. 安全技术交底要求**

施工现场用电人员应加强自我保护意识，特别是电动建筑机械的操作人员必须掌握安全用电的基本知识，以减少触电事故的发生。对于现场中一些固定机械设备的防护和操作应对施工人员进行如下技术交底。

（1）开机前，认真检查开关箱内的控制开关设备是否齐全有效，漏电保护器是否可靠，发现问题及时向工长汇报，工长派电工处理。

（2）开机前，仔细检查电气设备的接零保护线端子有无松动，严禁赤手触摸一切带电绝缘导线。

（3）严格执行安全用电规范，凡一切属于电气维修、安装的工作，必须由电工来操作，严禁非电工进行电工作业。

（4）施工现场临时用电施工，必须执行施工组织设计和安全操作规程。

**4. 安全技术档案要求**

（1）施工现场临时用电必须建立安全技术档案，内容符合规范规定。技术档案应由主管该现场的电气技术人员负责建立与管理，每周由项目经理审核认可，并应在临时用电工程拆除后统一归档。

（2）临时用电工程应定期检查。定期检查时，应复查接地电阻和绝缘电阻值。检查周期最长可为：施工现场每月一次，基层公司每季一次。

（3）临时用电工程定期检查应按分部、分项工程进行，对安全隐患必须及时处理，并应履行复查验收手续。

**5. 临时用电线路防护**

（1）在建工程不得在外电架空线路下方施工、搭设作业棚、建造生活设施或堆放构件、架具材料及其他杂物等。

（2）在建工程（含脚手架）的周边与外电架空线路的边线之间的最小安全操作距离应

符合表6-4的规定。

表6-4　在建工程（含脚手架）的周边与外电架空线路的边线之间的最小安全操作距离

| 外电线路电压等级/kV | <1 | 1~10 | 35~110 | 220 | 330~500 |
|---|---|---|---|---|---|
| 最小安全操作距离/m | 4.0 | 6.0 | 8.0 | 10 | 15 |

注：上、下脚手架的斜道不宜设在外电线路的一侧。

（3）施工现场的机动车道与外电架空线路交叉时，架空线路的最低点与路面的最小垂直距离应符合表6-5的规定。

表6-5　施工现场的机动车道与架空线路交叉时的最小垂直距离

| 外电线路电压等级/kV | <1 | 1~10 | 35 |
|---|---|---|---|
| 最小垂直距离/m | 6.0 | 7.0 | 7.0 |

（4）起重机严禁越过无防护设施的外电架空线路作业。在外电架空线路附近吊装时，起重机的任何部位或被吊物边缘在最大偏斜时与架空线路边线的最小安全距离应符合表6-6的规定。

表6-6　起重机与架空线路边线的最小安全距离

| 电压/kV | | <1 | 10 | 35 | 110 | 220 | 330 | 500 |
|---|---|---|---|---|---|---|---|---|
| 最小安全距离/m | 沿垂直方向 | 1.5 | 3.0 | 4.0 | 5.0 | 6.0 | 7.0 | 8.5 |
| | 沿水平方向 | 1.5 | 2.0 | 3.5 | 4.0 | 6.0 | 7.0 | 8.5 |

（5）施工现场开挖沟槽边缘与外电埋地电缆沟槽边缘之间的距离不得小于0.5 m。

（6）当达不到第（2）～（4）条中的规定时，必须采取绝缘隔离防护措施，并应悬挂醒目的警告标志。

（7）防护设施宜采用木、竹或其他绝缘材料搭设，不宜采用钢管等金属材料搭设。防护设施应坚固、稳定，且对外电线路的隔离防护应达到IP30级。

（8）防护设施与外电线路之间的安全距离不应小于表6-7所列数值。

表6-7　防护设施与外电线路之间的最小安全距离

| 外电线路电压等级/kV | ≤10 | 35 | 110 | 220 | 330 | 500 |
|---|---|---|---|---|---|---|
| 最小安全距离/m | 1.7 | 2.0 | 2.5 | 4.0 | 5.0 | 6.0 |

## 二、电气设备接零或接地

### 1. 一般规定

（1）在施工现场专用变压器的供电的TN-S接零保护系统中，电气设备的金属外壳必须与保护零线连接。保护零线应由工作接地线、配电室（总配电箱）电源侧零线或总漏电保护器电源侧零线处引出（图6-22）。

（2）当施工现场与外电线路共用同一供电系统时，电气设备的接地、接零保护应与原系统保持一致。不得一部分设备做保护接零，另一部分设备做保护接地。

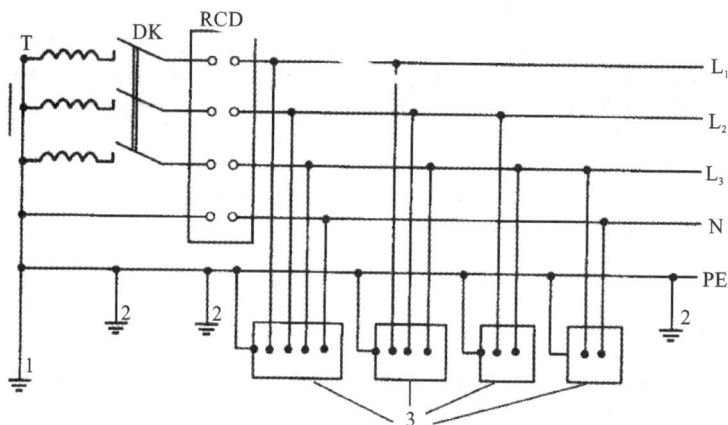

**图 6-22　专用变压器供电的 TN-S 接零保护系统示意**

1—工作接地；2—PE 线重复接地；3—电气设备金属外壳（正常不带电的外露可导电部分）；

$L_1$、$L_2$、$L_3$—相线；N—工作零线；PE—保护零线；DK—总电源隔离开关；

RCD—总漏电保护器（兼有短路、过载、漏电保护功能的漏电断路器）；T—变压器

（3）采用 TN 系统做保护接零时，工作零线（N 线）必须通过总漏电保护器，保护零线（PE 线）必须由电源进线零线重复接地处或总漏电保护器电源侧零线处，引出形成局部 TN-S 接零保护系统（图 6-23）。

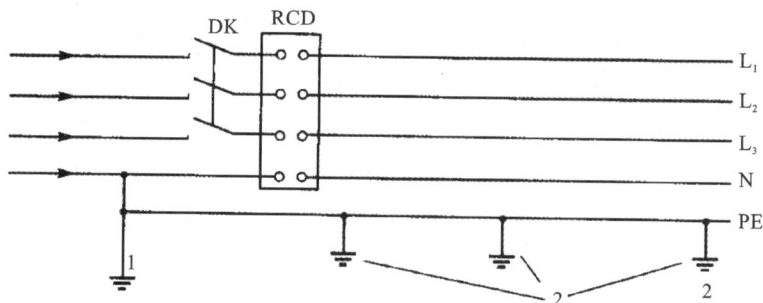

**图 6-23　三相四线供电时局部 TN-S 接零保护系统保护零线引出示意**

1—N、PE 线重复接地；2—PE 线重复接地；$L_1$、$L_2$、$L_3$—相线；N—工作零线；

PE—保护零线；DK—总电源隔离开关；

RCD—总漏电保护器（兼有短路、过载、漏电保护功能的漏电断路器）；

（4）在 TN 接零保护系统中，通过总漏电保护器的工作零线与保护零线之间不得再做电气连接。

（5）在 TN 接零保护系统中，PE 零线应单独敷设。重复接地线必须与 PE 线相连接，严禁与 N 线相连接。

（6）使用一次侧由 50 V 以上电压的接零保护系统供电，二次侧为 50 V 及以下电压的安全隔离变压器时，二次侧不得接地，并应将二次线路用绝缘管保护或采用橡皮护套软线。

（7）当采用普通隔离变压器时，其二次侧一端应接地，且变压器正常不带电的外露可导电部分应与一次回路保护零线相连接。

（8）变压器应采取防直接接触带电体的保护措施。

（9）施工现场的临时用电电力系统严禁利用大地做相线或零线。

（10）TN 系统中的保护零线的重复接地点不得少于三处，除必须在配电室或总配电箱处做重复接地外，还必须在配电系统的中间处和末端做重复接地。

（11）在 TN 系统中，严禁将单独敷设的工作零线再做重复接地。

（12）保护零线必须采用绝缘导线。

（13）配电装置和电动机械相连接的 PE 线应为截面不小于 $2.5 \, \text{mm}^2$ 的绝缘多股铜线。手持式电动工具的 PE 线应为截面不小于 $1.5 \, \text{mm}^2$ 的绝缘多股铜线。

（14）PE 线上严禁装设开关或熔断器，严禁通过工作电流，且严禁断线。

（15）相线、N 线、PE 线的颜色标记必须符合以下规定：相线 $L_1$（A）、$L_2$（B）、$L_3$（C）相序的绝缘颜色依次为黄、绿、红色；N 线的绝缘颜色为淡蓝色；PE 线的绝缘颜色为绿/黄双色。任何情况下上述颜色标记严禁混用和互相代用。

2. 接地与接地电阻

（1）单台容量超过 $100 \, \text{kV·A}$ 或使用同一接地装置并联运行且容量超过 $100 \, \text{kV·A}$ 的电力变压器或发电机的工作接地电阻值不得大于 $4 \, \Omega$。

（2）单台容量不超过 $100 \, \text{kV·A}$ 或使用同一接地装置并联运行且总容量不超过 $100 \, \text{kV·A}$ 的电力变压器或发电机的工作接地电阻值不得大于 $10 \, \Omega$。

① 在土壤电阻率大于 $1000 \, \Omega·\text{m}$ 的地区，当接地电阻值达到 $10 \, \Omega$ 有困难时，工作接地电阻值可提高到 $30 \, \Omega$。

② 在 TN 系统中，保护零线每一处重复接地装置的接地电阻值不应大于 $10 \, \Omega$。在工作接地电阻值允许达到 $10 \, \Omega$ 的电力系统中，所有重复接地的等效电阻值不应大于 $10 \, \Omega$。

③ 每一接地装置的接地线应采用 2 根及以上导体，在不同点与接地体做电气连接。

④ 不得采用铝导体做接地体或地下接地线。垂直接地体宜采用角钢、钢管或光面圆钢，不得采用螺纹钢。

⑤ 接地可利用自然接地体，但应保证其电气连接和热稳定。

⑥ 移动式发电机供电的用电设备，其金属外壳或底座应与发电机电源的接地装置有可靠的电气连接。

## 三、配电室

（1）配电室应靠近电源，并设在灰尘少、潮气少、振动小、无腐蚀介质、无易燃易爆及道路畅通的地方。

（2）成列的配电柜和控制两端应与重复接地线及保护零线做电气连接。

（3）配电室和控制室应能自然通风，并应采取防止雨雪侵入和动物进入的措施。

（4）配电室内的母线涂刷有色油漆，以标识相序；以柜正面方向为基准，其涂色符合表 6-8 的规定。

表 6-8　母线涂色

| 相别 | 颜色 | 垂直排列 | 水平排列 | 引下排列 |
| --- | --- | --- | --- | --- |
| $L_1$（A） | 黄 | 上 | 后 | 左 |
| $L_2$（B） | 绿 | 中 | 中 | 中 |
| $L_3$（C） | 红 | 下 | 前 | 右 |
| N | 淡蓝 | — | — | — |

（5）配电室的建筑物和构筑物的耐火等级不低于3级，室内配置砂箱和可用于扑灭电气火灾的灭火器。

（6）配电室的门外开，并配锁。

（7）配电室的照明分别设置正常照明和事故照明。

（8）配电柜应编号，并应有用途标记。

（9）配电柜或配电线路停电维修时，应挂接地线，并应悬挂"禁止合闸、有人工作"停电标志牌。停送电必须有专人负责。

（10）配电室应保持整洁，不得堆放任何妨碍操作、维修的杂物。

## 四、配电箱及开关箱

配电箱与开关箱应符合现行《施工现场临时用电安全技术规范》（JGJ 46—2005）的有关规定，其主要安全措施如下。

（1）电箱与开关的设置原则：施工现场应设配电柜或总配电箱，分配电箱、开关箱实行三级配电。

（2）配电箱、开关箱应装设端正、牢固。固定式配电箱、开关箱的中心点与地面的垂直距离应为1.4～1.6 m。移动式配电箱、开关箱应装设在坚固、稳定的支架上。其中心点与地面的垂直距离宜为0.8～1.6 m。

（3）每台用电设备必须有各自专用的开关箱，严禁用同一个开关箱直接控制2台及2台以上用电设备（含插座）。

（4）配电箱的电器安装板上必须分设N线端子板和PE线端子板。N线端子板必须与金属电器安装板绝缘；PE线端子板必须与金属电器安装板做电器绝缘。进出线中的N线必须通过N线端子板连接；PE线必须通过PE线端子板连接。

（5）施工用配电箱应装设总隔离开关、分路隔离开关以及总断路器、分断路器或总熔断器、分路熔断器。其设置和选择应符合规范要求。

（6）开关箱中必须装设隔离开关、短路保护器或熔断器以及漏电保护器。

（7）施工用电移动式配电箱、开关箱应装设在坚固的支架上，严禁在地面上拖拉。

（8）施工用电开关箱应适应三级配电、二级漏电保护要求，实行"一机一闸"制，不得设置分路开关。开关箱中必须设漏电保护器，实行"一漏一箱"制（图6-24）。

**图6-24 施工用电开关箱**

（9）施工用电漏电保护器的额定漏电动作参数选择应符合下列规定：在开关箱（末级）内的漏电保护器，其额定漏电动作电流不应大于 30 mA，额定漏电动作时间不应大于 0.1 s；使用于潮湿场所时，其额定漏电动作电流应不大于 15 mA，额定漏电动作时间不应大于 0.1 s。总配电箱内的漏电保护器，其额定漏电动作电流应不大于 30 mA，额定漏电动作时间应大于 0.1 s。但其额定漏电动作电流（$I$）与额定漏电动作时间（$t$）的乘积不应大于 30 mA·s（$I \cdot t \leqslant 30$ mA·s）。

（10）配电箱、开关箱的电源线的进线端严禁采用插头和插座活动连接。

（11）对配电箱、开关箱进行定期维修、检查时必须将其前一级相应的电源隔离开关分闸断电，并悬挂"禁止合闸，有人操作"停电标志，严禁带电作业。

（12）加强对配电箱、开关箱的管理，防止误操作造成危害，所有配电箱、开关箱应在其箱门处标注编号、名称、用途和分路情况。

## 五、施工用电线路

1.基本规定

（1）架空线和室内配线必须采用绝缘导线或电缆。

（2）电缆线路应采用埋地或架空敷设，严禁沿地面明设，并应避免机械损伤和介质腐蚀。埋地电缆路径应设方位标志。

（3）架空线路、电缆线路和室内配线必须有短路保护和过载保护。

① 采用熔断器做短路保护时，其熔体额定电流不应大于明敷绝缘导线长期连续负荷允许过载流量的 1.5 倍。

② 采用断路器做短路保护时，其瞬动过流脱扣器脱扣电流整定值应小于线路末端单相短路电流。

③ 采用熔断器或断路器做过载保护时，绝缘导线长期连续负荷允许过载流量不应小于熔断器熔体额定电流或断路器长延时过流脱扣器脱扣电流整定值的 1.25 倍。

④ 对穿管敷设的绝缘导线线路，其短路保护熔断器的熔体额定电流不应大于穿管绝缘导线长期连续负荷允许载流量的 2.5 倍。

（4）电缆中必须包含全部工作用和用作保护零线或保护线的芯线。需要三相四线制配电的电缆线路必须采用五芯电缆。五芯电缆必须包含淡蓝、绿/黄两种颜色绝缘芯线。淡蓝色芯线必须用作 N 线；绿/黄双色芯线必须用作 PE 线，严禁混用。

（5）装饰装修工程或其他特殊阶段，应补充编制单项施工用电方案。电源线可沿墙角、地面敷设，但应采用防机械损伤和电火措施，可采用穿阻燃绝缘管或线槽等遮护的办法。

2.架空线

（1）如图 6-25 所示架空线，必须架设在专用电杆上，严禁架设在树木、脚手架及其他设施上。电杆埋设深度宜为杆长的 1/10 加 0.6 m，回填土应分层夯实。在松软土质处宜加大埋入深度或采用卡盘等加固。

（2）架空线导线截面的选择应符合下列要求。

① 导线中的计算负荷电流不大于其长期连续负荷允许载流量。

② 线路末端电压偏移不大于其额定电压的 5%。

**图 6-25 架空线及电杆**

③ 三相四线制线路的 N 线和 PE 线截面不小于相线截面的 50%，单相线路的零线截面与相线截面相同。

④ 按机械强度要求，绝缘铜线截面不小于 10 mm²，绝缘铝线截面不小于 16 mm²。

⑤ 在跨越铁路、公路、河流、电力线路档距内，绝缘铜线截面不小于 16 mm²，绝缘铝线截面不小于 25 mm²。

（3）架空线路相序排列应符合下列要求。

动力、照明线在同一横担上架设时，导线相序排序是：面向负荷从左侧起依次为 L₁、N、L₂、L₃、PE。动力、照明线在二层横担上分别架设时，导线相序排列是：上层横担面向负荷从左侧起依次为 L₁、L₂、L₃；下层横担面向负荷从左侧起依次为 L₁（L₂、L₃）、N、PE。

（4）架空线路的档距符合要求。架空线路的档距不得大于 35 m，架空线路的线间距不得小于 0.3 m，靠近电杆的两导线的间距不得小于 0.5 m。

（5）架空线在一个档距内，每层导线的接头数不得超过该层导线条数的 50%，且一条导线应只有一个接头。在跨越铁路、公路、河流、电力线路档距内，架空线不得有接头。

**3. 埋地线**

（1）电缆埋地敷设宜选用铠装电缆，当选用无铠装电缆时，应能防水、防腐。架空敷设宜选用无铠装电缆。埋地敷设深度不应小于 0.7 m，并应在电缆上下各均匀铺设不小于 50 mm 厚的细砂，然后铺设硬质保护层。

（2）埋地电缆在穿越建筑物、构筑物、道路，易受机械损伤、介质腐蚀场所及引出地面从 2.0 m 高到地下 0.2 m 处，必须加设防护套管，防护套管内径不应小于电缆外径的 1.5 倍。

（3）埋地电缆与其附近外电电缆和管沟的平行间距不得小于 2 m，交叉间距不得小于 1 m。

（4）埋地电缆的接头应设在地面上的接线盒内，接线盒应能防水、防尘、防机械损伤，并应远离易燃、易爆、易腐蚀场所。

**4. 室内配线**

（1）室内配线应根据线类型采用瓷瓶、瓷（塑料）夹、嵌绝缘槽、穿管或钢索敷设。

（2）室内非埋地明敷主干线距地面高度不得小于 2.5 m。

（3）架空进户线的室外端应采用绝缘子固定，过墙处应穿管保护，距地面高度不得小于 2.5 m，并应采取防雨措施。

（4）室内配线所用导线或电缆的截面应根据用电设备或线路的计算负荷确定，但铜线截面不应小于 1.5 mm²，铝线截面不应小于 2.5 mm²。

（5）钢索配线的吊架间距不宜大于 12 m。采用瓷夹固定导线时，导线间距不应小于 35 mm，瓷夹间距不应小于 800 mm，采用瓷瓶固定导线时，导线间距不应小于 100 mm，瓷瓶间距不应大于 1.5 m；采用护套绝缘导线或电缆时，可直接敷设于钢索上。

## 六、施工照明

（1）照明变压器必须使用双绕组型安全隔离变压器，严禁使用自耦变压器。

（2）照明系统宜使三相负荷平衡，其中每一单相回路上，灯具和插座数量不宜超过 25 个，负荷电流不宜超过 15 A。

（3）灯具安装距离。

① 室外 220 V 灯具距地不得低于 3 m，室内 220 V 灯具距地面不得低于 2.5 m。

② 普通灯具易燃物距离不宜小于 300 mm；聚光灯、碘钨灯等高热灯具与易燃物距离不宜小于 500 mm，且不得直接照明射易燃物。达不到规定安全距离时，应采取隔热措施。

③ 碘钨灯及钠、铊、铟等金属卤化物灯具的安装高度宜在 3 m 以上，灯线应固定在接线柱上，不得靠近灯具表面。

（4）灯具固定。荧光灯灯管应采用管座固定或用吊链悬挂，荧光灯的镇流器不得安装在易燃的结构物上；投光灯的底座应安装牢固，应按需要的光轴方向将枢轴拧紧固定。

（5）灯具内的接线必须牢固，灯具外的接线必须做可靠的防水绝缘包扎。

（6）灯具的相线必须经开关控制，不得将相线直接引入灯具。

（7）路灯的每个灯具应单独装设备熔断器保护。灯头线应做防水弯。

（8）对夜间影响飞机或车辆通行的在建工程及机械设备，必须设置醒目的红色信号灯，其电源应设在施工现场总电源开关的前侧，并设置外电线路停止供电时的应急自备电源。

（9）一般场所，照明电压应为 200 V，下列特殊场所应使用安全特低电压照明器：

① 隧道、人防工程、高温、有导电灰尘、比较潮湿或灯具离地面高度低于 2.5 m 等场所的照明，电源电压不应大于 36 V；

② 潮湿和易触及带电体场所的照明，电源电压不得大于 24 V；

③ 特别潮湿场所、导电良好的地面、锅炉或金属容器内的照明，电源电压不得大于 12 V。

（10）使用行灯的安全要求：使用行灯电源电压不得大于 36 V，灯体与手柄应坚固、绝缘良好并耐热，灯头与灯体结合牢固，灯头无开关，灯泡外部有金属保护网，金属网、反光罩、悬挂挂钩固定在灯具的绝缘部位上。

（11）无自然采光的地下大空间施工场所，应编制单项照明用电方案。

## 七、施工现场安全用电常识

（1）进入施工现场，不要接触电线、供配电线路以及工地外围的供电线路。遇到地面有电线或电缆时，不要用脚去踩踏，以免意外触电。

（2）不要擅自触摸、乱动各种配电箱、开关箱、电气设备等，以免发生触电事故。

（3）不能用潮湿的手去扳开关或触摸电气设备的金属外壳。

（4）衣服或其他杂物不能挂在电线上。

（5）施工现场的生活照明应尽量使用荧光灯。使用灯泡时，不能紧挨着衣物、蚊帐、纸张、木屑等易燃物品，以免发生火灾。施工中使用手持行灯时，要用36 V以下的安全电压。

（6）使用电动工具以前要检查外壳，导线绝缘皮，如有破损要请专职电工检修。

（7）电动工具的线不够长时，要使用电源拖板。

（8）使用振捣器、打夯机时，不要拖拽电缆，要有专人收放。操作者要戴绝缘手套、穿绝缘靴等防护用品。

（9）使用电焊机时要先检查拖把线的绝缘好坏，电焊时要戴绝缘手套、穿绝缘靴等防护用品。不要直接用手去碰触正在焊接的工件。

（10）使用电锯等电动机械时，要有防护装置，防止受到机械伤害。

（11）电动机械的电缆不能随地拖放，如果无法架空只能放在地面，要加盖板保护，防止电缆受到外界的损伤。

（12）开关箱周围不能堆放杂物，拉合闸刀时，旁边要有人监护。收工后要锁好开关箱。

（13）使用电器时，如遇跳闸或熔丝熔断，不要自行更换或合闸，要由专职电工进行检查。

# 任务6　施工机械使用安全措施

## 一、施工机械安全管理的一般规定

（1）机械设备应按其技术性能的要求正确使用。缺少安全装置或安全装置已失效的机械设备不得使用。

（2）严禁拆除机械设备上的自动控制机构、力矩限位器等安全装置，以及监测、指示、仪表、警报器等自动报警、信号装置。其调试和故障的排除应由专业人员负责进行。施工机械的电气设备必须由专职电工进行维护和检修。电工检修电气设备严禁带电作业，必须切断电源并悬挂"有人工作，禁止合闸"的警告牌。

（3）新购或经过大修、改装和拆卸后重新安装的机械设备，必须按原厂说明书的要求进行测试和试运转。新机（进口机械按原厂规定）和大修后的机械设备执行《建筑机械使用安全技术规程》（JGJ 33—2012）的规定。

（4）机械设备的冬季使用，应按有关规定执行。

（5）处在运行和运转中的机械严禁对其进行维修、保养或调整等作业。

（6）机械设备应按时进行保养，当发现有漏保、失修或超载带病运转等情况时，有关部门应停止其使用。

（7）机械设备的操作人员必须经过专业培训，考试合格，取得有关部门颁发的操作证后，方可独立操作。机械作业时，操作人员不得擅自离开工作岗位或将机械交给非本机操作人员操作。严禁无关人员进入作业区和操作室内。工作时，思想要集中，严禁酒后操作。

（8）凡违反相关操作规程的命令，操作人员有权拒绝执行。由于发令人强制违章作业而造成事故的，应追究发令人的责任，直至追究刑事责任。

（9）机械操作人员和配合人员，都必须按规定穿戴劳动保护用品。长发不得外露。高空作业必须系好安全带，不得穿硬底鞋和拖鞋。严禁从高处往下投掷物件。

（10）进行日作业两班及以上的机械设备均须实行交接班制。操作人员要认真填写交接班记录。

（11）机械进入作业地点后，施工技术人员应向机械操作人员进行施工任务及安全技术措施交底。操作人员应熟悉作业环境和施工条件，听从指挥，遵守现场安全规则。夜间作业必须设置有充足的照明。

（12）当使用机械设备与安全发生矛盾时，必须服从安全要求。

（13）当机械设备发生事故或未遂恶性事故时，必须及时抢救，保护现场，并立即报告领导和有关部门听候处理。企业领导对事故应按"三不放过"的原则进行处理。

## 二、塔式起重机

塔式起重机（以下简称塔机）是一种塔身直立，起重臂铰接在塔帽下部，能够作 $360°$ 回转的起重机，具有适用范围广、起升高度高、回转半径大、工作效率高、操作简便、运转可靠等特点，如图6-26所示。塔式起重机在我国建筑安装工程中得到广泛使用，特别对于高层建筑施工来说，更是一种不可缺少的重要施工机械。

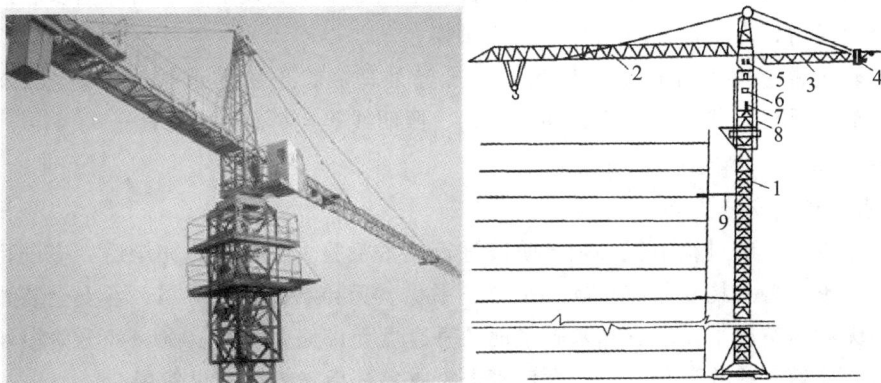

**图6-26　塔式起重机**

1—塔身；2—起重臂；3—平衡臂；4—平衡重；5—操纵室；6—液压千斤顶；7—活塞；8—顶升套架；9—锚固装置

由于塔式起重机机身较高，其稳定性较差，并且拆、装转移较频繁以及技术要求较高，给施工安全带来一定困难，操作不当或违章装、拆极有可能发生人身伤亡恶性事故。塔机事故主要有五大类：整机倾覆、起重臂折断或碰坏、塔身折断或底架碰坏、塔机出轨、机构损坏。其中塔机的倾覆和断臂占塔机事故的70%。因此，机械操作、安装、拆卸人员和机械管理人员必须全面地掌握塔机的技术性能，从思想上引起高度重视，从业务上掌握正确的安装、拆卸、操作技能，保证塔机的正常运行，确保安全生产。

1. 塔机的安全管理

（1）装拆塔机的企业，必须具有塔机装拆作业资质，作业人员必须经过专门的培训并取得上岗证书，并按资质等级装拆相对应的塔机。

（2）施工企业必须建立塔机的装拆专业班组并配有起重工（装拆工）、电工、起重指挥、塔机操纵司机和维修钳工等人员。

（3）塔机装拆前，必须向全体作业人员进行装拆方案和安全操作技术方面的书面和口头交底，并履行签字手续。

（4）检查装拆人员所使用的工具、安全带、安全帽等是否合格，不合格的应立即更换。

（5）安装拆除作业前，必须认真研究作业方案，分工负责，统一指挥。并配有技术人员和现场安全监护人员，监控塔机装拆全过程。塔机装拆区域应设立警戒区域，派专人进行值班。

（6）安装调试完毕，还必须进行自检、试车及验收，按照检验项目和要求注明检验结果。检验项目应包括特种设备主体结构组合、安全装置、起重钢丝绳与卷筒、吊物平台篮或吊钩、制动器、减速器、电器线路、配重块、空载试验、额定载荷试验、110%的载荷试验、经调试后各部件的运转情况，得出检验结果，塔机验收合格后，才能交付使用。

（7）使用前必须制定特种设备管理制度，包括设备经理岗位职责、起重机管理员的岗位职责、起重机安全管理制度、起重机驾驶员岗位职责、起重机械安全操作规程、起重机械的事故应急措施救援预案、起重机械装拆安全操作规程等。

2. 塔机基础安全要求

（1）塔式起重机的基础是确保塔机安全的必要条件，应进行专项结构计算，基础及轨道铺设必须严格按照设计图纸和说明书进行。塔式起重机安装前，应对路基及轨道进行检验，符合要求后，方可进行塔式起重机的安装。

（2）轨道路基必须经过平整压实，基础经处理后，土壤的承载能力要达到 8～10 t/ $m^2$。对妨碍起重机工作的障碍物，如高压线、照明线等应拆移。

3. 塔机安装、拆除的安全要求

1）塔机安装安全要求

（1）起重机安装过程中，必须分阶段进行技术检验。整机安装完毕后，应进行整机技术检验和调整，各机构动作应正确、平整、平稳、无异响，制动可靠，各安全装置应灵敏有效；在无载荷情况下，塔身和基础平面的垂直度允许偏差为 4/1000，经分阶段及整机检验合格后，应填写检验记录，经技术负责人审查签证后，方可交付使用。

（2）安装起重机时，必须将大车行走缓冲止挡器和限位开关碰块安装牢固可靠，并应将各部位的栏杆、平台、扶杆、护圈等安全防护装置装齐。

（3）塔机在安装中应确定所有螺栓都已拧紧，并达到紧固力矩要求。要严格检查钢丝绳是否有断丝磨损现象，如有损坏，立即更换。

（4）用旋转塔身方法进行整体安装时，应保证自身的稳定性。详细规定架设程序与安全措施，对主、副地锚的埋设位置、受力性能以及钢丝绳穿绕、起升机构制动等应进行检查，并排除塔式起重机旋转过程中的障碍，确保塔式起重机旋转中途不停机。

（5）塔式起重机附墙杆件的布置和间隔应符合说明书的规定。当塔身与建筑物水平距离大于说明书规定时，应验算附着杆的稳定性，或重新设计、制作，并经技术部门确认，主管部门验收。

（6）两台起重机之间的最小架设距离应保证处于低位的起重机的臂架端部与另一台起重机的塔身之间至少有2 m的距离，高位起重机中处于最低位置的部件（吊钩升至最高点或最高位置的平衡重）与低位起重机中处于最高位置部件之间的垂直距离不得小于2 m。

（7）在有建筑物的场所，应注意起重机的尾部与建筑物外转施工设施之间的距离不小于0.5 m。

2）塔机拆除安全要求

（1）检查拆除作业中配备的起重机、运输汽车等辅助机械应状况良好，技术性能应保证拆装作业的需要。

（2）拆卸过程中所选用吊挂、捆扎用绳及卸扣状态良好且必须符合安全系统要求。

（3）严格按照架拆程序进行拆卸，应随着降落塔身的进程拆卸相应的锚固装置。严禁在落塔之前先拆锚固装置。

（4）在拆除上回转、小车变幅的起重臂时，应根据出厂说明书的拆装要求进行，并应保持起重机的平衡。

（5）拆卸作业不宜在6级以上大风情况下进行，作业时严禁从高处向下抛掷物件。

（6）在拆装作业过程中，当遇天气剧变、突然停电、机械故障等意外情况，短时间不能继续作业时，必须使已拆除的部位达到稳定状态并固定牢靠，经检查确认无隐患后，方可停止作业。做好设备退场交接手续，并保存记录。

（7）临时堆放塔机部件时，应注意地面承载情况，并用木头垫实，分类存放。

4.塔机使用安全要求

（1）作业前空车运转并检查下列各项：各控制器的转动装置是否正常；制动器闸瓦松紧程度，制动是否正常；传动部分润滑油量是否充足，声音是否正常；行走部分及塔身各主要联结部位是否牢靠；负荷限制器的额定最大起重量的位置是否变动；钢丝绳的磨损情况；塔机的基础是否符合安全使用的技术条件规定。

（2）起重司机应持有与其所操纵的塔机的起重力矩相对应的操作证；指挥应持证上岗，并正确使用旗语或对讲机。

（3）起吊作业中司机和指挥必须遵守"十不吊"的规定：指挥信号不明或无指挥不吊；超负荷和斜吊不吊；细长物件单点或捆扎不牢不吊；吊物上站人不吊；吊物边缘锋利，无防护措施不吊；埋在地下的物件不吊；安全装置失灵不吊；光线阴暗看不清吊物不吊；6级以上强风区无防护措施不吊；散物装得太满或捆扎不牢不吊。

（4）塔机运行时，必须严格按照操作规程的要求执行。最基本的要求如下：起吊前，先鸣号，吊物禁止从人的头上越过；起吊时吊索应保持垂直、起降平稳，操作尽量避免急刹车或冲击；严禁超载，当起吊满载或接近满载时，严禁同时做两个动作及左右回转范围不应超过90°。

（5）塔机使用时，吊物必须落地，不准悬在空中，作业中遇突发故障，应采取措施将重物降落到安全地方，并关闭发动机或切断电源后进行检修。

（6）塔机在使用中不得利用安全限制器停车；吊重物时不得调整起升、变幅的制动器；除专门设计的塔机外，起吊和变幅两套起升机构不应同时开动。对没有限位开关的吊钩，其上升高度距离起重臂头部必须大于1 m。

（7）起吊作业时，控制器严禁越挡操作。不论哪一部分传动装置在运动中变换方向，必须将控制器扳回零位，待转动停止后开始逆向运转。绝对禁止直接变换运转方向。

（8）起重、旋转和行走，可以同时操纵两种动作，但不得三种动作同时进行。

（9）当起重机行走到接近轨道限位开关时应提前减速停车，并在轨道两端2 m处设置挡车装置，以防止起重机出轨。

（10）起吊重物应绑扎平稳、牢固，不得在重物上堆放或悬挂零星物件。易散落物件应使用吊笼栅栏固定后方可起吊。标有绑扎位置的物件，应按标记绑扎后起吊，吊索与物件的夹角宜采用45°～60°，且不得小于30°，吊索与物件棱角之间应加垫块。

（11）起吊荷载达到起重机额定起重量的90%及以上时，应先将重物吊离地面20～50 cm后，检查起重机的稳定性、制动器的可靠性、重物的平稳性、绑扎的牢固性，确认无误后方可继续起吊。对于易晃动的重物应拴拉绳。

（12）重物起升和下降速度应平稳、均匀，不得突然制动。左右回转应平稳，当回转未停稳前不得做反向动作。非重力下降式起重机，不得带载自由下降。

（13）吊运散装物件时，应制作专用吊笼或容器，并应保障在吊运过程中物料不会脱落。吊笼或容器在使用前应按允许承载能力的两倍荷载进行试验，使用中应定期进行检查。

（14）吊运多根钢管、钢筋等细长材料时，必须确认吊索绑扎牢靠，防止吊运中吊索滑移、物料脱落。

（15）轨道式塔式起重机的供电电缆不得拖地行走，沿塔身垂直悬挂的电缆，应使用不被电缆自重拉伤和磨损的可靠装置悬挂。

（16）吊起的重物严禁自由落下。落下重物时应用断续制动，使重物缓慢下降，以免发生意外事故。

（17）在突然停电时，应立即将所有控制器拨到零位，断开电源总开关，并采取措施使重物降到地面。

## 三、物料提升机

提升高度30 m以下（含30 m）为低架物料提升机。提升高度31～150 m则为高架物料提升机，一般常用的有龙门架提升机和井架提升机两种：龙门架提升机是以地面卷扬机为动力，由两根立柱与天梁和地梁构成门式架体的提升机，吊篮（吊笼）在两立柱中间沿轨道作垂直运动，也可由2台或3台门架并联在一起使用（图6-27）；井架提升机是以地面卷扬机为动力，由型钢组成井字型架体的提升机，吊篮（吊笼）在井孔内沿轨道作垂直运动，可组成单孔或多孔井架并联在一起使用（图6-28）。

1.架体稳定要求

1）基本要求

（1）在与各楼层通道相接的开口处的井架式提升机的架体，应采取加强措施。

（2）提升机架体顶部的自由高度不得大于6 m。

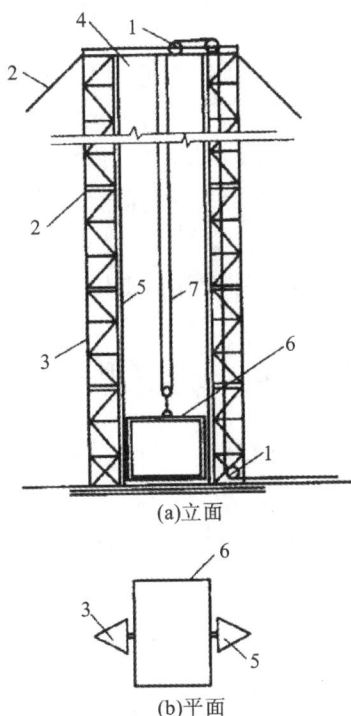

图 6-27 龙门架提升机
1—滑轮；2—缆风绳；3—立柱；4—横梁；
5—导轨；6—吊盘；7—钢丝绳

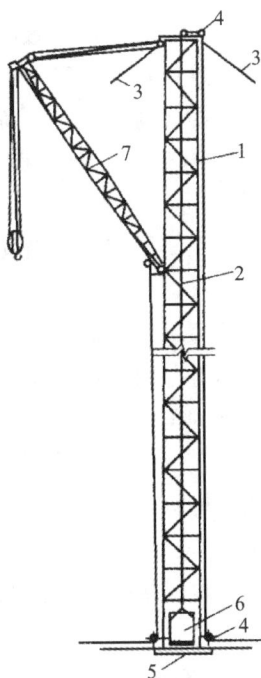

图 6-28 井架提升机
1—井架；2—钢丝绳；3—缆风绳；4—滑轮；
5—垫梁；6—吊盘；7—辅助吊臂

（3）提升机的天梁应使用型钢，宜选用两根槽钢，其截面高度应经计算确定，但不得小于两根[14。

（4）提升机吊篮的各杆件应选用型钢。杆件连接板的厚度不得小于8 mm。吊篮的结构架除按设计制作外，其底板材料可采用50 mm厚木板；当使用钢板时，应有防滑措施。吊篮的两侧应设置高度不小于1 m的安全挡板或挡网。高架提升机应选用有防护顶板的吊笼，其材料可采用50 mm厚木板。

2）基础

高架提升机的基础应进行设计，基础应能可靠地承受作用在其上的全部荷载。基础的埋深与做法，应符合设计和提升机出厂使用规定。当无设计要求时，应符合如下要求：土层压实的承载力，应不小于80 kPa；浇筑C20混凝土，厚度为30 mm；基础表面应平整，水平度偏差不大于10 mm；基础应有排水措施，距基础边缘5 m范围内，开挖沟槽或有较大振动的施工时，必须有保证架体稳定的措施。

3）附墙架

（1）提升机应设有附墙架作为架体的侧向支撑。附墙架及附墙架与建筑结构的连接应进行设计。附墙架的间隔一般不宜大于9 m，且在建筑物的顶层必须设置1组。

（2）附墙架与架体及建筑之间，均应采用刚性件连接，并形成稳定结构，不得连接在脚手架上，严禁使用钢丝绑扎。

（3）附墙架的材质应与架体的材质相同，不得使用木杆、竹竿等附墙架与金属架体连接。

4）缆风绳

提升机受到条件限制无法设置附墙架时，应采用缆风绳稳固架体。但高架提升机在任何情况下均不得通过设置缆风绳来稳固架体。

（1）提升机的缆风绳应该计算确定（缆风绳的安全系数 $K$ 取 3.5）。缆风绳应选用圆股钢丝绳，直径不得小于 9.3 mm。提升机高度在 20 m 以下（含 20 m）时，缆风绳不少于 1 组（4～8 根）；提升机高度在 21～30 m 时，不少于 2 组。

（2）缆风绳应在架体四角有横向缀件的同一水平面上对称设置，使其在结构上引起的水平分力处于平衡状态。

（3）龙门架的缆风绳应设在顶部。若在中间设置临时缆风绳，应在此位置将架体两立柱做横向连接，不得分别牵拉立柱的单肢。

（4）缆风绳与地面的夹角不大于 60°，其下端应与地锚连接，不得拴在树木、电杆或堆放构件等物件上。

（5）在安装、拆除以及使用提升机的过程中设置的临时缆风绳，其材料也必须使用钢丝绳，严禁使用钢丝、钢筋、麻绳等代替。

（6）缆风绳的地锚根据土质情况及受力大小设置，应经计算确定。一般宜采用水平式地锚，当土质坚实，地锚受力小于 15 kN 时，也可选用桩式地锚。

2．提升机的安装与拆除要求

1）架体安装要求

（1）每安装两个标准节（一般不大于 8 m），应采取临时支撑或临时缆风绳固定。

（2）安装龙门架时，两边立柱应交替进行，每安装 2 节，除将单肢柱进行临时固定外，尚应将两立柱横向连接成一体。

（3）装设摇臂扒杆时，扒杆不得装在架体的自由端，扒杆底座要高出工作面，其顶部不得高出架体，扒杆与水平面夹角应为 45°～70°，转向时不得碰到缆风绳；扒杆应安装保险钢丝绳。起重吊钩应采用符合有关规定的吊具并设置吊钩上极限限位装置。

（4）利用建筑物内井道做架体时，各楼层进料口处的停靠门必须与司机操作处装设的层站标志灯进行联锁，阴暗处应装照明。

（5）架体各节点的螺栓必须紧固，螺栓应符合孔径要求，严禁扩孔和开孔，更不得漏装或以钢丝代替。

（6）物料提升机架体应随安装随固定，节点采用设计图纸规定的螺栓连接，不得任意扩孔。

（7）安装精度应符合以下规定。

① 新制作的提升机，架体安装的垂直偏差，最大不应超过架体高度的 0.15%。多次使用过的提升机，在重新安装时，其偏差不应超过 0.3%，并不得超过 200 mm。

② 井架截面内，两对角线长度公差不得超过最大边长尺寸的 0.3%。

③ 导轨接点截面错位不大于 1.5 mm。

④ 吊篮导靴与导轨的安装间隙，应控制在 5～10 mm。

2）架体拆除要求

（1）拆除前应做必要的检查，其内容包括：

① 查看提升机与建筑物的连接情况，特别是有无与脚手架连接的现象；

② 查看提升机架体有无其他牵拉物；

③ 临时缆风绳及地锚的设置情况；

④ 架体或地梁与基础的连接情况。

（2）在拆除缆风绳或附墙架前，应先设置临时缆风绳或支撑，确保架体自由高度不得大于两个标准节（一般不大于8m）。

（3）提升机的安装和拆卸工作必须按照施工方案进行，并设专人统一指挥。

（4）物料提升机采用旋转法整体安装或拆卸时，必须对架体采取加固措施，拆卸时必须待起重机吊点锁具垂直拉紧后，方可松开缆风绳或拆除附墙杆件；安装时，必须将缆风绳与地锚拉紧或附墙杆与墙体连接牢靠后，起重机方可摘钩。

（5）拆除作业中，严禁从高处向下抛掷物件。

（6）拆除作业宜在白天进行，夜间确需作业的应有良好的照明，因故中断作业时，应采取临时稳固措施。

3. 提升机的安全使用和管理

（1）提升机安装后，应由主管部门组织有关人员按规范和设计的要求进行检查验收，确定合格后发给使用证，并挂上验收合格牌，方可交付使用。

（2）提升机应由专职司机操作。升降机司机应经专门培训，人员要相对稳定，每班开机前，应对卷扬机、钢丝绳、地锚、缆风绳进行检查，并进行空车运行，确认各类安全装置安全可靠后方能投入工作。

（3）每班开机前，应对物料提升机架体、缆风绳、附墙架及各安全防护装置进行检查，并经空载运行试验，确认符合要求后，方可投入使用。

（4）物料提升机运行时，物料在吊篮内应均匀分配，不得超载运行和物料超出吊篮外运行。

（5）物料提升机运行时，应设置统一信号指挥，当无可靠联系措施时，司机不得开机；高架提升机应使用通信装置联系，或设置摄像显示装置。

（6）设有起重扒杆的物料提升机，作业时，其吊篮与起重扒杆不得同时使用。

（7）不得随意拆除物料提升机安全装置，发现安全装置失灵时，应立即停机修复。

（8）严禁人员攀登物料提升机或乘其吊篮上下。

（9）提升机在工作状态下，不得进行保养、维修、排除故障等工作，若要进行则应切断电源并在醒目处挂"有人检查、禁止合闸"的标志牌，必要时应设专人监护。

（10）作业结束时，司机应降下吊篮，切断电源，锁好控制电箱门，防止其他无证人员擅自启动提升机。

## 四、施工升降机

如图6-29所示的施工升降机，是高层建筑施工中运送施工人员上下及建筑材料各工具设备必备的和重要的垂直运输设施。施工升降机又称为施工电梯，是一种使工作笼（吊笼）沿导轨作垂直（或倾斜）运动的机械。施工升降机在中、高层建筑施工中使用得较为广泛，另外还可作为仓库、码头、船坞、高塔、高烟囱长期使用的垂直运输机械。施工升降机按其传动形式可分为齿轮条式、钢丝绳式和混合式三种。

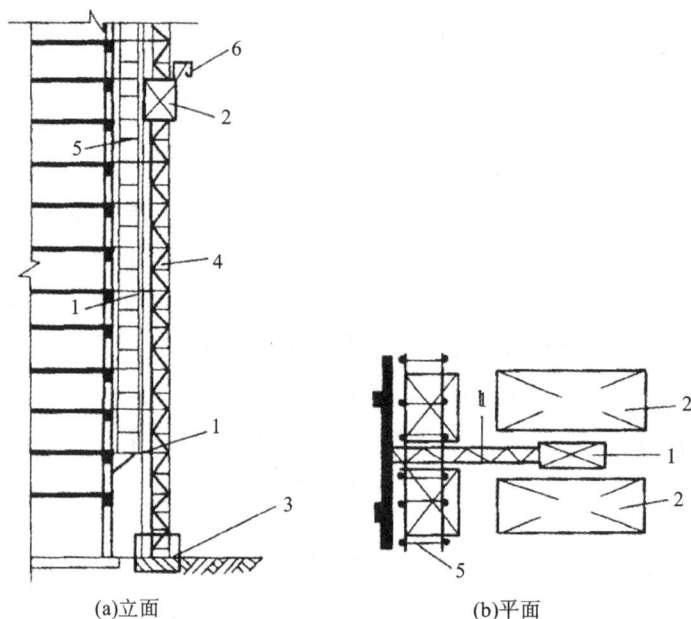

(a)立面          (b)平面

**图6-29　施工电梯（无配重双梯笼）**

1—附着装置；2—梯笼；3—缓冲机构；4—塔架；5—脚手架；6—小吊杆

**1.施工升降机的基本组成**

常用的建筑施工升降机由钢结构（天轮架、吊笼、导轨架、前附着架、后附着架和底笼）、驱动装置（电动机、涡轮减速箱、齿轮、齿条、钢丝绳及配重）、安全装置（限速器、制动器、限位器、行程开关及缓冲弹簧）和电气设备（操纵装置、电缆及电缆筒）四部分组成。

**2.施工升降机的安全装置**

（1）限速器。齿条驱动的建筑施工升降机，为了防止吊笼坠落均装有锥鼓式限速器，并可分为单向式和双向式两种，单向限速器只能沿吊笼下降方向起限速作用，双向限速器则可以沿吊笼的升降两个方向起限速作用。

（2）缓冲弹簧。在建筑施工升降机底笼的底盘上装有缓冲弹簧，以便当吊笼发生坠落事故时，减轻吊笼的冲击，同时保证吊笼和配重下降着地时呈柔性接触，缓冲吊笼和配重着地时的冲击。缓冲弹簧有圆锥卷弹簧和圆柱螺旋弹簧两种。一般情况下，每个吊笼对应的底座上装有两个圆锥底弹簧，也有采用四个圆柱螺旋弹簧的。

（3）上、下限位器。它是为防止吊笼上、下时超过需停位置，因司机误操作和电气故障等原因继续上行或下降引发事故而设置的装置，安装在吊轨架和吊笼上，属于自动复位型的装置。

（4）上、下极限限位器。上、下极限限位器是在上、下限位器不起作用时，当吊笼运行超过限位开关和越程后，能及时切断电源使吊笼停车。极限限位器是非自动复位型，动作后只能手动复位才能使吊笼重新启动。极限限位器安装在导轨器或吊笼上（越程是指限位开关与极限限位开关之间所规定的安全距离）。

（5）安全钩。安全钩是为防止吊笼到达预先设定位置，上限位器和上极限限位器因各种原因不能及时动作、吊笼继续向上运作，将导致吊笼冲击导轨架顶部发生倾翻坠落事故而设置的。安全钩是安装在吊笼上部最后一道重要的安全装置，它能使吊笼上行到导轨架顶部时，安全钩钩住导轨架，保证吊笼不发生倾翻坠落事故。

（6）急停开关。当吊笼在运作过程中发生各种原因的紧急情况时，司机能在任何时候按下急停开关，使吊笼停止运行。急停开关必须是非自行复位的安全装置，并安装在吊笼顶部。

（7）吊笼门、底笼门联锁装置。施工升降机的吊笼门、底笼门均装有电气联锁开关，它们能有效地防止因吊笼或底笼门未关闭就启动运行而造成人员坠落和物料滚落，只有当吊笼门和底笼门完全关闭时才能启动运行。

（8）楼层通道门。施工升降机与各楼层均搭设了运料和人员进出的通道，在通道口与升降机接合部必须设置楼层通道门。此门在吊笼上下运行时处于常闭状态，只有在吊笼停靠时才能由吊笼内的人打开。应做到楼层内的人员无法打开此门，以确保通道口处在封闭的条件下不会出现危险。楼层通道门的高度应不低于1.8 m，门的下沿离通道面不应超过50 mm。

（9）通信装置。由于司机的操作室位于吊笼内，无法知道各楼层的需求情况和分辨不清哪个层面发出信号，因此必须安装一个闭路的双向电气通信装置，司机应能听到或看到每一层的需求信号。

（10）地面出入口防护棚。升降机在安装完毕时，应及时搭设地面出入口的防护棚。防护棚搭设的材质要选用普通脚手架钢管，防护棚长度不应小于5 m，有条件的可与地面通道防护棚连接起来，宽度应不小于升降机底笼最外部尺寸。其顶部材料可采用50 mm厚木板或两层竹笆，上下竹笆间距应不小于600 mm。

**3.施工升降机的安装与拆除要求**

（1）施工升降机每次安装与拆除作业之前，企业应根据施工现场工作环境及辅助设备情况编制安装拆卸方案，经企业技术负责人审批同意后方能实施。

（2）每次安装或拆卸作业之前，应对作业人员按不同的工种和作业内容进行详细的技术、安装交底。参与装拆作业的人员必须持有专门的资格证书。

（3）升降机的装拆作业必须由当地建设行政主管部门认可、持有相应的装拆资质证书的专业单位实施。

（4）安装作业应严格按照预先制定的安装方案和施工工艺要求实施，安装过程中有专人统一指挥，划出警戒区域，并有专人监控。

（5）升降机每次安装后，施工企业应当组织有关职能部门和专业人员对升降机进行必要的试验和验收。确认合格后应当向当地建设行政主管部门认定的检测机构申报，经专业检测机构检测合格后，才能正式投入使用。

（6）施工升降机导轨架随标准节接高的同时，必须按说明书规定进行附墙连接，导轨架顶部悬臂部分不得超过说明书规定的高度。

（7）施工升降机吊笼与吊杆不得同时使用，吊笼顶部应装设安全开关，当人员在吊笼架顶部作业时，安全开关应处于吊笼不能启动的断路状态。

（8）有对重的施工升降机在安装或拆卸过程中吊笼处于无对重运行时，应严格控制吊笼内的载荷和避免超速刹车。

（9）施工升降机安装或拆卸导轨架作业不得与铺设或拆除各层通道作业上下同时进行。当搭设或拆除楼层通道时，吊笼严禁运行。

（10）施工升降机拆卸前，应对各机构、制动器及附墙体进行检查，确认正常时，方可进行拆卸工作。

4.施工升降机安全使用和管理

（1）施工企业必须建立健全的施工升降机的各类管理制度，落实专职机构和专职管理人员，明确各级安全使用和管理责任制。

（2）驾驶升降机的司机应为经有关行政主管部门培训且合格的专职人员，严禁无证操作。

（3）司机应做好日常检查工作，即在电梯每班次首运行时，应分别作空载和满载试运行，将梯笼升高至离地面0.5 m处停车，检查制动器的灵敏性和可靠性，确认正常后方可投入使用。

（4）建立和执行定期检查及维修保养制度，每周或每旬对升降机进行全面检查，对查出的隐患按"三定"原则落实整改。整改后须经有关人员复查确认符合安全后，方能使用。

（5）施工升降机定额荷载试验在每班首次载重运行时，应从最底层开始上升，不得自上而下运行，当吊笼升高至离地面1～2 m时，停机试验制动器的可靠性。

（6）梯笼乘人、载物时，应尽量使荷载均匀分布，严禁超载使用。

（7）升降机应按照规定单独安装接地保护和避雷装置。

（8）升降机运行至最上层和最下层时，严禁碰撞上、下限位开关来实现停车。

（9）各停靠层的运料通道两侧必须有良好的防护。楼层门应处于常关闭状态，其高度应符合规范要求，任何人不得擅自打开或将头伸出门外，当楼层门未关闭时，司机不得开动电梯。

（10）确保通信装置完好，司机应当在确认信号后方能开动升降机。作业中无论任何人在任何楼层发出紧急停车信号，司机都应当立即执行。

（11）司机因故离开吊笼及下班时，应将吊笼降至地面，切断总电源并锁上电梯门，以防止其他无证人员擅自开动吊笼。

（12）严禁在升降机运行状态下进行维修保养工作。若需维修，必须切断电源并在醒目处挂上"有人检修，禁止合闸"的标志牌，并有专人监护。

（13）施工升降机的防坠安全器，不得任意拆检调整，应按规定的期限，由生产厂或指定的认可单位进行鉴定或检修。

（14）风力达6级以上，应停止使用升降机，并将吊笼降至地面。

---

**【案例6-1】施工现场安全控制**

1.背景

某实施监理的工程，甲施工单位选择乙施工单位分包基坑支护及土方开挖工程。施工过程中发生如下事件：

事件1：为赶工期，甲施工单位调整了土方开挖方案，并按规定程序进行了报批。总监理工程师在现场发现乙施工单位未按调整后的土方开挖方案施工并造成围护结构变形超限，立即向甲施工单位签发工程暂停令，同时报告了建设单位。乙施工单位未执行指令仍继续施工，总监理工程师及时报告了有关主管部门。后因围护结构变形过大引发了基坑局部坍塌事故。

事件2：甲施工单位凭施工经验，未经安全验算就编制了高大模板工程专项施工方案，经项目经理签字后报总监理工程师审批的同时，就开始搭设高大模板，施工现场安全生产管理人员则由项目总工程师兼任。

事件3：甲施工单位为便于管理，将施工人员的集体宿舍安排在本工程尚未竣工验收的地下车库内。

2.问题

（1）根据《建设工程安全生产管理条例》，分析事件1中甲、乙施工单位和监理单位对基坑局部坍塌事故应承担的责任，说明理由。

（2）指出事件2中甲施工单位的做法有哪些不妥，写出正确做法。

（3）指出事件3中甲施工单位的做法是否妥当，说明理由。

3.分析

（1）事件1中：

①乙施工单位未按批准的施工方案施工是本次生产安全事故的主要责任方。

②按照总、分包的合同的规定，甲施工单位直接对建设单位承担分包工程的质量和安全责任，负责协调、监督、管理分包工程的施工。因此，甲施工单位应承担本次事故的连带责任。

③监理单位在现场对乙施工单位未按调整后的土方开挖方案施工的行为及时向甲施工单位签发工程暂停令，同时报告了建设单位，已履行了应尽的职责。按照《建设工程安全生产管理条例》和合同约定，对本次安全生产事故不承担责任。

（2）事件2中：

①高大模板工程施工属于危险性较大的工程，需要在施工组织设计中编制专项施工方案。因此，甲施工单位凭施工经验未经安全验算不妥，应经安全验算并附验算结果。

②专项施工方案应经甲施工单位技术负责人审查签字后报总监理工程师审批，仅经项目经理签字后即报总监理工程师审批不妥。

③按照《建设工程安全生产管理条例》的规定，六类危险性较大工程的专项施工方案编制后，需经5人以上专家论证后才可以实施。因此，高大模板工程施工方案未经专家论证、评审不妥，应由甲施工单位组织专家进行论证和评审。

④按照合同规定的管理程序，施工组织设计和专项施工方案应经总监理工程师签字后才可以实施，因此，甲施工单位在专项施工方案报批的同时开始搭设高大模板不妥。

⑤在施工单位项目部的组织中，应安排专职安全生产管理人员，因此，安全生产管理人员由项目总工程师兼任不妥。

（3）事件3中：

《建设工程安全生产管理条例》明确规定，不得在尚未竣工的建筑物内设置员工集体宿舍。因此，甲施工单位将施工人员的集体宿舍安排在尚未竣工验收的地下车库内不妥。

## 【案例6-2】钢结构焊接安全

### 1.背景

某工地一10 m×6.5 m的焊接车间内，一端作为材料存放场地，氧气瓶、乙炔瓶、二氧化碳气瓶整齐顺墙根摆放在一起；另一端两名工人正在进行电焊作业，另一名工人在门口吸烟。由于天气炎热，三人只穿了衬衫作业。

由于电焊机故障，焊机整体带电，正在施焊的两名工人触电，而开关箱中装设的漏电保护器失灵，吸烟的工人迅速打开总配电箱，发现未设置初级漏电保护器。于是切断总开关，导致整个工地停电。触电工人经抢救脱离危险，二人均造成重伤。经查，此三人中只有抽烟的工人有"特种作业操作证"。

### 2.问题

(1) 请简要分析本案例中焊接车间存在的安全隐患？

(2) 简述电焊机的安全控制要点？

(3) 气瓶的安全控制要点有哪些？

(4) 何为特种作业？建筑工程施工中哪些人员为特种作业人员？

(5) 对总配电箱和开关箱中漏电器的配置有何具体要求？

### 3.分析

(1) 本案例中焊接车间存在如下安全隐患：

①焊接作业人员无证上岗；

②焊接作业人员未穿戴防护服；

③氧气瓶、乙炔瓶、二氧化碳气瓶混放，气瓶间没有设置安全距离；

④焊接车间有人抽烟，存在明火隐患；

⑤气瓶存放地点与施焊作业地点距离太近，安全距离不符合要求。

(2) 电焊机的安全控制要点主要如下：

①电焊机安装完毕经验收合格后方可投入使用；

②露天使用的电焊机应设置在地势较高、平整的地方，并有防雨措施；

③电焊机的接零保护、漏电保护和二次侧空载降压保护等装置必须齐全有效；

④电焊机一次侧电源线应穿管保护，长度一般不应超过5 m，焊把线长度一般不应超过30 m且不应有接头，一、二次侧接线端柱外应有防护罩；

⑤电焊机施焊现场10 m范围内不得堆放易燃、易爆物品。

(3) 气瓶的安全控制要点主要如下：

①施工现场使用的气瓶应按标准色标涂色；

②施工现场应设置气瓶集中存放处，不同种类气瓶存放应有隔离措施，存放环境应符合安全要求，不能存放在住宿区和靠近油料、火源的地方；存放处应有安全警示标志，配备相应的灭火器材；

③气瓶的防振胶圈、防护帽等装置应齐全有效；

④氧气瓶、乙炔瓶在使用过程中瓶与瓶之间的距离应保持在6 m以上，气瓶与明火的距离应保持在10 m以上，当不能满足安全距离要求时，应有隔离防护措施；

⑤乙炔瓶不应平放。

（4）特种作业是指容易发生人员伤亡事故，对操作者本人、他人及周围设施的安全有重大危害的作业。建筑工程施工过程中特种作业人员有：电工、电焊工、气焊工、架子工、起重机司机、起重机械安装拆卸工、起重机索指挥工、施工电梯司机、龙门架及井架物料提升机操作工、场内机动车驾驶员等。

（5）在总配电箱（配电柜）中作为初级保护的漏电保护器，其额定漏电动作电流必须要大于30 mA，额定漏电动作时间也必须要大于0.1 s，但其额定漏电动作电流与额定漏电动作时间的乘积最高应限制在30 mA·s以内。

在开关箱中作为末级保护的漏电保护器，其额定漏电动作电流不应大于30 mA，额定漏电动作时间不应大于0.1 s；在潮湿、有腐蚀性介质的场所中，开关箱中的漏电保护器要选用防溅型的产品，其额定漏电动作电流不应大于15 mA，额定漏电动作时间不应大于0.1 s。

## 【案例6-3】　坍塌事故

1. 背景

××市某花园工程项目建设单位是该市某房地产经济开发公司，施工单位是该市某住宅公司，监理单位是广州某监理公司。

2002年9月12日，区建设局发现该项目未领取施工许可证就擅自动工，当即对该房地产开发公司发出了停工通知书，要求他们在15天内到区建设局办理有关施工手续，直至2002年12月上旬，建设单位才到区建设局补办施工报建手续。2003年1月3日，区建筑工程施工安全监督站在工地进行检查时，发现该工地存在严重施工安全隐患，当场发出整改通知，要求他们在7天内整改完毕，但施工单位没有严格按照规定进行整改，致使在整改期内发生事故。

该花园工程原是烂尾楼，由该房地产公司收购建设开发。6月工程动工复建，6月底该工程项目的现场施工员根据公司安排，通知黄某搭设脚手架时无设计施工方案，搭设完成后没有经过验收便投入使用。投入使用后，工程队在施工作业过程，擅自改动卸料平台架体每层2根横杆，对平台架体的稳定造成一定的影响。

12月底，为了赶工期，工地施工员根据公司安排，通知搭棚队负责人黄某在工程未完工的情况下，先行拆除B、C栋与平台架体相的外脚手架。2003年1月3日拆完外脚手架后，只剩下独立的平台架体。事故发生的前几天，工人张某在施工作业中，发现卸料平台架体不稳固，向工地施工队报告了此事，但施工员和搭棚队负责人及有关管理人员均未对平台架体进行认真安全检查和采取加固措施。

2003年1月7日13时，工程队带班黄某安排工人在B、C栋建筑进行施工作业。13时10分，平台架体失稳发生坍塌，造成平台作业人员2人当场死亡，4人重伤，4人轻伤。

2. 问题

发生这次事故的主要原因有哪些？事故责任如何划定？

3. 分析

（1）事故的主要原因。

①技术方面：缺少脚手架搭设方案是此次事故的技术原因。a.材料平台应单独进行设计计算，不允许与脚手架进行连接，必须把荷载直接传递给建筑结构。b.该工程脚手架搭设既无设计方案又无技术交底，黄某完全根据自己的经验和习惯，随意搭设脚手架，造成该工程脚手架缺少技术依据和论证。c.在搭设过程中，工程队还随意拆改卸料平台的结构架体，造成卸料平台整体受力结构改变，影响了稳定性。d.工序颠倒。施工单位在工程尚未完工的情况下，先行拆除了与平台架体相连的外脚手架，却没有对平台架体采取相应的加固措施。

②管理方面：安全生产责任制未落实是此次事故的直接管理原因。a.搭设卸料平台及外脚手架无设计方案，未验收便投入使用，没有对施工现场的工人进行安全技术交底。b.施工单位的管理人员安全意识差，未能认真履行职责，职责不明，未认真开展安全检查，施工单位明知存在事故隐患也没有及时纠正和采取防范措施，制度不健全，落实不到位。

（2）事故的结论。

根据事故有关材料，事故调查组认定这起事故是因违章指挥、违反施工安全操作规定造成的。

该工程施工单位市某住宅公司作为总承包单位，其主要负责人对施工队违反施工程序作业缺乏有效和有序管理，安全管理不到位，违反《中华人民共和国建筑法》《中华人民共和国安全生产法》等有关法律规定，对事故发生负领导管理责任。

市某房地产公司在没有领取建设施工许可证的情况下，组织人员擅自施工作业，强行施工，对施工场地的工作人员忽视安全教育。为赶工期，要求搭棚队违反程序施工，对事故发生负有重要的责任。

市某房地产公司工地代表、工地施工员，作为施工现场主要负责人，对现场施工组织和安全生产负有直接的责任。其对工人违章作业熟视无睹，在未完成的情况下，违章指挥，通知搭棚队先拆除了外脚手架；对施工队反映报告的重大隐患不重视，不采取措施进行加固，不认真开展安全检查和落实防范措施，对事故负有主要责任，应依法追究其刑事责任。

搭棚队负责人黄某，根据施工员通知安排，未完工就先拆除外脚手架，明知违反程序，明知存在危险也不采取措施进行加固，对其搭设的架体忽视安全管理，对事故发生负有重要责任。

市建设行政管理部门有关责任人审批手续把关不严，在没有安监站书面安监材料的情况下，违反规定发放施工许可证，是工作中的重大过失。

监理公司对施工现场存在的安全隐患督促整改力度不够，没有进一步加大力度要求施工企业进行整改，对此次事故负有不可推卸的责任。

## 【案例6-4】物体打击事故

1.背景

2002年1月20日下午，上海某建筑安装工程有限公司分包的某汽修车闸工程，钢结构屋架地面拼装基本结束。14时20分左右，专业吊装负责人曹某酒后来到车闸西北侧东西向并排停放的三榀长21m、高0.9m、自重约1.5t的钢屋架前，弯腰蹲在最南边的一榀屋架下查看拼装质量，当发现北边第三榀屋架略向北倾斜时，立即指挥两名工人用钢管放平并加固。由于两名工人用力不均，使得那榀屋架反过来向南倾倒，导致三榀屋架一起向南倒下。当时，曹某还蹲在构件下，没来得及反应，整个身子就被压在了构件下，待现场人员翻开三榀屋架，发现曹某已经死亡。

2.问题

分析事故发生的主要原因并对事故责任进行划定。

3.分析

（1）事故发生的主要原因。

①直接原因：屋架固定不符合要求，南边只用三根4.5 cm短钢管作为支撑支在松软的地面上，而且三榀屋架并排放在一起；曹某指挥站立位置不当；工人撬动时用力不均，导致屋架倾倒。

②事故发生的间接原因。

a.死者曹某酒后指挥，为事故发生埋下了极大隐患。

b.土建施工单位工程项目部在未完备吊装分包合同的情况下，盲目同意吊装队进场施工，违反施工程序。

c.施工前无书面安全技术交底，违反操作程序。

d.施工现场场地未经硬化处理，给构件固定支撑带来松动余地。

e.没有切实有效的安全防范措施。

f.施工人员自我安全意识差。

（2）事故责任。

①公司法人严某，对项目部安全生产工作管理不严，对本次事故负有领导责任。

②现场项目经理朱某，在未完备吊装分包合同情况下，盲目同意吊装队进场施工，对专业分包单位安全技术、操作规程交底不够，对本次事故负有主要责任。

③项目部安全员虞某、技术员李某、施工员叶某，对分包队伍安全检查、监督、安全技术措施的落实等工作管理力度不够，对本次事故均负有一定的责任。

④吊装单位负责人曹某酒后指挥，对本次事故负有重要责任。

## 【案例6-5】机械伤害事故

1.背景

郑州市某工程，建筑面积32000 m²，高33层，框架剪力墙结构。该工程由中建某局一分公司总承包，工程监理单位为河南某工程建设监理公司，土建工程施工由南通市某建筑公司分包，施工机械由南通市某建筑公司负责提供，垂直运输采用了人货两用的外用电梯。2002年6月工程主体进行到第24层，6月28日电梯司机人员在下午上班后，见电梯无人使用便擅自离岗回宿舍睡觉，但电梯没有拉闸上锁。此时有几名工人需乘电梯，因找不到司机，其中一名机械工便私自操作，吊笼运行至24层后发生冒顶，从66 m高处出轨坠落，造成5人死亡，2人受伤的重大事故。

2.问题

分析事故发生的主要原因并对事故责任进行划定。

3.分析

(1)事故原因分析。

①技术方面。

a.未能及时接高电梯导轨架，事故发生时建筑物最高层作业面为72.5 m，而施工升降机导轨架安装高度为75 m，此高度不能满足吊笼运行的安全距离要求，当施工最上层时吊笼容易发生冒顶事故。

b.未按规定正确安装装置。按《施工升降机安全规则》（GB 10055—2007）的规定，升降机应安装上、下极限开关，当吊笼向上运行超过越层的安全距离时，极限开关动作切断提升电源，使吊笼停止运行，吊笼应设置安全钩，防止吊笼脱离导轨架。

②管理方面。

a.分包单位南通市某建筑公司管理混乱。在电梯安装前不制订方案，电梯安装后不经验收确认，在安装不合格及安全装置无效的情况下冒险使用。

b.对作业人员缺乏严格管理。该公司对电梯司机没有严格要求管理制度，致使工作时间内司机擅自离岗且不锁好配电箱，导致他人随意动用，公司对其他工种人员缺少安全培训教育和严格的约束制度，致使无证人员擅自操作电梯。由于存在诸多不安全隐患的施工电梯由无证人员随意操作，当吊笼发生意外时安全装置又失去作用，从而导致事故发生。

c.总包单位和监理单位工作失职。《建设工程安全生产管理条例》明确规定，建设工程项目实行总承包的，由总承包单位对施工现场的安全生产负责，工程监理应按照规范，监督安全技术措施的实施。该工程电梯安装前没有编制实施方案，自5月8日安装至6月28日发生事故前的50天中无人检查、无人过问，致使电梯安装存在诸多重大隐患，未能起到避免意外事故和减少事故损失的作用。

(2)主要责任。

南通市某建筑公司的项目负责人对施工升降机的安装、使用管理违反规定，严重失职，应负违章指挥责任。该施工公司主要负责人对基层管理如此混乱和失控，应负全面管理责任。

## 【案例6-6】触电安全事故

1.背景

赣州市某商住楼位于市滨江大道东段，建筑面积147000 m²，8层框架结构，基础采用人工挖孔桩共106根。该工程的土方开挖、安放孔桩钢筋笼及浇筑混凝土工程，由某建筑公司以包工不包料的形式转包给何某个人之后，何某又转包给民工温某施工。在该工地的上部距地面7 m左右处，有一条10 kV架空线路经东西方向穿过。2000年5月17日开始进行土方回填，至5月底完成土方回填时，架空线路距离地面净空5.6 m，其间施工单位曾多次要求建设单位尽快迁移，但始终未得到解决，而施工单位就一直违章在高压架空线下方不采取任何措施冒险作业。2000年8月3日承包人温某正指挥12工人将6 m长的钢筋笼放入桩孔时，由于顶部钢筋距高压线过近而产生电弧，11名工人被击倒在地，造成3人死亡、3人受伤的重大事故。

2.问题

分析事故发生的主要原因并对事故责任进行划定。

3.分析

(1)事故发生的主要原因。

①技术方面。

由于高压线路的周围空间存在强电场,导致附近的导体成为带电体,因此电气规范规定禁止在高压架空线路下方作业,在一侧作业时应保持一定的安全距离,防止发生触电事故。该施工现场的桩孔钢筋笼长6 m,上面高压线路距地面仅剩5.6 m,施工现场无任何防护措施,又不能保证安全距离,必然发生触电事故。

②管理方面。

a.建筑市场管理失控,私自转包,无资质承包,从而造成管理混乱、违章指挥,导致事故发生。

b.建设单位不重视施工环境的安全条件,高压架空线路下方不允许施工,然而建设单位未尽到办理线路迁移的职责,从而发生触电事故。

(2)事故责任。

①个人承包人是现场违章指挥造成事故的直接责任者。

②建设单位和某建筑公司违反《中华人民共和国建筑法》的规定,不按程序发包和将工程发包给无资质的个人,造成现场管理混乱。建筑公司不加强管理,建设单位不认真解决事故隐患都是这次事故发生的主要原因,建设单位负责人和某建筑公司法人代表应负责任。

## 课后练习

一、判断题(在括号内正确的打"√",错误的打"×")

1.房屋拆除的顺序一般是先拆除最主要受力构件,最后拆除最次要的受力构件。(    )

2.建筑拆除工程必须编制专项施工组织设计并经审批备案后方可施工。(    )

3.当基坑深度超过2 m时,坑边应按照高处作业的要求设置临边防护,作业人员上下应有专用梯道。(    )

4.天然冻结的速度和深度能确保施工挖方的安全,在干燥的砂土中可严禁采用冻结法施工。(    )

5.钢管扣件式脚手架中的直角扣件和回转扣件不允许沿轴心方向承受拉力。(    )

6.脚手架架体外侧必须要用密目式安全网封闭,网体与操作层之间以及网体之间均不应有大于25 mm的缝隙。(    )

7.在脚手架上,堆放普通砖不得超过2层。(    )

8.各种模板的支架宜与脚手架进行连接,增强支架的稳定性。(    )

9.满堂模板立杆除必须在四周及中间设置纵、横双向水平支撑外,当立杆高度超过4 m时,尚应每隔3步设置一道水平剪刀撑。(    )

10.当少数立柱长度不足时,可采用相同材料加固接长,或采用垫砖增高的方法。

（　　）

11.钢筋焊接时应利用金属管道、金属脚手架、轨道及结构钢筋做好回路地线。

（　　）

12.多人合运钢筋，起、落、转、停动作要一致，人工上下传送不得在同一直线。

（　　）

13.搅拌机必须安置在坚实的地方用支架或支脚筒架稳，不得用轮胎代替支撑。

（　　）

14.向混凝土搅拌机的搅拌筒内加料应在运转中进行；不得中途停机或在满载时启动搅拌机。（　　）

15.对钢零件及钢部件加工，用撬棍拨正物体时，必须手压撬杠或骑在撬杠上，或将撬杠放在肋下更省力方便（　　）。

16.凡在坠落高度基准面2 m及以上有可能坠落的高处进行作业均称为高处作业。

（　　）

17.高处作业的级别分为四级，其中一级比二级的作业高度划分范围要大。（　　）

18.某阳台工作面的边沿设有高度500 mm的围护设施，该工作面作业称为临边作业。

（　　）

19.某边长为120 cm的楼板面洞口安全防护要求为：四周设防护栏杆，洞口下可不设安全平网。（　　）

20.当施工现场与外电线路共用同一供电系统时，电气设备的接地、接零保护宜一部分设备做保护接零，另一部分设备做保护接地。（　　）

21.施工现场应设配电柜或总配电箱，分配电箱、开关箱实行三级配电。（　　）

22.用同一个开关箱直接控制2台及2台以上用电设备（含插座）时，开关箱中必须装设隔离开关、短路保护器或熔断器以及漏电保护器。（　　）

23.施工用电线路的五芯电缆必须包含淡蓝、绿/黄两种颜色的绝缘芯线。淡蓝色芯线必须用作N线；绿/黄双色芯线必须用作PE线。（　　）

24.施工塔机必须做单独的基础，高架提升机可安装在硬化的地面上不做基础。

（　　）

25.物料提升机的缆风绳与地面的夹角不大于60°，其下端应拴在树木、电杆或堆放构件等物件上。（　　）

**二、选择题（选择一个正确答案）**

1.下列拆除方法中不符合高处拆除安全技术措施的是（　　）。

A.按建筑物建设时相反的顺序进行

B.先拆高处，后拆低处

C.先拆非承重构件，后拆承重构件

D.采取数层同时拆除以提高效率

2.人工挖基坑时，操作人员之间要保持一定的安全距离，一般要大于（　　）m。

A.1　　　　　　　　B.1.5　　　　　　　　C.2　　　　　　　　D.2.5

3.下列防治边坡塌方的措施中不妥的是（　　）。

A.采用设置挡土支撑方法

B.地表面水流入坑槽内和渗入土坡体

C.严格控制坡顶护道内的静荷载或较大的动荷载

D.按规定的允许坡度适当放平缓些

4.双排扣件式钢管脚手架高度超过（　　　）m时，应设置横向斜撑。

A.15　　　　　　　　B.18　　　　　　　　C.20　　　　　　　　D.24

5.下列对各类脚手架搭设高度限值描述不正确的是（　　　）。

A.钢管脚手架中扣件式单排架不宜超过24 m，扣件式双排架不宜超过50 m

B.门式架不宜超过60 m

C.木脚手架中单排架不宜超过20 m，双排架不宜超过30 m

D.竹脚手架中单排架不宜超过25 m，双排架不宜超过35 m

6.下列关于脚手架拆除的描述中不妥当的是（　　　）。

A.应由上而下，先搭的后拆、后搭的先拆

B.先拆小横杆、大横杆、立杆，再拆栏杆、脚手架、剪刀撑、斜撑

C.要一步一清

D.上下不能同时拆除

7.下列关于模板使用时的安全措施描述中不妥当的是（　　　）。

A.不得在底模上用手推车或人力运输混凝土

B.上下通行时攀登模板或脚手架应穿胶底鞋

C.各工种进行上下立体交叉作业时，不得在同一垂直方向上操作

D.遇六级以上大风天气时，应暂停室外的高处作业

8.水平吊运整体模板时，吊点数不应少于（　　　）个。

A.2　　　　　　　　B.3　　　　　　　　C.4　　　　　　　　D.5

9.下列关于钢筋加工机械操作，不符合安全操作规定的是（　　　）。

A.使用冷拉机冷拉钢筋时，站在冷拉线两端操作

B.使用切断机切短钢筋时，用套管或钳子夹料，不得用手直接送料。

C.使用调直机调直钢筋时，机器运转中不得调整滚筒，严禁戴手套操作

D.使用弯曲机弯曲长钢筋时，站在钢筋弯曲方向的外面

10.混凝土工程施工时，下列做法中符合安全操作规定的是（　　　）。

A.搅拌机运转过程中，将工具伸入拌和筒内扒料、出料

B.用塔吊运送混凝土时，小车必须焊有牢固的吊环，吊点不得少于4个并保持车身平衡

C.浇筑框架梁柱、雨篷、阳台的混凝土时，站在模板或支撑上操作应有安全防护措施

D.振捣器放在初凝的混凝土、地板、脚手架、道路和干硬的地面上进行试振

11.钢结构工程施工时，下列做法中不符合安全操作规定的是（　　　）。

A.多台电焊机器共用开关，拉合闸时应戴手套正向操作

B.起重机工作时，起重臂杆旋转半径范围内，严禁站人

C.吊装构件就位后临时固定前，不得松钩、解开吊装索具

D.起重机停止工作时，应刹住回转和行走机构，关闭和锁好司机室门，吊钩上不悬挂构件

12.高处作业的级别分为四级，在15～30 m时为（　　）级。

A.1　　　　　　　　B.2　　　　　　　　C.3　　　　　　　　D.特

13.外电线路电压等级为8 kV时，在建工程（含脚手架）的周边与外电架空线路的边线之间的最小安全操作距离为（　　）m。

A.4　　　　　　　　B.6　　　　　　　　C.8　　　　　　　　D.10

14.动力、照明线在同一横担上架设时，导线相序排序是：面向负荷从左侧起依次为（　　）。

A.$L_1$、N、$L_2$、$L_3$、PE　　　　　　　　B.$L_1$、$L_2$、$L_3$、N、PE

C.$L_1$、PE、$L_2$、$L_3$、N　　　　　　　　D.N、PE、$L_1$、$L_2$、$L_3$

15.《工程建设标准强制性条文》（房屋建筑施工安全部分）规定：在特别潮湿的场所、导电良好的地面、锅炉或金属容器内工作的照明电源电压不得大于（　　）V。

A.12　　　　　　　　B.24　　　　　　　　C.36　　　　　　　　D.48

# 项目七  安全文明施工

【素质目标】

(1) 具有良好的沟通交流能力、团队合作精神和创新意识。

(2) 具有爱护环境、尊重自然、保护环境的生态意识。

(3) 具有规范操作意识，精益求精、一丝不苟的工匠精神，以及爱岗敬业的责任意识。

(4) 具有法律意识。

【知识目标】

(1) 了解施工现场总平面布局的一般规定、临时设施搭设的安全要求。

(2) 熟悉建筑施工临时用房防火、在建工程防火的一般规定。

(3) 掌握灭火器、临时消防给水系统、应急照明等消防设施的布置要求。

(4) 熟悉施工现场可燃物及易燃易爆危险品管理和用火、用电、用气管理的规定。

【能力目标】

(1) 具有编制施工现场、场容场貌与料具堆放方案的能力。

(2) 能够根据安全文明施工要求，制定对场容场貌及料具堆放的布置方案。

(3) 具有参与编制施工现场消防专项施工方案的能力，在参加施工现场消防安全检查时提出合理的评价。

【案例引入】

1.背景

上海某超高层建筑由于工期紧张，外幕墙与室内精装修进行搭接施工，采用四台SCD20/200 G型高速施工电梯完成人员及材料的运输。电梯安装位置与各楼层过桥通道连接，并设置相应的安全防护措施。幕墙甩口，等电梯拆除后实行封闭。

装饰装修由某装饰装修公司分包，由于该工程工期影响巨大，必须按合同工期完工。该装饰公司临时紧急调集一批装饰普工增援油漆作业。由该项目原油漆班组每人带一名普工组成一个小组，施工现场一边操作一边简单培训后开始正式单独进行油漆装饰施工。尽管作业强度大、工作时间长，但所有的工人均未出现身体不适。该装饰公司将原定进行身体检查的费用直接发放给施工人员后，将该批装饰普工退回原工作班组。

2.问题

(1) 施工电梯与各楼层过桥通道安全防护措施主要应如何设置？

(2) 指出本案例中职业卫生与防护管理方面的不妥之处，并简述正确做法。

(3) 对于施工产生的固体废弃物，施工单位应如何处理？

3.分析

(1) 施工电梯与各楼层过桥通道的安全防护措施主要有：

①应在两侧设置防护栏杆、挡脚板，并用安全立网封闭；

②每层的进出口处尚应设置常闭型的防护门。

（2）存在下列不妥之处：

①不妥之处一：普工直接上岗进行油漆作业。

②不妥之处二：普工在施工现场一边操作一边简单培训。

③不妥之处三：普工油漆作业全过程均未进行职业健康检查。

④不妥之处四：将原定用于身体检查的费用直接发放给施工人员。

正确做法如下：

①不妥之处一的正确做法：应书面告知劳动者工作场所或工作岗位所产生或者可能产生的职业病危害因素、危害后果和应采取的职业病防护措施。

②不妥之处二的正确做法：应对劳动者进行上岗前的职业卫生培训和在岗期间的定期职业卫生培训。

③不妥之处三的正确做法：对从事接触职业病危害作业的劳动者，应当组织在上岗前、在岗期和离岗时的职业健康检查。

④不妥之处四的正确做法：用于预防和治理职业病危害、工作场所卫生检测、健康监护和职业卫生培训等的费用，按照国家有关规定，应在生产成本中据实列支，专款专用。

（3）对于施工现场产生的固体废弃物，施工单位应按如下方式进行处理：

①施工现场产生的固体废弃物应在所在地县级以上地方人民政府环卫部门申报登记，分类存放；

②建筑垃圾和生活垃圾应与所在地垃圾消纳中心签署环保协议，及时清运处置；

③有毒有害废弃物应运送到专门的有毒有害废弃物中心消纳。

安全文明施工是指在建设工程施工过程中以一定的组织机构为依托，建立安全文明施工管理系统，采取相应措施，保持施工现场良好的作业环境、卫生环境和工作秩序，避免对作业人员身心健康及周围环境产生不良影响的活动过程。为了规范建设工程施工现场的文明施工，改善作业人员的工作环境和生活条件，防止和减少安全事故的发生，防治施工过程对环境造成的污染和各类疾病，保障建设工程的顺利进行，现行法律法规要求建筑施工企业必须建立健全文明施工管理及监督检查制度，切实抓好安全文明施工的各项工作。

# 任务1 安全文明施工总体要求

（1）施工现场要进行封闭式管理，四周设置围挡。围挡、安全门应经过设计计算，必须满足强度、刚度、稳定性要求。设置门卫室，对施工人员实行胸卡式管理，外来人员登记进入。

（2）施工现场大门处、道路、作业区、办公室、生活区地面要硬化处理，道路要通畅并能满足运输与消防要求。各区域地面要设排水和集水井，不允许有跑、冒、滴、漏与大面积积水现象。

（3）施工区与生活区、办公区要使用围挡进行隔离，出入口设置制式门和标志。

（4）现场大门处设置车辆清污设施，驶出现场的车辆必须进行清污处理。

（5）施工现场在明显处设置六牌两图与两栏一报。在施工现场入口处及危险部位，应根据危险部位的性质设置相应的安全警示标志。

（6）建筑材料、构件、料具、机械、设备，要按施工现场总平面布置图的要求设置，材料要分类码放整齐，明显部位设置材料标志牌。

（7）按环保要求设置卷扬机、搅拌机、散装水泥罐的防护棚，防护棚要具备防噪声、防扬尘功能。

（8）施工现场要设置集中垃圾场，办公区、生活区要设置封闭式生活垃圾箱。建筑垃圾与生活垃圾要分类堆放、及时清运，建筑垃圾要覆盖处理，生活垃圾要封闭处理。

（9）季节性施工现场绿化：场地较大时要栽种花草，场地较小时要摆设花篮、花盆，绿化、美化施工环境。教育职工爱护花草树木，给职工创造一个环境优美、整洁、卫生、轻松的生活、工作环境。

（10）严禁在施工现场熔融沥青、焚烧垃圾。

# 任务2　施工现场场容管理

## 一、现场场容管理

### 1.施工现场的平面布置与划分

施工现场的平面布置图是施工组织设计的重要组成部分，必须科学合理地规划、绘制出施工现场平面布置图，在施工实施阶段按照总平面图要求，设置道路、组织排水、搭建临时设施、堆放物料和设置机械设备等。

施工现场按照功能可划分为施工作业区、辅助作业区、材料堆放区和办公生活区。施工现场的办公生活区应当与作业区分开设置，并保持安全距离。办公生活区应当设于在建建筑坠落半径以外，与作业区之间设置防护措施，进行明显的划分隔离，以免人员误入危险区域；办公生活区如果设置在建筑物坠落半径之内，必须采取可靠的防砸措施。功能区的规划设置还应考虑交通、水电、消防和卫生、环保等因素。

### 2.场容场貌

1）施工场地

（1）施工现场的场地应当整平，无坑洼和凹凸不平，雨季不积水，旱季应适当绿化。

（2）施工现场应具有良好的排水系统，设置排水沟及沉淀池，不应有跑、冒、滴漏等现象，现场废水不得直接排入市政污水管网和河流。

（3）现场存放的油料、化学溶剂等应设有专门的库房，地面应进行防漏处理。

（4）地面应当经常洒水，对粉尘源进行覆盖遮挡。

（5）施工现场应设置密闭式垃圾站，建筑垃圾、生活垃圾应分类存放，并及时清运出场。

（6）建筑物内外的零散碎料和垃圾渣土应及时清理。

（7）楼梯踏步、休息平台、阳台等处不得堆放料具和杂物。

（8）建筑物内施工垃圾的清运必须采用相应容器或管道运输，严禁凌空抛掷。

（9）施工现场严禁焚烧各类垃圾及有毒物质。

（10）禁止将有毒、有害废弃物作土方回填。

（11）施工机械应按照施工总平面图规定的位置和线路布置，不得侵占场内外道路，保持车容机貌整洁，及时清理油污和施工造成的污染。

（12）施工现场应设吸烟处，严禁在现场随意吸烟。

2）道路

（1）施工现场的道路应畅通，应当有循环干道，满足运输、消防要求。

（2）主干道应当平整坚实，且有排水措施，硬化材料可以采用混凝土、预制块或用石屑、焦渣、砂土等压实整平，保证不沉陷，不扬尘，防止将泥土带入市政道路。

（3）道路应当中间起拱，两侧设排水设施，主干道宽度不宜小于 3.5 m，载重汽车转弯半径不宜小于 15 m，如因条件限制，应当采取措施。

（4）道路的布置要与现场的材料、构件、仓库等料场、吊车位置相协调配合。

（5）施工现场主要道路应尽可能利用永久性道路，或先建好永久性道路的路基，在土建工程结束之前再铺路面。

3）现场围挡

（1）施工现场必须设置封闭围挡，围挡高度不得低于 1.8 m，其中地级市区主要路段和市容景观道路及机场、码头、车站广场的工地围挡的高度不得低于 2.5 m。

（2）围挡须沿施工现场四周连续设置，不得留有缺口，做到坚固、平直、整洁、美观。

（3）围挡应采用砌体、金属板材等硬质材料，禁止使用彩带布、竹笆、石棉瓦、安全网等易变形材料。

（4）围挡应根据施工场地地质、周围环境、气象、材料等进行设计，确保围挡的稳定性、安全性。围挡禁止用于挡土、承重，禁止依靠围挡堆放物料、器具等。

（5）砌筑围墙厚度不得小于 180 mm，应砌筑基础大放脚和墙柱，基础大放脚埋地深度不小于 500 mm（在混凝土或沥青路上有坚实基础的除外），墙柱间距不大于 4 m，墙顶应做压顶。墙面应采用砂浆抹面、涂料刷白。

（6）板材围挡底里侧应砌筑 300 mm 高、不小于 180 mm 厚砖墙护脚，外立压型钢板或镀锌钢板通过钢立柱与地面可靠固定，并刷上与周围环境协调的油漆和图案。围挡应横不留隙、竖不留缝，底部用直角扣牢。

（7）施工现场设置的防护杆应牢固、整齐、美观，并应涂上红白或黄黑相间的警戒油漆。

（8）雨后、大风后以及春融季节应当检查围挡的稳定性，发现问题及时处理。

4）封闭管理

（1）施工现场应有一个以上的固定出入口，出入口应设置大门，门高度不得低于 2 m。

（2）大门应庄重美观，门扇应做成密闭不透式，主门口应立门柱，门头设置企业标志。

（3）大门处应设门卫室，实行人员出入登记和门卫人员交接班制度，禁止无关人员进入施工现场。

（4）施工现场人员均应佩戴证明其身份的证卡，管理人员和施工作业人员应戴（穿）以颜色区分的安全帽（工作服）。

5）临建设施

施工现场的临时设施较多，这里主要指施工期间临时搭建、租赁的各种房屋临时设施。临时设施必须合理选址、正确用材，确保使用功能和满足安全、卫生、环保、消防要求。临时设施的种类主要有办公设施、生活设施、生产设施、辅助设施，包括道路、现场排水设施、围墙、大门、供水处、吸烟处。临时房屋的结构类型可采用活动式临时房屋，如钢骨架活动房屋、彩钢板房；固定式临时房屋，主要为砖木结构、砖石结构和砖混结构。

（1）临时设施的选址。

办公生活临时设施的选址首先应考虑与作业区相隔离，保持安全距离，其次位置的周边环境必须具有安全性，例如不得设置在高压线下，也不得设置在沟边、崖边、河流边、强风口处、高墙下以及滑坡、泥石流等灾害地质带上和山洪可能冲击到的区域。

安全距离是指在施工坠落半径和高压线放电距离之外。建筑物高度$2\sim5\,m$，坠落半径为$2\,m$；高度$30\,m$，坠落半径为$5\,m$（如因条件限制，办公和生活区设置在坠落半径区域内，必须有防护措施）。$1\,kV$以下裸露的输电线，安全距离为$4\,m$；$330\sim550\,kV$，安全距离为$15\,m$（最外线的投影距离）。

（2）临时设施的布置方式。

① 生活性临时房屋布置在工地现场以外，生产性临时设施按照生产的需要在工地选择适当的位置，行政管理的办公室等应靠近工地或是工地现场出入口。

② 生活性临时房屋设在工地现场以内时，一般布置在现场的四周或集中于一侧。

③ 生产性临时房屋，如混凝土搅拌站、钢筋加工厂、木材加工厂等，应全面分析比较确定位置。

（3）临时设施搭设的一般要求。

① 施工现场的办公区、生活区和施工区须分开设置，并采取有效隔离防护措施，保持安全距离；办公区、生活区的选址应符合安全性要求。禁止在尚未竣工的建筑物内办公或设置员工宿舍。

② 施工现场临时用房应进行必要的结构计算，符合安全使用要求，所用材料应满足卫生、环保和消防要求。宜采用轻钢结构拼装活动板房，或使用砌体材料砌筑，搭建层数不得超过二层。严禁使用竹棚、油毡、石棉瓦等柔性材料搭建。装配式活动房屋应具有产品合格证，应符合国家和本省、自治区、直辖市的相关规定。

③ 临时用房应具备良好的防潮、防台风、通风、采光、保温、隔热等性能。室内净高不得低于$2.6\,m$，墙壁应用砂浆抹面刷白，顶棚应抹灰刷白或吊顶，办公室、宿舍、食堂等窗地面积比不应小于$1:8$，厕所、淋浴间窗地面积比不应小于$1:10$。

④ 临建设施内应按《施工现场临时用电安全技术规范》（JGJ 46—2005）的要求架设用电线路，配线必须采用绝缘导线或电缆，应根据配线类型采用瓷瓶、瓷夹、嵌绝缘槽、穿管或钢索敷设，过墙处应穿管保护，非埋地明敷主干线距地面高度不得小于$2.5\,m$，低

于 2.5 m 的必须采取穿管保护措施，室内配线必须有漏电保护、短路保护和过载保护，用电应达到"三级配电两级保护"，未使用安全电压的灯具距地高度应不低于 2.4 m。

⑤ 生活区和施工区应设置饮水桶，供应符合卫生要求的饮用水，饮水器具应定期消毒。饮水桶应加盖、上锁、有标志，并由专人负责管理。

## 二、临时设施的搭设与使用管理

### 1.办公室

办公室应建立卫生值日制度，保持卫生整洁、明亮美观，文件、图纸、用品、图表摆放整齐。

### 2.职工宿舍

（1）不得在尚未竣工建筑物内设置员工集体宿舍。

（2）宿舍应当选择在通风、干燥的位置，防止雨水、污水流入。

（3）宿舍在炎热季节应有防暑降温和防蚊虫叮咬措施，设有盖垃圾桶，保持卫生清洁。房屋周围道路平整，排水沟涵畅通。

（4）宿舍必须设置可开启式窗户，设置外开门。

（5）宿舍内必须保证有必要的生活空间，室内净高不得小于 2.4 m，通道宽度不得小于 0.9 m，每间宿舍居住人员不应超过 16 人。

（6）宿舍内的单人铺不得超过 2 层，严禁使用通铺，床铺应高于地面 0.3 m，人均床铺尺寸不得小于 1.9 m×0.9 m，床铺间距不得小于 0.3 m。

（7）宿舍内应设置生活用品专柜，有条件的宿舍宜设置生活用品储藏室；宿舍内严禁存放施工材料、施工机具和其他杂物。

（8）宿舍周围应当搞好环境卫生，应设置垃圾桶、鞋柜或鞋架，生活区内应为作业人员提供晒衣物的场地，房屋外应道路平整，晚间有充足的照明。

（9）寒冷地区冬季宿舍应有保暖措施、防煤气中毒措施，火炉应当统一设置、管理。

（10）应当制订宿舍管理使用责任制，轮流负责卫生和使用管理或安排专人管理。

（11）宿舍区内严禁私拉乱接电线，严禁使用电炉、电饭煲、热得快等大功率设备和使用明火。

### 3.食堂

（1）食堂应当选择在通风、干燥的位置，防止雨水、污水流入，应当保持环境卫生，远离厕所、垃圾站、有毒有害场所等污染源的地方，装修材料必须符合环保、消防要求。

（2）食堂应设置独立的制作间、储藏间。

（3）食堂应配备必要的排风设施和冷藏设施，安装纱门、纱窗，室内不得有蚊蝇，门下方应设不低于 0.2 m 的防鼠挡板。

（4）食堂的燃气罐应单独设置存放间，存放间应通风良好并严禁存放其他物品。

（5）食堂制作间灶台及其周边应贴瓷砖，瓷砖的高度不宜小于 1.5 m。地面应做硬化和防滑处理，按规定设置污水排放设施。

（6）食堂制作间的刀、盆、案板等饮具必须生熟分开，食品必须有遮盖，遮盖物品应有正反面标识，饮具宜放在封闭的橱柜内。

（7）食堂内应有存放各种作料和副食的密闭器皿，并应有标识，粮食存放台阶距墙和地面应大于0.2 m。

（8）食堂外应设置密闭式潜水桶，并应及时清运，保持清洁。

（9）应当制订并在食堂张挂食堂卫生责任制，责任落实到人，加强管理。

4.厕所

（1）厕所大小应根据施工现场作业人员的数量设置。

（2）高层建筑施工8层以后，每隔四层宜设置临时厕所。

（3）施工现场应设置水冲式或移动式厕所，厕所地面应硬化，门窗齐全。蹲坑间宜设置隔板，隔板高度不宜低于0.9 m。

（4）厕所应设置三级化粪池，化粪池必须进行抗渗处理，污水通过化粪池后方可接入市政污水管线。

（5）厕所应设置洗手盆，厕所的进出口处应设有明显标志。

（6）厕所卫生应有专人负责清扫、消毒，化粪池应及时清掏。

5.淋浴间

（1）施工现场应设置男女淋浴间与更衣间，淋浴间地面应做防滑处理，淋浴喷头数量应按不少于住宿人员数量的5%设置，排水、通风良好，寒冷季节应供应热水。更衣间应与淋浴间隔离，设置挂衣架、橱柜等。

（2）淋浴间照明器具应采用防水灯头、防水开关，并设置漏电保护装置。

（3）淋浴室应专人管理，经常清理，保持清洁。

6.料具管理

料具是材料和周转材料的统称。材料的种类繁多，按其堆放的方式分为露天堆放、库棚存放，露天堆放的材料又分为散料、袋装料和块料；库棚存放的材料又分为单一材料库和混用库。施工现场料具存放的规范化、标准化，是促进场容场貌的科学管理和现场文明施工的一个重要方面。

料具管理应符合下列要求。

（1）施工现场外临时存放施工材料，必须经有关部门批准，并应按规定办理临时占地手续。

（2）建设工程现场施工材料（包括料具和构配件）必须严格按照平面图确定的场地码放，并设立标志牌。材料码放整齐，不得妨碍交通和影响市容，堆放散料时应设置围挡，围挡高度不得低于0.5 m。

（3）施工现场各种料具应分规格码放整齐、稳固，做到一头齐、一条线。砖应成丁、成行码放，高度不得超过1.5 m；砌块码放高度不得超过1.8 m；砂、石和其他散料应成堆，界限清楚，不得混杂。

（4）预制圆孔板、大楼板、外墙板等大型构件和大模板存放时，场地应平整夯实，有排水措施，并设1.2 m高的围栏进行防护。

（5）施工大模板需要搭插放架时，插放架的两个侧面必须做剪刀撑。清扫模板或刷隔离剂时，必须将模板支撑牢固，两模板之间有不少于60 cm的走道。

（6）施工现场的材料保管，应依据材料性能采取必要的防雨、防潮、防晒、防冻、防火、防爆、防损坏等措施。贵重物品、易燃、易爆和有毒物品应及时入库，专库专管，加设明显标志，并建立严格的领退料手续。

（7）施工中使用的易燃易爆材料，严禁在结构内部存放，并严格以当日的需求量发放。

（8）施工现场应有用料计划，按计划进料，使材料不积压，减少退料。同时做到钢材、木材等料具合理使用，长料不短用，优材不劣用。

（9）材料进、出现场应有查验制度和必要手续。现场用料应实行限额领料，领退料手续齐全。

（10）施工现场剩余料具包括容器应及时回收、堆放整齐并及时清退。水泥库内外散落灰必须及时清用，水泥袋认真打包、回收。

（11）砖、砂、石和其他散料应随用随清，不留料底。工人操作应做到活完料净脚下清。

（12）搅拌机四周、拌料处及施工现场内无废弃砂浆和混凝土。运输道路和操作面落地料及时清运。砂浆、混凝土倒运时，应用容器或铺垫板。浇筑混凝土时，应采取防撒落措施。

（13）施工现场应设垃圾站，及时集中分拣、回收、利用、清运。垃圾清运出现场必须到批准的消纳场地倾倒，严禁乱倒乱卸。

# 任务3　施工现场消防安全管理

## 一、消防安全要求

1.基本要求

（1）临时用房、临时设施的布置应满足现场防火、灭火及人员安全疏散的要求。

（2）下列临时用房和临时设施应纳入施工现场总平面布局。

① 施工现场的出入口、围墙、围挡。

② 场内临时道路。

③ 给水管网或管路和配电线路敷设或架设的走向、高度。

④ 施工现场办公用房、宿舍、发电机房、变配电房、可燃材料库房、易燃易爆危险品库房、可燃材料堆放及其加工场、固定动火作业场等。

⑤ 临时消防车道、消防救援场地和消防水源。

（3）施工现场出入口的设置应满足消防车通行的要求，并宜布置在不同方向，其数量不宜少于2个，当确有困难只能设置1个出入口时，应在施工现场内设置满足消防车通行的环形道路。

（4）施工现场临时办公、生活、生产、物料存储等功能区宜相对独立布置，防火间距应符合规范规定。

（5）固定动火作业场应布置在可燃材料堆场及其加工场、易燃易爆危险物品库房等全年最小频率风向的上风侧。

（6）易燃易爆危险品库房应远离明火作业区、人员密集区和建筑物相对集中区。

（7）可燃材料堆场及其加工场、易燃易爆危险品库房不应布置在架空电力线下。

2.防火间距

（1）易燃易爆危险品库房与在建工程的防火间距不应小于15 m，可燃材料堆场及其加工场、固定动火作业场与在建工程的防火间距不应小于10 m，其他临时用房、临时设施与在建工程的防火间距不应小于6 m。

（2）施工现场主要临时用房、临时设施的防火间距不应小于表7-1的规定，当办公用房、宿舍成组布置时，其防火间距可适当减小，但应符合下列规定：

① 每组临时用房的栋数不应超过10栋，组与组之间的防火间距不应小于8 m；

② 组内临时用房之间的防火间距不应小于3.5 m，当建筑构件燃烧性能等级为A级时，其防火间距可减少到3 m。

表7-1　施工现场主要临时用房、临时设施的防火间距

| 名称 | 防火间距/m | | | | | | |
|---|---|---|---|---|---|---|---|
| | 办公用房与宿舍 | 发电机房与变配电房 | 可燃烧库房 | 厨房操作间与锅炉房 | 可燃烧材料堆场及其加工场 | 固定动火作业场 | 易燃易爆危险品库房 |
| 办公用房与宿舍 | 4 | 4 | 5 | 5 | 7 | 7 | 10 |
| 发电机房与变配电房 | 4 | 4 | 5 | 5 | 7 | 7 | 10 |
| 可燃烧库房 | 5 | 5 | 5 | 5 | 7 | 7 | 10 |
| 厨房操作间与锅炉房 | 5 | 5 | 5 | 5 | 7 | 7 | 10 |
| 可燃烧材料堆场及其加工场 | 7 | 7 | 7 | 7 | 7 | 10 | 10 |
| 固定动火作业场 | — | — | 7 | 7 | 10 | 10 | 12 |
| 易燃易爆危险品库房 | 10 | 10 | 10 | 10 | 10 | 12 | 12 |

3.消防车道

（1）施工现场内应设置临时消防车道，临时消防车道与在建工程、临时用房、可燃材料堆场及其加工场的距离不宜小于5 m，且不宜大于40 m；施工现场周边道路满足消防车通行及灭火救援要求时，施工现场内可不设置临时消防车道。

（2）临时消防车道的设置应符合下列规定：

① 临时消防车道宜为环形，设置环形车道确有困难时，应在消防车道尽端设置尺寸不小于12 m×12 m的回车场；

② 临时消防车道的净宽度和净高度均不应小于4 m；

③ 临时消防车道的右侧应设置消防车行进路线指示标识；

④ 临时消防车道路基、路面及其下部设施应能承受消防车通行压力及工作荷载。

（3）下列建筑应设置环形临时消防车道，设置环形临时消防车道确有困难时，除应设

置回车场外，尚应设置临时消防救援场地：

①建筑高度大于24 m的在建工程；

②建筑工程单体占地面积大于3000 m²的在建工程；

③超过10栋，且成组布置的临时用房。

（4）临时消防救援场地的设置应符合下列规定：

①临时消防救援场地应在在建工程装饰装修阶段设置；

②临时消防救援场地应设置在成组布置的临时用房场地的长边一侧及在建工程的长边一侧；

③临时救援场地宽度应满足消防车正常操作要求，且不应小于6 m，与在建工程外脚手架的净距不宜小于2 m，且不宜超过6 m。

## 二、施工现场建筑防火

1.临时用房防火

（1）宿舍、办公用房的防火设计应符合下列规定。

①建筑构件的燃烧性能等级为A级。当采用金属夹芯板材时，其芯材的燃烧性能等级应为A级。

②建筑层数不应超过3层，每层建筑面积不应大于300 m²。

③建筑层数为3层或每层建筑面积大于200 m²时，应设置至少2部疏散楼梯，房间疏散门至疏散楼梯的最大距离不应大于25 m。

④单面布置用房时，疏散走道的净宽度不应大于1.0 m；双面布置用房时，疏散走道的净宽度不应小于1.5 m。

⑤疏散楼梯的净宽度不应小于疏散走道的净宽度。

⑥宿舍房间的建筑面积不应大于30 m²，其他房间的建筑面积不宜大于100 m²。

⑦房间内任一点至最近疏散门的距离不应大于15 m，房门的净宽度不应小于0.8 m；房间建筑面积超过50 m²时，房门的净宽度不应小于1.2 m。

⑧隔墙应从楼地面基层隔断至顶板基层底面。

（2）发电机房、变配电房、厨房操作间、锅炉房、可燃材料库房及易燃易爆危险品库房的防火设计应符合下列规定。

①建筑构件的燃烧性能等级应为A级。

②层数应为1层，建筑面积不应大于200 m²。

③可燃材料库房单个房间的建筑面积不应超过30 m²，易燃易爆危险品库房单个房间的建筑面积不应超过20 m²。

④房间内任一点至最近疏散门的距离不应大于10 m，房门的净宽度不应小于0.8 m。

（3）其他防火设计应符合下列规定。

①宿舍、办公用房不应与厨房操作间、锅炉房、变配电房等组合建造。

②会议室、文化娱乐室等人员密集的房间应设置在临时用房的第一层，其疏散门应向疏散方向开启。

2.在建工程防火

（1）在建工程作业场所的临时疏散通道应采用不燃、难燃材料建造，并应与在建工程结构施工同步设置，也可利用在建工程施工完毕的水平结构、楼梯。

（2）在建工程作业场所临时疏散通道的设置应符合下列规定：

① 耐火极限不应低于0.5 h；

② 设置在地面上的临时疏散通道，其净宽度不应小于1.5 m；利用在建工程施工完毕的水平结构、楼梯作临时疏散通道时，其净宽度不宜小于1.0 m；用于疏散的爬梯及设置在脚手架上的临时疏散通道，其净宽度不应小于0.6 m；

③ 临时疏散通道为坡道，且坡度大于25°时，应修建楼梯或台阶踏步或设置防滑条；

④ 临时疏散通道不宜采用爬梯，确需采用时，应采取可靠固定措施；

⑤ 临时疏散通道的侧面为临空面时，应沿临空面设置高度不小于1.2 m的防护栏杆；

⑥ 临时疏散通道设置在脚手架上时，脚手架应采用不燃材料搭设；

⑦ 临时疏散通道应设置明显的疏散指示标志；

⑧ 临时疏散通道应设置照明设施。

（3）既有建筑进行扩建、改建施工时，必须明确划分施工区和非施工区。施工区不得营业、使用和居住；非施工区继续营业、使用和居住时，应符合下列规定：

① 施工区和非施工区之间应采用不开设门、窗、洞口的耐火极限不低于3.0 h的不燃烧体隔墙进行防火分隔；

② 非施工区内的消防设施应完好和有效，疏散通道应保持畅通，并应落实日常值班及消防安全管理制度；

③ 施工区的消防安全应配有专人值守，发生火情应能立即处置；

④ 施工单位应向居住和使用者进行消防宣传教育，告知建筑消防设施、疏散通道的位置及使用方法，同时应组织疏散演练。

（4）外脚手架、支模架的架体宜采用不燃或难燃材料搭设，下列工程的外脚手架、支模架的架体应采用不燃材料搭设：

① 高层建筑；

② 既有建筑改造工程。

（5）下列安全防护网应采用阻燃型安全防护网：

① 高层建筑外脚手架的安全防护网；

② 既有建筑外墙改造时，其外脚手架的安全防护网；

③ 临时疏散通道的安全防护网。

（6）作业场所应设置明显的疏散指示标志，其指示方向应指向最近的临时疏散通道入口。

（7）作业层的醒目位置应设置安全疏散示意图。

## 三、临时消防设施

1.基本要求

（1）施工现场应设置灭火器、临时消防给水系统和应急照明等临时消防设施。

（2）临时消防设施应与在建工程的施工同步设置。房屋建筑工程中，临时消防设施的设置与在建工程主体结构施工进度的差距不应超过3层。

（3）在建工程可利用已具备使用条件的永久性消防设施作为临时消防设施。当永久性消防设施无法满足使用要求时，应增设临时消防设施，并应符合规范有关规定。

（4）施工现场的消火栓泵应采用消防配电线路，专用消防配电线路应自施工现场总配电箱的总断路器上端接入，且应保持不间断供电。

（5）地下工程的施工作业场所宜配备防毒面具。

（6）临时消防给水系统的储水池、消火栓泵、室内消防竖管及水泵接合器等应设置醒目标识。

2. 灭火器

（1）一般临时设施区域内，每100 m²配备2只10 L灭火器。

（2）临时木工间、油漆间，木、机具间等每25 m²配备一只种类合适的灭火器，油库、危险品仓库应配备足够数量、种类合适的灭火器。

（3）仓库或堆料场内，应根据灭火对象的特征，分组布置酸碱、泡沫、清水、二氧化碳等灭火器，每组灭火器不应少于4个，每组灭火器之间的距离不应大于30 m。

（4）大型临时设施总面积超过1200 m²，应备有专供消防用的积水池、黄砂池等器材、设施，上述设施周围不得堆放物品，并留有消防车道。

3. 临时消防给水系统

1）临时室外消防给水系统

临时用房建筑面积之和大于1000 m²或在建工程单体体积大于10000 m³时，应设置临时室外消防给水系统。当施工现场处于市政消火栓150 m保护范围内，且市政消火栓的数量满足室外消防用水量要求时，可不设置临时室外消防给水系统。临时室外消防给水系统应符合下列规定。

（1）临时室外消防给水管网宜布置成环状，给水干管的管径，应根据施工现场临时消防用水量和干管内水流计算速度计算确定，且不应小于DN100。

（2）室外消火栓应沿在建工程、临时用房和可燃材料堆场及其加工场均匀布置，与在建工程、临时用房和可燃材料堆场及其加工场的外边线的距离不应小于5 m。

（3）消火栓的间距不应大于120 m，消火栓的最大保护半径不应大于150 m。

（4）采用低压给水系统，管道内的压力在消防用水量达到最大时，不低于0.1 MPa；采用高压给水系统，管道内的压力应满足两支水枪同时布置在堆场内最远和最高处的要求，水枪充实水柱不小于13 m，每支水枪的流量不应小于5 L/s。

2）临时室内消防给水系统

建筑高度大于24 m或单体体积超过30000 m³的在建工程，应设置临时室内消防给水系统。在建工程临时室内消防竖管的设置应符合下列规定。

（1）消防竖管的设置应便于消防人员操作，数量不应少于2根，当结构封顶时，应将消防竖管设置成环状。

（2）消防竖管的管径应根据在建工程消防用水量、竖管内水流计算速度计算确定，且不应小于DN100。

（3）设置室内消防给水系统的在建工程，应设置消防水泵接合器。消防水泵接合器应设置在室外便于消防车取水的部位，与室外消火栓或消防水池取水口的距离宜为15~40 m。

（4）设置临时室内消防给水系统的在建工程，各结构层均应设置室内消火栓接口及消防软管接口，并应符合下列规定：

① 消火栓接口及软管接口应设置在位置明显且易于操作的部位；

② 消火栓接口的前端应设置截止阀；

③ 消火栓接口或软管接口的间距，多层建筑不应大于50 m，高层建筑不应大于30 m。

（5）在建工程结构施工完毕的每层楼梯处应设置消防水枪、水带及软管，且每个设置点不应少于2套。

（6）高度超过100 m的在建工程，应在适应楼层增设临时中转水池及加压水泵。中转水池的有效容积不应小于10 m³，上、下两个中转水池的高差不宜超过100 m。

（7）临时消防给水系统的给水压力应满足消防水枪充实水柱长度不小于10 m的要求；给水压力不能满足要求时，应设置消火栓泵，消火栓泵不应少于2台，且应互为备用；消火栓泵宜设置自动启动装置。

（8）当外部消防水源不能满足施工现场的临时消防用水量要求时，应在施工现场设置临时贮水池。临时贮水池宜设置在便于消防车取水的部位，其有效容积不应小于施工现场火灾延续时间内一次灭火的全部消防用水量。

（9）施工现场临时消防给水系统应与施工现场生产、生活给水系统合并设置，但应设置将生产、生活用水转为消防用水的应急阀门。应急阀门不应超过2个，且应设置在易于操作的场所，并应设置明显标识。

4.应急照明

（1）施工现场的下列场所应配备临时应急照明：

① 自备发电机房及变配电房；

② 水泵房；

③ 无天然采光的作业场所及疏散通道；

④ 高度超过100 m的在建工程的室内疏散通道；

⑤ 发生火灾时仍需坚持工作的其他场所。

（2）临时消防应急照明灯具宜选用自备电源的应急照明灯具，自备电源的连续供电时间不应小于60 min。

## 四、防火管理

1.基本要求

（1）施工现场的消防安全管理应由施工单位负责。

实行施工总承包时，应由总承包单位负责。分包单位应向总承包单位负责，并应服从总承包单位的管理，同时应承担国家法律、法规规定的消防责任和义务。

（2）监理单位应对施工现场的消防安全管理实施监理。

（3）施工单位应根据建设项目规模、现场消防安全管理的重点，在施工现场建立消防安全管理组织机构及义务消防组织，并应确定消防安全负责人和消防安全管理人员，同时应落实相关人员的消防安全管理责任。

（4）施工单位应针对施工现场可能导致火灾发生的施工工作及其他活动，制定消防安全管理制度。消防安全管理制度应包括的主要内容为：消防安全教育与培训制度；可燃及易燃易爆危险品管理制度；用火、用电、用气管理制度；消防安全检查制度；应急预案演练制度。

（5）施工单位应编制施工现场防火技术方案，并应根据现场情况变化及时对其修改、完善。防火技术方案包括的主要内容为：施工现场重大火灾危险源辨识；施工现场防火技术措施；临时消防设施、临时疏散设施配备；临时消防设施和消防警示标识布置图。

（6）施工单位应编制施工现场灭火及应急疏散预案。灭火及应急疏散预案包括的主要内容为：应急灭火处置机构及各级人员应急处置职责；报警、接警处理的程序和通信联络的方式；扑救初期火灾的程序和措施；应急疏散及救援的程序和措施。

（7）施工人员进场时，施工现场的消防安全管理人员应向施工人员进行消防安全教育和培训。消防安全教育和培训包括的内容为：施工现场消防安全管理制度、防火技术方案、灭火及应急疏散预案的主要内容；施工现场临时消防设施的性能及使用、维护方法；扑灭初期火灾自救逃生的知识和技能；报警、接警的程序和方法。

（8）施工作业前，施工现场的施工管理人员应向作业人员进行消防安全技术交底。消防安全技术交底包括的主要内容为：施工过程中可能发生火灾的部位或环节；施工过程应采取的防火措施及应配备的临时消防设施；初期火灾的扑救方法及注意事项；逃生方法及路线。

（9）施工过程中，施工现场的消防安全负责人应定期组织消防安全管理人员对施工现场的消防安全进行检查。消防安全检查包括下列主要内容：可燃物及易燃易爆危险品的管理是否落实；动火作业的防火措施是否落实；用火、用电、用气是否存在违章操作，电、气焊及保温防水施工是否执行操作规程；临时消防设施是否完好有效；临时消防车道及临时疏散设施是否畅通。

（10）施工单位应依据灭火及应急疏散预案，定期开展灭火及应急疏散的演练。

（11）施工单位应做好并保存施工现场消防安全管理的相关文件和记录，并应建立现场消防安全管理档案。

**2.可燃物及易燃易爆危险品管理**

（1）可燃材料及易燃易爆危险品应按计划限量进场。进场后，可燃材料宜存放于库房内，露天存放时，应分类成垛堆放，垛高不应超过2 m，单垛体积不应超过50 m³，垛与垛之间的最小间距不应小于2 m，且应采取不燃或难燃材料覆盖；易燃易爆危险品应分类专库储存，库房内应通风良好，并应设置严禁明火标志。

（2）室内使用油漆及其有机溶剂、乙二胺、冷底子油等易挥发产生易燃气体的物质作业时，应保持良好通风，作业场所严禁明火，并应避免产生静电。

（3）施工产生的可燃、易燃建筑垃圾或涂料，应及时清理。

**3.用火、用电、用气管理**

（1）施工现场用火应符合下列规定。

① 动火作业应办理动火许可证；动火许可证的签发人收到动火申请后，应前往现场查验并确认动火作业的防火措施落实后，再签发动火许可证。

② 动火操作人员应具有相应资格。

③ 焊接、切割、烘烤或加热等动火作业前，应对作业现场的可燃物进行清理；作业现场及其附近无法移走的可燃物应采用不燃材料对其覆盖或隔离。

④ 施工作业安排时，宜将动火作业安排在使用可燃建筑材料的施工作业前进行。确需在使用可燃建筑材料的施工作业之后进行动火作业时，应采取可靠的防火措施。

⑤ 裸露的可燃材料上严禁直接进行动火作业。

⑥ 焊接、切割、烘烤或加热等动火作业应配备灭火器材，并应设置动火监护人进行现场监护，每个动火作业点均应设置1个监护人。

⑦ 遇五级（含五级）以上风力天气时，应停止焊接、切割等室外动火作业；确需动火作业时，应采取可靠的挡风措施。

⑧ 动火作业后，应对现场进行检查，并应在确认无火灾危险后，动火操作人员再离开。

⑨ 具有火灾、爆炸危险的场所严禁明火。

⑩ 施工现场不应采用明火取暖。

⑪ 厨房操作间炉灶使用完毕后，应将炉火熄灭，排油烟机及油烟管道应定期清理油垢。

（2）施工现场用电应符合下列规定。

① 施工现场供用电设施的设计、施工、运行和维护应符合现行国家标准《建设工程施工现场供用电安全规范》（GB 50194—2014）的有关规定。

② 电气线路应具有相应的绝缘强度和机械强度，严禁使用绝缘老化或失去绝缘性能的电气线路，严禁在电气线路上悬挂物品。破损、烧焦的插座、插头应及时更换。

③ 电气设备与可燃、易燃、易爆危险品和腐蚀性物品应保持一定的安全距离。

④ 有爆炸和火灾危险的场所，应按危险场所等级选用相应的电气设备。

⑤ 配电屏上每个电气回路应设置漏电保护器、过载保护器，距配电屏2 m范围内不应堆放可燃物，5 m范围内不应设置可能产生较多易燃、易爆气体、粉尘的作业区。

⑥ 可燃材料库房不应使用高热灯具，易燃易爆危险品库房内应使用防爆灯具。

⑦ 普通灯具与易燃物的距离不宜小于300 mm，聚光灯、碘钨灯等高热灯具与易燃物的距离不宜小于500 mm。

⑧ 电气设备不应超负荷运行或带故障使用。

⑨ 严禁私自改装现场供用电设施。

⑩ 应定期对电气设备和线路的运行及维护情况进行检查。

（3）施工现场用气应符合下列规定。

① 储装气体的罐瓶及其附件应合格、完好和有效；严禁使用减压器及附件缺损的氧气瓶，严禁使用乙炔专用减压器、回火防止器及附件缺损的乙炔瓶。

② 气瓶运输、存放、使用时，应符合下列规定：

a.气瓶应保持直立状态，并采取防倾斜措施，乙炔瓶严禁横躺卧放；

b.严禁碰撞、敲打、抛掷、滚动气瓶；

c.气瓶应远离火源，与火源的距离不应小于10 m，并应采取避免高温和防止暴晒的措施；

d.燃气储装瓶罐应设置防静电装置。

③ 气瓶应分类储存，库房内应通风良好；氧气瓶、乙炔瓶在使用过程中瓶与瓶之间的

距离应保持在6 m以上，空瓶和实瓶同库存放时，应分开放置，空瓶和实瓶的间距不应小于1.5 m。

## ➤ ▌课后练习▌......

**一、判断题**（在括号内正确的打"√"，错误的打"×"）

1.按照安全文明施工要求，严禁在施工现场焚烧垃圾，但熔融沥青时须采取安全措施。（　　）

2.施工现场大门处设置车辆清污设施，驶出现场车辆必须进行清污处理。（　　）

3.施工现场的办公生活区应当与作业区紧邻设置，便于紧急情况时的联系与处理。（　　）

4.为节省工程成本，宜尽量利用在建建筑物内已成形的空间用于施工办公室或设置员工宿舍。（　　）

5.施工人员宿舍区内严禁使用电炉、电饭煲、"热得"快等大功率设备和使用明火。（　　）

6.当施工现场只能设置1个出入口时，应在施工现场内设置满足消防车通行的环形道路。（　　）

7.施工现场临时用房在满足防火等安全要求的前提下，其建筑层数没有强制性要求。（　　）

8.施工现场的消火栓泵应采用消防配电线路，专用消防配电线路应自施工现场总配电箱的总断路器上端接入，且应保持不间断供电。（　　）

9.施工现场动火作业无须办理动火许可证，但不应采用明火取暖。（　　）

10.施工现场的气瓶应保持横躺状态。为防倾斜，乙炔瓶严禁直立放置。（　　）

**二、选择题**（选择一个正确答案）

1.按照《建筑施工安全检查标准》的规定，市区主要路段的工地周围应设置高于（　　）m的现场围挡。

A.2.5　　　　B.2.0　　　　C.2.1　　　　D.1.8

2.下列材料中，（　　）可以用作施工现场的围挡。

A.竹笆　　　　B.石棉瓦　　　　C.金属板材　　　　D.安全网

3.施工现场的临时宿舍，应保证有必要的生活空间，室内净高不得小于2.4 m，通道宽度不得小于0.9 m，每间宿舍居住人员不得超过（　　）人，严禁使用通铺。

A.8　　　　B.16　　　　C.20　　　　D.32

4.施工临时用房室内净高不得低于（　　）m，用电应达到"三级配电两级保护"，未使用安全电压的灯具距地高度应不低于2.4 m。

A.2.2　　　　B.2.4　　　　C.2.6　　　　D.2.8

5.施工现场应设置水冲式或移动式厕所，高层建筑施工8层以后，每隔（　　）层宜设置临时厕所。

A.3　　　　B.4　　　　C.5　　　　D.6

6.施工现场各种料具应分规格码放整齐、稳固，做到一头齐、一条线。砖应成丁、成行码放，高度不得超过（　　）m。

A.0.5          B.1          C.1.5          D.2

7.施工现场必须设置消防车通道,通道宽度均不应小于（    ）m。

A.2.5          B.3          C.3.5          D.4

8.施工现场宿舍、办公用房房间内任一点至最近疏散门的距离不应大于（    ）m,房门的净宽度不应小于0.8 m。

A.10          B.15          C.20          D.25

9.《建设工程施工现场消防安全技术规范》规定（    ）m以上的高层建筑,应当设置临时消防水源加压泵和输水管道。

A.24          B.30          C.35          D.40

10.（    ）燃烧造成的火灾不能用水扑救。

A.木制品          B.塑料品          C.玻璃钢制品          D.电气装置

11.房屋建筑工程中,临时消防设施的设置与在建工程主体结构施工进度的差距不应超过（    ）层。

A.2          B.3          C.4          D.5

12.临时用房建筑面积之和大于（    ）m²或在建工程单体体积大于10000 m³时,应设置临时室外消防给水系统。

A.500          B.1000          C.1500          D.2000

13.施工现场临时消防给水系统应与施工现场生产、生活给水系统合并设置,但应设置将生产、生活用水转为消防用水的应急阀门。应急阀门不应超过（    ）个。

A.2          B.3          C.4          D.5

14.施工现场的下列（    ）场所可不配备临时应急照明。

A.自备发电机房          B.水泵房          C.变配电房          D.宿舍

15.施工现场的消防安全管理应由（    ）负责。

A.建设单位          B.监理单位          C.施工单位          D.消防部门

# 项目八　施工安全事故处理及应急救援

【案例引入】

1. 背景

某工程由A建筑集团总承包，经业主同意后，将土方工程和基坑支护工程分包给B专业分包单位。在土方工程施工中，B专业公司经仔细地勘察地质情况，认为土质是老黏土，承载力非常高，编制了土方工程和基坑支护工程的安全专项施工方案，并将专项施工方案报A公司审核，A公司项目技术负责人审核同意后交由B专业公司组织实施。

该工程基础设计有人工挖孔桩，某桩成孔后，放置钢筋笼时，为防止钢筋笼变形，施工人员在钢筋笼下部对称绑了两根 5 m 长 $\phi$48 钢管进行临时加固。钢筋笼放入桩孔后，1 名工人下到桩孔内拆除临时加固钢管，还未下到孔底时作业人员突然掉入桩孔底部，地面人员先后下井救人，相继掉入孔底。项目经理用空压机向孔内送风，组织人员报警、抢救，但最终仍导致4人死亡，并造成直接经济损失84万元。

经调查，此4人均为新入场工人，没有进行安全教育，也没有进行人工挖孔桩的技术交底。

2. 问题

(1) 本案例安全事故可定为哪个等级，并说明理由。

(2) 关于安全专项施工方案，分包单位、总包单位的做法有哪些不妥之处？正确做法是什么？

(3) 本案例中安全专项施工方案应经哪些人审核、审批后才能组织实施？

3.分析

（1）本案例中事故按《生产安全事故报告和调查处理条例》（国务院令第493号）中对事故的分类，应为较大事故。

理由：具备下列条件之一即为较大事故：

①死亡3人以上，10人以下；

②重伤10人以上，50人以下；

③直接经济损失1000万元以上，5000万元以下。

（2）不妥之处和正确做法如下：

不妥之处一：B专业公司将专项施工方案报A公司审核；正确做法应是先经B公司技术负责人签字后，再报A公司审核。

不妥之处二：A公司项目技术负责人审核同意；正确做法是应由A公司企业技术部门专业工程技术人员和监理单位专业工程师审核同意。

不妥之处三：A公司项目技术负责人审核同意后交由B专业公司组织实施；正确做法应是A公司企业技术负责人审核后，报总监理工程师审核，经总监理工程师签字确认后方能由B公司组织实施。

（3）本案例中土方工程和基坑支护工程的安全专项施工方案应由B公司企业技术负责人、A公司企业技术部门专业工程技术人员及监理公司专业监理工程师审核；审核合格后，由A公司企业技术负责人和总监理工程师审批后执行。

建筑施工的各类安全事故的发生，无疑会给国家和人民的生命财产造成不同程度的损失。因此在工程施工管理中，各方应加大管理力度，把工程安全事故发生概率降到最低。但是，一旦发生施工安全事故，应采取急救援措施，尽可能将损失降至最低；同时要分析事故发生的原因和责任，对事故进行客观的处理，防止类似事故再次发生。

# 任务1　施工安全事故分类及处理

## 一、安全事故的分类

生产安全事故的等级划分标准如下。

1.事故等级的类型

自2007年6月1日起施行的《生产安全事故报告和调查处理条例》（国务院第493号令）规定，根据生产安全事故（以下简称事故）造成的人员伤亡或者直接经济损失，事故一般分为以下四个等级。

（1）特别重大事故：30人以上死亡，或100人以上重伤（包括急性工业中毒，下同），或1亿元以上直接经济损失。

（2）重大事故：10人以上30人以下死亡，或50人以上100人以下重伤，或5000万元以上1亿元以下直接经济损失。

（3）较大事故：3人以上10人以下死亡，或10人以上50人以下重伤，或1000万元以上5000万元以下直接经济损失。

（4）一般事故：3人以下死亡，或10人以下重伤，或1000万元以下直接经济损失。

注：上述规定中所称的"以上"包括本数，所称的"以下"不包括本数。

**2.事故等级划分的要素**

（1）人员伤亡的数量（人身要素）。

（2）直接经济损失的数额（经济要素）。

（3）社会影响（社会要素）。

**3.事故等级划分的补充性规定**

针对一些特殊行业或者领域的实际情况，国务院安全生产监督管理部门可以会同国务院有关部门，除执行对事故等级划分的一般性规定之外，还可以根据行业或者领域的特殊性，制定事故等级划分的补充性规定。例如住房和城乡建设部发布了《关于做好房屋建筑和市政基础设施工程质量事故报告和调查处理工作的通知》（建质〔2010〕111号）。

## 二、安全事故原因的分析

### （一）人的不安全因素

人的不安全因素可分为个人的不安全因素和人的不安全行为两大类。

**1.个人的不安全因素**

（1）心理上的不安全因素，是指人在心理上具有影响安全的性格、气质和情绪，如懒散、粗心等。

（2）生理上的不安全因素，包括眼睛、耳朵等感觉器官，体能、年龄等不适合工作或作业岗位要求的影响因素。

（3）能力上的不安全因素，包括知识技能、应变能力、资格等不能适应工作和作业岗位要求的影响因素。

**2.人的不安全行为**

（1）操作失误，忽视安全、忽视警告。

（2）造成安全装置失效。

（3）使用不安全设备。

（4）手代替工具操作。

（5）物体存放不当。

（6）冒险进入危险场所。

（7）攀坐不安全位置。

（8）在起吊物下作业、停留。

（9）在机器运转时进行检查、维修、保养等工作。

（10）有分散注意力行为。

（11）没有正确使用个人防护用品、用具。

（12）不安全装束。

（13）对易燃易爆等危险物品处理错误。

### （二）物的不安全状态

物的不安全状态主要包括：

（1）防护等装置缺乏或有缺陷；

（2）设备、设施、工具、附件有缺陷；

（3）个人防护用品缺少或有缺陷；

（4）施工生产场地环境不良，现场布置杂乱无序、视线不畅、沟渠纵横、交通阻塞，材料工具乱堆、乱放，机械无防护装置、电器无漏电保护，粉尘飞扬、噪声刺耳等使劳动者生理、心理难以承受，则必然诱发安全事故。

### （三）环境的原因

事故的发生都是由于人的不安全行为和物的不安全状态直接引起的。但不考虑客观的情况而一概指责施工人员的"粗心大意""疏忽"是片面的，有时甚至是错误的。还应当进一步研究造成人的过失的背景条件，即不安全环境，如照明光线过暗、作业现场视物不清；光线过强；作业场所狭窄、杂乱；地面有油污或其他影响环境的东西等。与建筑行业紧密相关的环境就是施工现场。整洁、有序、精心布置的施工现场的事故发生率肯定较之杂乱的现场低。施工现场到处是施工材料，机具乱摆放、生产及生活用电私拉乱扯，不但给正常的生产生活带来不便，而且会引起人的烦躁情绪，从而增加事故隐患。

当然，人文环境也是不能忽略的。如果某企业从领导到职工，人人讲安全、重视安全，逐渐形成安全氛围、安全文化，那么这个企业的安全状况肯定良好。反之亦然。

### （四）管理上的不安全因素

管理上的不安全因素也称管理上的缺陷，主要包括对物的管理失误，包括技术、设计、结构上有缺陷，作业现场环境有缺陷，防护用品有缺陷等；对人的管理失误，包括教育、培训、指示和对作业人员的安排等方面的缺陷；管理工作的失误，包括对作业程序、操作规程、工艺过程的管理失误以及对采购、安全监控、事故防范措施的管理失误。

## 三、安全事故的特征

安全事故具有复杂性、严重性、可变性和多发性的特点。

#### 1. 复杂性

建筑生产与一般工业相比具有产品固定，生产流动；产品多样，结构类型不一；露天作业多，自然条件复杂多变；材料品种、规格多，材质性能各异；多工种、多专业交叉施工，相互干扰大；工艺要求不同，施工方法各异，技术标准不一等特点。因此，影响工程安全的因素繁多，造成安全事故的原因错综复杂，即使是同一类安全事故，其原因可能多种多样，甚至截然不同。例如，就钢筋混凝土楼板开裂安全事故而言，其产生的原因就可能是设计计算有误，结构构造不良，地基不均匀沉陷，或温度应力、地震力、膨胀力、冻胀力的作用；也可能是施工质量低劣、偷工减料或材质不良等。所以对安全事故进行分析，判断其性质、原因及发展，确定处理方案与措施等都增加了复杂性及困难。

#### 2. 严重性

工程项目一旦出现安全事故，其影响较大。轻者影响施工顺利进行、拖延工期、增加工程费用，重者则会留下隐患成为危险的建筑，影响使用功能或不能使用，更严重的还会引起建筑物的失稳、倒塌，造成人民生命、财产的巨大损失。例如，1995年韩国汉城三峰百货大楼出现倒塌事故，死亡人数达400余人，在国内外造成很大影响，甚至导致国内人心恐慌，韩国国际形象下降；1999年我国重庆市綦江县（现为綦江区）彩虹大桥突然整体垮塌，造成40人死亡，14人受伤，直接经济损失631万元，在国内一度成为人们关注的热点，引起全社会对建设工程质量整体水平的怀疑，构成社会不安定因素。所以对于建设工程质量问题和安全事故均不能掉以轻心，必须予以高度重视。

### 3.可变性

许多工程出现质量问题后，其质量状态并非稳定于发现的初始状态，而是有可能随着时间不断地发展、变化。例如，桥墩的超量沉降可能随上部荷载的不断增大而继续发展；混凝土结构出现的裂缝可能随环境温度的变化而变化，或随荷载的变化及负担荷载的时间而变化等。因此，有些在初始阶段并不严重的质量问题，如不能及时处理和纠正，有可能发展成一般安全事故，一般安全事故有可能发展成为严重或重大安全事故。例如，开始时微细的裂缝有可能导致结构断裂或引发倒塌事故；土坝的涓涓渗漏有可能发展为溃坝。所以，在分析、处理工程质量问题时，一定要注意质量问题的可变性，应及时采取可靠的措施，防止其进一步恶化而发生安全事故；或加强观测与试验，取得数据，预测未来发展的趋势。

### 4.多发性

建设工程中的安全事故，往往在一些工程部位经常发生。例如，悬挑梁板断裂、雨篷坍覆、钢屋架失稳等。因此，总结经验，吸取教训，采取有效措施予以预防十分必要。

## 四、安全事故报告

### 1.事故报告的时间要求

《生产安全事故报告和调查处理条例》规定，事故发生后，事故现场有关人员应当立即向本单位负责人报告；单位负责人接到报告后，应当于1 h内向事故发生地县级以上人民政府安全生产监督管理部门和负有安全生产监督管理职责的有关部门报告。情况紧急时，事故现场有关人员可以直接向事故发生地县级以上人民政府安全生产监督管理部门和负有安全生产监督管理职责的有关部门报告。建筑施工生产安全事故的报告主体为施工单位；实行总承包的，由总承包单位负责上报。

### 2.事故报告的内容要求

事故报告应当包括下列内容：①事故发生单位概况；②事故发生的时间、地点以及事故现场情况；③事故的简要经过；④事故已经造成或者可能造成的伤亡人数（包括下落不明的人数）和初步估计的直接经济损失；⑤已经采取的措施；⑥其他应当报告的情况。

### 3.事故补报的要求

事故报告后出现新情况的，应当及时补报。自事故发生之日起30日内，事故造成的伤亡人数发生变化的，应当及时补报。道路交通事故、火灾事故自发生之日起7日内，事故造成的伤亡人数发生变化的，应当及时补报。

### 4.事故报告的流程

（1）特别重大事故、重大事故逐级上报至国务院安全生产监督管理部门和负有安全生产监督管理职责的有关部门。

（2）较大事故逐级上报至省、自治区、直辖市人民政府安全生产监督管理部门和负有安全生产监督管理职责的有关部门。

（3）一般事故上报至设区的市级人民政府安全生产监督管理部门和负有安全生产监督管理职责的有关部门。

## 五、安全事故调查

事故调查处理应当坚持实事求是、尊重科学的原则，及时、准确地查清事故经过、事故原因和事故损失，查明事故性质，认定事故责任，总结事故教训，提出整改措施，并对事故责任者依法追究责任。

1.事故调查的管辖

《生产安全事故报告和调查处理条例》规定，特别重大事故由国务院或者国务院授权有关部门组织事故调查组进行调查。

重大事故、较大事故、一般事故分别由事故发生地省级人民政府、设区的市级人民政府、县级人民政府负责调查。省级人民政府、设区的市级人民政府、县级人民政府可以直接组织事故调查组进行调查，也可以授权或者委托有关部门组织事故调查组进行调查。未造成人员伤亡的一般事故，县级人民政府也可以委托事故发生单位组织事故调查组进行调查。上级人民政府认为必要时，可以调查由下级人民政府负责调查的事故。

自事故发生之日起30日内（道路交通事故、火灾事故自发生之日起7日内），因事故伤亡人数变化导致事故等级发生变化，依照规定应当由上级人民政府负责调查的，上级人民政府可以另行组织事故调查组进行调查。

2.事故调查组的组成与职责

事故调查组成员应当具有事故调查所需要的知识和专长，并与所调查的事故没有直接利害关系。事故调查组组长由负责事故调查的人民政府指定。事故调查组组长主持事故调查组的工作。

事故调查组履行下列职责：①查明事故发生的经过、原因、人员伤亡情况及直接经济损失；②认定事故的性质和事故责任；③提出对事故责任者的处理建议；④总结事故教训，提出防范和整改措施；⑤提交事故调查报告。

3.事故调查报告的期限与内容

事故调查组应当自事故发生之日起60日内提交事故调查报告；特殊情况下，经负责事故调查的人民政府批准，提交事故调查报告的期限可以适当延长，但延长的期限最长不超过60日。

事故调查报告应当包括下列内容：①事故发生单位概况；②事故发生经过和事故救援情况；③事故造成的人员伤亡和直接经济损失；④事故发生的原因和事故性质；⑤事故责任的认定以及对事故责任者的处理建议；⑥事故防范和整改措施。

## 六、安全事故处理

1.安全事故处理的原则

安全事故处理的应遵循"四不放过"原则：

（1）事故原因未查明不放过；

（2）事故责任人未受到处理不放过；

（3）事故责任人未受到教育不放过；

（4）防范措施未落实不放过。

《建设工程安全生产管理条例》规定，发生生产安全事故后，施工单位应当采取措施防止事故扩大，保护事故现场。需要移动现场物品时，应当做出标记和书面记录，妥善保管有关证物。

2.安全事故批复及处理

对于重大事故、较大事故、一般事故，负责事故调查的人民政府应当自收到事故调查报告之日起15 d内做出批复；对于特别重大事故，30 d内做出批复；特殊情况下，批复时间可以适当延长，但延长的时间最长不超过30 d。有关机关应当按照人民政府的批复，依照法律、行政法规规定的权限和程序，对事故发生单位和有关人员进行行政处罚，对负有事故责任的国家工作人员进行处分。事故发生单位应当按照负责事故调查的人民政府的批复，对本单位负有事故责任的人员进行处理。负有事故责任的人员涉嫌犯罪的，依法追究刑事责任。事故发生单位应当认真吸取事故教训，落实防范和整改措施，防止事故再次发生。防范和整改措施的落实情况应当接受工会和职工的监督。安全生产监督管理部门和负有安全生产监督管理职责的有关部门应当对事故发生单位落实防范和整改措施的情况进行监督检查。事故处理的情况由负责事故调查的人民政府或者其授权的有关部门、机构向社会公布，依法应当保密的除外。

# 任务2　施工安全事故的应急救援

伤亡事故发生后采取应急措施，是为了尽快抢救伤员，使伤员得到及时的救助，防止事态进一步扩大，最大限度地减少事故造成的损失。因此，必须针对事故现场的具体情况，建立应急预案和确定应急程序，制定相应的应急措施。

## 一、施工安全事故应急救援预案的主要作用

施工安全事故应急救援预案主要有以下作用。

（1）事故预防。通过危险辨识、事故后果分析，采用技术和管理手段降低事故发生的可能性，使可能发生的事故控制在局部，防止事故蔓延。

（2）应急处理。一旦发生事故，有应急处理程序和方法，能快速反应处理故障或将事故消除在萌芽状态。

（3）抢险救援。采用预定现场抢险和抢救的方式，控制或减少事故造成的损失。

## 二、施工生产安全事故应急救援预案的基本要求

1.施工生产安全事故应急救援预案的类型

施工生产安全事故应急救援预案分为施工单位的生产安全事故应急救援预案和施工现场生产安全事故应急救援预案两大类。

2.应急救援组织和应急救援器材设备

施工单位应当建立应急救援组织或者配备应急救援人员，配备必要的应急救援器材、设备，进行经常性维护、保养，保证正常运转，并定期组织演练。

### 3.总分包单位的职责分工

实行施工总承包的，由总承包单位统一组织编制建设工程生产安全事故应急救援预案，工程总承包单位和分包单位按照应急救援预案，各自建立应急救援组织或者配备应急救援人员，配备救援器材、设备，并定期组织演练。

《中华人民共和国安全生产法》还规定，生产经营单位的主要负责人具有组织制定并实施本单位的生产安全事故应急救援预案的职责。

## 三、生产安全事故应急救援预案的编制、评审

### 1.应急预案的编制

应急预案的编制应当符合下列基本要求：①符合有关法律、法规、规章和标准的规定；②结合本地区、本部门、本单位的安全生产实际情况；③结合本地区、本部门、本单位的危险性分析情况；④应急组织和人员的职责分工明确，并有具体的落实措施；⑤有明确、具体的事故预防措施和应急程序，并与其应急能力相适应；⑥有明确的应急保障措施，并能满足本地区、本部门、本单位的应急工作要求；⑦预案基本要素齐全、完整，预案附件提供的信息准确；⑧预案内容与相关应急预案相互衔接。应急预案应当包括应急组织机构和人员的联系方式、应急物资储备清单等附件信息。

### 2.应急预案的评审

《生产安全事故应急预案管理办法》规定，建筑施工单位应当组织专家对本单位编制的应急预案进行评审。评审应当形成书面纪要并附有专家名单。

### 3.应急预案的备案

中央管理的总公司（总厂、集团公司、上市公司）的综合应急预案和专项应急预案，报国务院国有资产监督管理部门、国务院安全生产监督管理部门和国务院有关主管部门备案；其所属单位的应急预案分别抄送所在地的省、自治区、直辖市或者设区的市人民政府安全生产监督管理部门和有关主管部门备案。

### 4.应急预案的培训

生产经营单位应当组织开展本单位的应急预案培训活动，使有关人员了解应急预案内容，熟悉应急职责、应急程序和岗位应急处置方案。应急预案的要点和程序应当张贴在应急地点和应急指挥场所，并设有明显的标志。

### 5.应急预案的演练

生产经营单位应当制定本单位的应急预案演练计划，根据本单位的事故预防重点，每年至少组织1次综合应急预案演练或者专项应急预案演练，每半年至少组织1次现场处置方案演练。

### 6.应急预案的修订

生产经营单位制定的应急预案应当至少每3年修订1次，预案修订情况应有记录并归档。

## ➡️ 课后练习

**一、判断题（在括号内正确的打"√"，错误的打"×"）**

1.施工中出现操作失误，忽视安全、忽视警告这些现象属于个人能力的不安全因素。
（　　）

2.根据《生产安全事故报告和调查处理条例》，事故分级要素包括社会影响程度。
（　　）

3.按国务院发布的《生产安全事故报告和调查处理条例》（国务院第493号令）的规定，事故等级划分，其经济损失按直接经济损失与间接经济损失之和计。（　　）

4.相关的建设法规是工程质量事故处理中最具权威性、约束性的依据。（　　）

5.安全事故具有复杂性、严重性、可变性和多发性的特点。（　　）

6.《安全生产事故报告和调查处理条例》规定直接经济损失达5000万元的属重大事故。（　　）

7.提出对事故责任者的处理建议是事故调查组需履行的职责。（　　）

8.经统计，结构开裂、沉降，混凝土、砂浆强度不足，地面起砂、空鼓，抹灰层起壳，屋面卫生间渗漏等质量问题经常出现，反映出建筑工程质量事故的可变性。（　　）

9.安全事故造成的损失不赔偿不放过是安全事故处理应遵循的"四不放过"原则。
（　　）

10.实行施工总承包的工程项目，应由监理单位统一组织编制建设工程生产安全事故应急救援预案。（　　）

**二、选择题（选择一个正确答案）**

1.有关地方人民政府和负有安全生产监督管理职责部门的负责人接到重大生产安全事故报告后，应当立即（　　）。

A.组织事故调查组进行调查

B.对有关失职渎职行为的进行追究法律责任

C.赶到事故现场，组织事故抢救

D.总结事故教训，提出整改措施

2.在建设工程安全生产管理基本制度中，伤亡事故处理报告制度是指施工中发生事故时，（　　）应当采取紧急措施减少人员伤亡和事故损失，并按照国家有关规定及时向有关部门报告的制度。

A.建设单位　　　　B.建筑企业负责人　　　　C.监理单位　　　　D.建筑施工企业

3.根据国务院《生产安全事故报告和调查处理条例》的规定，属于重大事故的是（　　）。

A.造成1000万元以下直接经济损失的事故

B.造成10人以上30人以下死亡的事故

C.造成10人以上50人以下重伤的事故

D.造成100人以上重伤或者2亿元以上直接经济损失的事故

4.事故发生后，单位负责人接到报告后，应当于（　　）h内向事故发生地县级以上人民政府安全生产监督管理部门和负有安全生产监督管理职责的有关部门报告。

A.1　　　　　　　B.2　　　　　　　C.3　　　　　　　D.4

5.关于安全生产事故调查的管辖，下列说法中错误的是（　　）。

A.特别重大事故由国务院或者授权有关部门组织事故调查组进行调查

B.省级人民政府可以委托有关部门组织事故调查组进行调查

C.对于一般事故，县级人民政府也可以委托事故发生单位组织事故调查组进行调查

D.事故发生地与事故发生单位不在一个行政区域的，由事故发生地人民政府负责调查

6.某高层建筑在地下桩基施工中，基坑发生坍塌，造成10人死亡，直接经济损失900余万元；本次事故属于（　　）。

A.重大事故　　　　B.特别重大事故　　　　C.较大事故　　　　D.一般事故

7.某建筑公司制定的生产安全事故现场处置方案，按规定应（　　）至少组织一次演练。

A.每年　　　　　　B.每半年　　　　　　C.每季度　　　　　　D.每月

8.某施工现场发生触电事故，导致2人死亡，1人受伤，事故调查组经仔细调查后提交了事故调查报告并附有关证据资料，则负责事故调查的人民政府应自收到报告后（　　）日内作出批复。

A.15　　　　　　　B.20　　　　　　　C.30　　　　　　　D.45

9.根据《中华人民共和国安全生产法》的规定，二级总承包资质施工企业（　　）。

A.应当建立应急救援组织

B.可不建立应急救援组织，但应指定专职应急救援人员

C.可不建立应急救援组织，但应指定兼职应急救援人员

D.可不建立应急救援组织，但应当配备必要的应急救援器材

10.关于生产经营单位生产安全事故应急救援预案的修订，下列说法正确的是（　　）。

A.制定后无须修订

B.只有出现法定变更事由时才进行修订

C.无法定变更事由，也至少每3年修订一次

D.修订后的应急预案无须备案

# 参 考 文 献

[1] 李科兴，宁波.建筑工程质量与安全管理[M].西安：西安交通大学出版社，2022.

[2] 郑伟，许博.建筑工程质量分析与安全管理[M].2版.北京：北京大学出版社，2016.

[3] 彭圣浩.建筑工程质量通病防治手册[M].4版.北京：中国建筑工业出版社，2014.

[4] 陈安生.质量员（修订版）[M].北京：中国环境出版社，2013.

[5] 钟汉华，孙华峰，吴军.建设工程质量与安全管理[M].南京：南京大学出版社，2012.

[6] 史美东，卢扬.建设工程质量检验与安全管理[M].郑州：黄河水利出版社，2010.

[7] 钟汉华.建设工程质量与安全管理[M].北京：中国水利水电出版社，2014.

[8] 本书编委会.建筑工程管理与实务复习题集[M].北京：中国建筑工业出版社，2014.

[9] 中华人民共和国住房和城乡建设部.建筑施工安全检查标准：JGJ 59－2011[S].北京：中国建筑工业出版社，2012.

[10]《质量员一本通》编委会.质量员一本通[M].2版.北京：中国建材工业出版社，2013.